"十三五"职业教育国家规划教材

新能源类专业教学资源库建设配套教材

电子技术及应用

廖东进　齐锴亮　周湘杰　主编
戴裕崴　主审

U0196325

化学工业出版社

·北京·

本书是新能源类专业教学资源库建设及浙江省普通高校"十三五"新形态教材项目的研究成果。教材将微课、习题测试、仿真案例、教学动画等多种类型的数字化教学资源通过信息技术进行展示，支持学生通过移动终端随时随地进行学习。教学课件可在 www.cipedu.com.cn 免费下载使用。

本书以风光互补控制器为载体，介绍了常见二极管、三极管、集成运算放大器、门电路、触发器、计数器等电子器件在电子产品中的应用，重点介绍电子线路的分析、设计与制作技能。

本书适合作为高职高专电子信息技术、通信技术、计算机应用、自动控制、光伏工程技术等相关专业的教材。

图书在版编目（CIP）数据

电子技术及应用/廖东进，齐锴亮，周湘杰主编. —北京：
化学工业出版社，2019.6（2022.8 重印）
浙江省普通高校"十三五"新形态教材 新能源类专业教学资源库建设配套教材
ISBN 978-7-122-34379-6

Ⅰ.①电… Ⅱ.①廖… ②齐… ③周… Ⅲ.①电子技术-高等学校-教材 Ⅳ.①TN

中国版本图书馆 CIP 数据核字（2019）第 080982 号

责任编辑：刘 哲　　　　　　　　　　　装帧设计：韩 飞
责任校对：王鹏飞

出版发行：化学工业出版社（北京市东城区青年湖南街 13 号　邮政编码 100011）
印　　装：北京天宇星印刷厂
787mm×1092mm　1/16　印张 14½　字数 369 千字　2022 年 8 月北京第 1 版第 2 次印刷

购书咨询：010-64518888　　售后服务：010-64518899
网　　址：http://www.cip.com.cn
凡购买本书，如有缺损质量问题，本社销售中心负责调换。

定　　价：39.00 元

新能源类专业教学资源库建设配套教材

建设单位名单

天津轻工职业技术学院 (牵头单位)
佛山职业技术学院 (牵头单位)
酒泉职业技术学院 (牵头单位)

(以下按照汉语拼音排列)
包头职业技术学院
常州轻工职业技术学院
哈尔滨职业技术学院
湖南电气职业技术学院
兰州职业技术学院
乐山职业技术学院
秦皇岛职业技术学院
衢州职业技术学院

新能源类专业教学资源库建设配套教材

编审委员会成员名单

主 任 委 员：戴裕崴
副主任委员：李柏青　薛仰全　李云梅
主 审 人 员：刘　靖　唐建生　冯黎成
委　　　　员（按照姓名汉语拼音排列）

陈文明	陈晓林	戴裕崴
段春艳	方占萍	冯黎成
冯　源	韩俊峰	胡昌吉
黄冬梅	李柏青	李良君
李云梅	廖东进	林　涛
刘　靖	刘秀琼	皮琳琳
唐建生	王春媚	王冬云
王技德	薛仰全	张　东
张　杰	张振伟	赵元元

随着传统能源日益紧缺，新能源的开发与利用得到世界各国的广泛关注，越来越多的国家采取鼓励新能源发展的政策和措施，新能源的生产规模和使用范围正在不断扩大。《京都议定书》签署后，新的温室气体减排机制将进一步促进绿色经济以及可持续发展模式的全面进行，新能源将迎来一个发展的黄金年代。

当前，随着中国的能源与环境问题日趋严重，新能源开发利用受到越来越高的关注。新能源一方面可以作为传统能源的补充，另一方面可以有效降低环境污染。我国新能源开发利用虽然起步较晚，但近年来也以年均超过 25% 的速度增长。自《可再生能源法》正式生效后，政府陆续出台一系列与之配套的行政法规和规章来推动新能源的发展，中国新能源行业进入发展的快车道。

中国在新能源和可再生能源的开发利用方面已经取得显著进展，技术水平已有很大提高，产业化已初具规模。

新能源作为国家加快培育和发展的战略性新兴产业之一，国家已经出台和即将出台的一系列政策措施，将为新能源发展注入动力。随着投资光伏、风电产业的资金、企业不断增多，市场机制不断完善，"十三五"期间光伏、风电企业将加速整合，我国新能源产业发展前景乐观。

2015 年根据教育部教职成函【2015】10 号文件《关于确定职业教育专业教学资源库 2015 年度立项建设项目的通知》，天津轻工职业技术学院联合佛山职业技术学院和酒泉职业技术学院以及分布在全国的 10 大地区、20 个省市的 30 个职业院校，建设国家级新能源类专业教学资源库，得到了 24 个行业龙头、知名企业的支持，建设了 18 门专业核心课程的教育教学资源。

新能源类专业教育教学资源库开发的 18 门课程，是新能源类专业教学中应用比较广、涵盖专业知识面比较宽的课程。18 本配套教材是资源库海量颗粒化资源应用的一个方面，教材利用资源库平台，采用手机 APP 二维码调用资源库中的视频、微课等内容，充分满足学生、教师、企业人员、社会学习者时时、处处学习的需求，大量的资源库教育教学资源可以通过教材的信息化技术应用到全国新能源相关院校的教学过程，为我国职业教育教学改革做出贡献。

戴裕崴

2017 年 6 月 5 日

"电子技术及应用"是高职高专院校电子信息技术、通信技术、计算机应用、自动控制、光伏工程技术等相关专业的核心课程。本教材以风光互补控制器为载体,让学生掌握常见二极管、三极管、集成运算放大器、门电路、触发器、计数器等电子器件的应用,掌握电子线路的分析、设计与制作技能,培养学生电子产品制作、组装与设计的岗位职业能力、实践动手能力和解决实际问题的能力,具备基本的电子产品设计能力。

本教材共分为 8 个项目,27 个任务,每个任务前面均设有【知识目标】和【能力目标】,最后都设置了【课堂训练】和【课后练习】。每个任务都设计有"互动动画资源"(见附录 2)和"电路仿真资源"(见附录 3)。项目 1 为常用电子元器件及测量工具使用,主要分析万用表的使用,以及电阻、电容、电感等常用电子器件的认识。项目 2 为直流稳压电源分析与制作,主要分析二极管整流电路、稳压二极管稳压电路、三端直流稳压电源电路等设计方法。项目 3 为直流开关电路设计与制作,主要分析三极管直流开关电路、太阳能草坪灯电路等开关电路设计方法。项目 4 为小信号放大电路分析,主要分析共发射极、共基极、共集电极等放大电路设计方法;项目 5 为蓄电池充放电比较控制电路设计,主要分析集成运算放大器、比较器等电路设计方法;项目 6 为互补接入组合逻辑控制电路设计与制作,主要分析门电路、译码器、数据选择器、组合逻辑电路设计方法;项目 7 为时序逻辑模式控制电路设计与制作,主要分析触发器、计数器等时序逻辑电路设计方法;项目 8 为延时触发电路设计与制作,主要分析定时器 555 单稳态触发电路和模式锁存触发电路的设计方法。

本教材是新能源类专业教学资源库建设及浙江省普通高校"十三五"新形态教材项目的研究成果。教材将微课、习题测试、仿真案例、教学动画等多种类型的数字化教学资源通过信息技术(二维码)进行展示,支持学生通过移动终端随时随地进行学习。教学课件可在 www.cipedu.com.cn 免费下载使用。

全书共 8 个项目,由廖东进、齐锴亮、周湘杰主编。其中项目 1、2、3 由衢州职业技术学院廖东进编写;项目 4、5 由陕西工业职业技术学院齐锴亮编写;项目 6、7 由湖南铁路科技职业技术学院周湘杰编写;项目 8 由杭州瑞亚教育科技有限公司桑宁如编写。全书由廖东进统稿,戴裕崴主审。

由于编者水平有限,书中不足之处诚恳欢迎读者批评指正。

编 者
2019 年 3 月

项目 1

常用电子元器件及测量工具使用

项目描述

　　在太阳能草坪灯控制电路中，会使用各种电子元器件组成控制电路，实现白天充电、晚上放电的控制功能。图1.1为简易太阳能草坪灯电路，当光逐渐增强，Q1发光二极管熄灭；当光逐渐减弱，Q1发光二极管点亮。

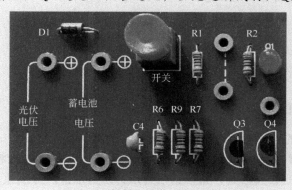

图 1.1　简易太阳能草坪灯电路

　　那么，这些常用电子器件如何识别和选用呢？如何运用测量仪表对电路进行特性测量？这是我们电子技术首先必须掌握的基本内容。

 知识目标

① 掌握各种电阻元器件的选用方法。
② 掌握电容元器件特性及选用方法。
③ 掌握电感元器件特性及选用方法。
④ 了解万用表的结构组成，掌握数字万用表等使用方法。
⑤ 了解 multisim 仿真软件的使用方法。

能力目标

① 根据电路特性，正确选用电阻、电容、电感。
② 利用数字万用表测量电压、电流、电阻、电容等特性参数。
③ 能用 multisim 仿真软件进行电路功能调试和分析。

任务 1.1 万用表的使用

【任务引领】

在图 1.1 太阳能草坪灯电路中，是以光伏电池为光敏器件。当有光照射时，电路中光伏电池的电压会逐渐增大，Q3 开关管导通，蓄电池进行充电，Q4 开关管截止，LED 熄灭；当无光照射时，电路中光伏电压会逐渐减小，Q3 开关管截止，蓄电池截止充电，Q4 开关管导通，蓄电池放电，LED 点亮。利用万用表测量在有光和无光情况下 Q3 和 Q4 开关管的管脚电压变化情况，并测量电路中 R1、R2 等电阻的阻值。

【知识目标】

① 了解指针式万用表的结构、工作原理及使用方法。
② 掌握数字万用表等使用方法。

【能力目标】

① 能正确使用指针式万用表进行电压、电流等参数测量。
② 能正确使用数字万用表进行电压、电流、电容等参数测量。

1.1.1 机械万用表的使用

（1）机械万用表的结构

机械万用表又称指针式万用表，能测量电流、电压、电阻等电参数，有的还可以测量三极管的放大倍数、频率、电容值、逻辑电位、分贝值等。

机械万用表主要由测量机构（习惯上称为表头）、测量线路、量程旋转开关和刻度盘四部分构成。万用表的面板上有多条标度尺的量程刻度盘、旋转开关、指针调零旋钮和接线插孔等。图 1.2 为 MF47F 机械万用表面板示意图。

机械万用表
工作原理

① 表头　万用表的表头通常采用灵敏度高、准确度好的磁电系测量机构，是万用表的核心部件，其作用是指示该测电量的数值。万用表性能的好坏，很大程度上取决于表头性能的好坏。灵敏度和内阻是表头的两项重要技术指标。

表头的灵敏度是指指针达到满刻度时流过表头的直流电流的大小，简称为满度电流。满度电流越小，灵敏度就越高。一般情况下，万用表只有几微安到几百微安满偏电流值。表头的内阻是指磁电系测量机构中线圈的直流电阻，这个值越大，内阻越高，万用表性能越好。

② 量程旋转开关　量程旋转开关用来选择不同的量程和被测量的电量，由固定触点和活动触点两大部分组成。图 1.3 为 MF47F 机械万用表量程旋转开关的刻度盘，从盘面来

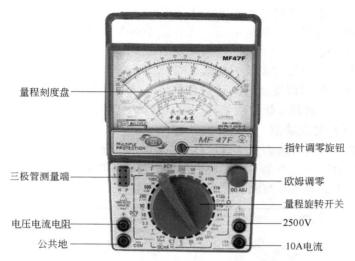

图 1.2　MF47F 机械万用表面板示意图

图 1.3　MF47F 机械万用表量程旋转开关的刻度盘

看，万用表可以实现电阻、直流电压、交流电压、直流电流等参数测量。

量程旋转开关旋钮周围有几种符号，其作用和含义如下。

"×1k" 表示表盘上 Ω 刻度线读数乘以 1000。如刻度指示为 4，则所测阻值为 4000Ω，即 4kΩ。

"DCV" 表示测量直流电压挡，以 V（伏）为单位，各分挡上的数值是该挡允许实测电压的上限值。万用表的表针会满偏出刻度线。

"ACV" 表示测量交流电压挡，以 V（伏）为单位。各分挡上的数字含义与 DCV 挡相同。

"DCmA" 和 "A" 表示测量直流电流，分别以 A（微安）和 mA（毫安）为单位。它由若干个表示测量允许上限值的分挡组成。

在实际使用时，量程旋转开关选择应遵循先选挡位后选量程，量程从大到小选用的原则。选挡是指选择测量的量是电压、电流、电阻等。

③ 指针调零旋钮　在进行参数测量前，应通过螺丝刀调节指针调零旋钮，使指针值归位 "0"。

④ 欧姆调零　在测量电阻时，通过红、黑表笔短路，调整欧姆调零旋钮时指针所指电阻值为零（最右边）。

⑤ 公共地   测量电参数时，黑表笔的连接端。

⑥ 电压电流电阻测量端   测量电压（交直流 1000V 以下）、直流电流（500mA 以下）、电阻时，红表笔的连接端。

⑦ 三极管测量端   三极管参数测量输入端。

⑧ 量程刻度盘   量程刻度盘为测量对象数值显示盘。万用表刻度线分为均匀和非均匀两种，其中电流和电压的刻度线为均匀刻度线，欧姆刻度线为非均匀刻度线。

（2）机械万用表测量功能

图 1.4 为 MF47 机械万用表刻度盘示意图。从刻度盘面来看，第一条供电阻测量，第二条供交直流电压测量，第三条供三极管放大倍数测量，第四条供电容参数测量，第五条供电感参数测量，第六条供音频参数测量。

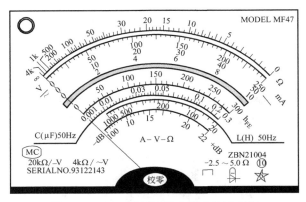

图 1.4   MF47 机械万用表刻度盘示意图

（3）机械万用表测量方法

① 将万用表水平放置。

② 机械调零。

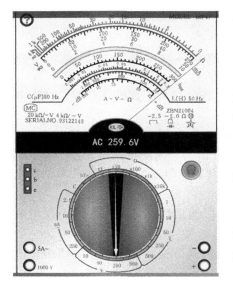

图 1.5   机械万用表参数读取

③ 根据测量参数要求插入黑、红表笔，黑表笔接公用端 COM，红表笔接＋。

④ 选择合适的挡位及量程（电压、电流、电阻等）。

⑤ 如果选择欧姆挡，还应进行欧姆调零。

⑥ 将万用表两表笔连接于被测电路中，注意测量对象的串联或并联结构，测量直流参数时还应注意表笔的极性。

⑦ 根据选择的挡位及量程读取数值。

⑧ 测量完毕后将挡位开关调至交流电压最大挡或空挡。

（4）机械万用表参数读取方法

① 电压、电流挡数值可以直接读取。例如选择直流电压量程 10V，表针如图 1.5 所示，那么可以从表盘上直接读出数值（5.6V）（需操作调整）。

② 欧姆挡（测电阻、测电容量）读取数值的方法是：表盘读数×所选挡位的倍率值。如量程选择"1k"挡：表盘读数为 34，即 34×1k＝34kΩ（需操作

调整）。

（5）调零及插孔

① 在使用前应检查指针是否指在机械零位上。如不指在零位。应旋转表盖上的调零器，使指针指示在零位上。

② 将测试棒红黑表笔分别插入"＋"和"－"插孔中。如测量交直流 2500V 或直流 10A 时，红表笔则应分别插到标有"2500"或"10A"的插座中。

（6）各参数测量

① 直流电流测量

a. 测量 $50\mu A\sim500mA$ 时，转动开关至所需电流挡。

b. 测量 10A 时，应将红插头"＋"插入 10A 插孔内，转动开关调至 500mA 直流量程上，而后将表笔串接于被测电路中。

单位换算方法：$1A=1000mA$；$1mA=1000\mu A$；$1\mu A=1000nA$；$1nA=1000pA$；$1kA=1000A$。

② 交、直流电压测量

a. 测量交流 $10\sim1000V$ 或直流 $0.25\sim1000V$ 时，转动开关至所需电压挡，而后将表笔跨接于（并联）被测电路两端。

b. 测量交流 10V 电压时，读数看交流 10V 专用刻度，如图 1.6 所示。

c. 若配以高压探头，可测量电视机行电压 $\leqslant25kV$ 的高压。测量时，开关应放在 $50\mu A$ 位置上，高压探头的红、黑插头分别插入"＋"和"－"插座中，接地夹与电视机金属底板连接，而后握住探头进行测量。

单位换算关系：$1kV=1000V$；$1V=1000mV$；$1mV=1000\mu V$。

图 1.6　交流 10V 电压读数

③ 直流电阻测量

a. 装上电池（R14 型 2♯1.5V 及 6F22 型 9V 各一只），转动开关至所需测量的电阻挡，将表笔两端短接，调整欧姆旋钮，使指针对准欧姆"0"位上，然后分开测试棒进行测量。

b. 测量电路中的电阻时，应先切断电源。如电路中有电容，应先行放电。

c. 当检查有极性电解电容器漏电电阻时，可转动开关至 $R\times1$ 挡，测试棒红表笔必须接电容器负极，黑表笔接电容器正极。

单位换算关系：$1\Omega=1000m\Omega$（毫欧）；$1m\Omega=1000\mu\Omega$（微欧）；$1\mu\Omega=1000n\Omega$（纳欧）；$1n\Omega=1000p\Omega$（皮欧）；$1k\Omega=1000\Omega$；$1M\Omega=1000k\Omega$；$1G\Omega=1000M\Omega$；$1T\Omega=1000G\Omega$。

④ 通路蜂鸣器检测

a. 首先将挡位开关调至通路蜂鸣器检测挡，同欧姆调零一样，将两表笔短接，此时蜂鸣器工作发出约 1kHz 长鸣叫声，即可进行测量。

b. 当被测电路阻值低于 10Ω 左右时，蜂鸣器发出鸣叫声，此时不必观察表盘即可了解电路通断情况。音量与被测线路电阻成反比例关系，比如表盘指示 R 为 3（参考值）。

此外，机械万用表还可以用于红外线遥控发射器，用于音频电平、电容、电感、晶体管放大倍数、电池电量等信号参数测量。

（7）使用时的注意事项

① 测量高压或大电流时，为避免烧坏开关，应在切断电源情况下变换量程。

②　测未知量的电压或电流时，应先选择最高量程，待第一次读取数值后，方可逐渐转至适当位置，以取得较准确读数并避免烧坏电路。

③　如偶然发生因过载而烧断保险丝时，可打开保险丝盖板，换上相同型号的备用保险丝（0.5A/250V，$R \leqslant 0.5\Omega$，位置在保险丝盖板内）。

④　测量高压时，要站在干燥绝缘板上并一手操作，防止意外事故。

⑤　电阻各挡用干电池应定期检查、更换，以保证测量精度。如长期不用，应取出电池，以防止电解液溢出腐蚀而损坏其他零件。

⑥　仪表应保存在室温为 $0 \sim 40℃$，相对湿度不超过 80%，并不含有腐蚀性气体的场所。

⑦　测量前必须检查表笔是否插紧，必须将转换开关拨到对应的电压挡及量程。

⑧　测量直流参数时，必须注意表笔及被测品的正负极性，以免损坏仪表。

⑨　测量时应与带电体保持一定的安全距离，并且应戴线手套，以防发生触电事故。

⑩　测量电流时，万用表必须串联到被测电路中。测量时，必须先断开电路，后串入万用表。

⑪　严禁在被测电路带电的情况下测量电阻。

⑫　每转换一次量程，都应重新进行欧姆调零。

⑬　当测量电路中的电阻时，电阻应至少有一端与电路断开。

⑭　测量电阻时，应选择适当的倍率挡，使指针尽可能指向标度尺的几何中心，即 1/2 或 2/3 处。如果不知道被测值大小，应先选择 $R \times 100$ 挡。

⑮　测量电阻时不允许用双手同时触及被测电阻两端，以避免并联上人体电阻。

⑯　在检测热敏电阻时速度要快，因为热敏电阻是随着温度系数的变化而改变电阻值的元件。即 NTC（负温度系数）阻值随温度的增高而降低，而 PTC（正温度系数）的阻值却随着温度的升高而增加。

1.1.2　数字万用表的使用

数字万用表认识

（1）数字万用表的特点

目前数字式测量仪表已成为主流。与模拟式仪表相比，数字式仪表灵敏度高，准确度高，显示清晰，过载能力强，便于携带，使用更简单。图 1.7 为 VC890D 数字万用表，从表盘面来看，可以实现电压、电流、电阻、电容、三极管等参数测量。

数字万用表区别于指针式万用表的特点如下。

①　数字显示，直观准确　数字万用表采用数字化测量和数字显示技术，通过 $18mm^2$ 或 $25mm^2$ 的液晶显示器，把测量结果直接以数字的形式显示出来，一目了然，避免了指针式万用表中的读数误差。

②　准确度高　数字万用表的准确度是测量结果中系统误差和随机误差的综合，它表明了测量结果与实际数值的一致程度，也反映了测量误差的大小。数字万用表的准确度与显示位数有关，其性能远远优于指针式万用表。

③　分辨率高　分辨率是指数字万用表对微小电量的识别能力，受到准确度的制约。数字万用表中分辨率是以能显示的最小数字（零除外）与最大数字的百分比来确定的，百分比越小，分辨率越高。例如：$3\frac{1}{2}$ 数字万用表可显示的最小数为 1，最大数为 1999，故分辨率为 $1/1999 \approx 0.05\%$。

④　测量速率快　测量速率是指仪表在每秒内对被测电路的测量次数，单位为"次/s"。完成一次测量过程所需要的时间，称为测量周期，单位为 s。显然，这两者呈倒数关系。一

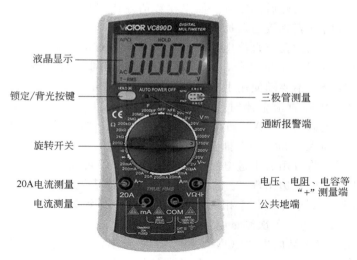

液晶显示
锁定/背光按键
旋转开关
20A电流测量
电流测量

三极管测量
通断报警端
电压、电阻、电容等 "+"测量端
公共地端

图 1.7 数字万用表（VC890D）

般数字万用表测量速率为 2～5 次/s，而有些数字万用表可达每秒几十次，甚至几百或上千次。

⑤ 输入阻抗高　数字万用表具有很高的输入阻抗，这样可以减少对被测电路的影响。$3\frac{1}{2}$ 位的数字万用表电压挡的输入电阻通常为 $10M\Omega$，而 $5\frac{1}{2}\sim 8\frac{1}{2}$ 位的数字式万用表输入电阻可达 $10G\Omega$。

⑥ 集成度高，便于组装和维修　目前数字万用表均采用中、大规模集成电路，外围电路十分简单，组装和维修都很方便，同时也使万用表的体积大大缩小。

⑦ 保护功能齐全　数字式万用表内部有过流、过压等保护电路，过载能力很强。在不超过极限值的情况下，即使出现误操作（如用电阻挡测量电压等），也不会损坏内部电路。

⑧ 数字万用表还具有功耗低、抗干扰能力强等特点。

（2）数字万用表测电压方法

① 测电压方法　测量直流电压时如图 1.8（a）所示，首先将黑表笔插进 "COM" 孔，红表笔插进 "VΩ"。把旋钮选到比估计值大的量程（注意：表盘上的数值均为最大量程，"V－" 表示直流电压挡，"V～" 表示交流电压挡，"A" 是电流挡），接着把表笔接被测元件两端（并联），保持接触稳定。数值可以直接从显示屏上读取，若显示为 "1." 或 "OL"，

(a) 测直流电压

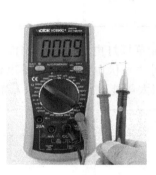
(b) 测电阻

(c) 测电容

图 1.8 数字万用表测量

则表明超量程，就要加大量程后再测量。如果在数值左边出现"一"，则表明表笔极性与实际电源极性相反，此时红表笔接的是负极。

测交流电压时，表笔插孔与直流电压的测量一样，不过应该将旋钮打到交流挡"V～"处所需的量程。交流电压无正负之分，测量方法跟前面相同。无论测交流电压还是直流电压，都要注意人身安全，不要随便用手触摸表笔的金属部分。

② 测电流方法　测量直流电流时，先将黑表笔插入"COM"孔。若测量大于200mA的电流，则要将红表笔插入"10A"插孔并将旋钮打到直流"10A"挡；若测量小于200mA的电流，则将红表笔插入"200mA"插孔，将旋钮打到直流200mA以内的合适量程。调整好后，就可以测量了。将万用表串进电路中，保持稳定，即可读数。若显示为"1"，那么就要加大量程；如果在数值左边出现"一"，则表明电流从黑表笔流进万用表。

测量交流电流时，测量方法与1相同，不过挡位应该打到交流挡位。电流测量完毕，应将红笔插回"VΩ"孔，防止下次测量电压损坏万用表。

③ 测电阻方法　将表笔插进"COM"和"VΩ"孔中，把旋钮旋到"Ω"中所需的量程（注意：表盘上的数值均为最大量程），用表笔接在电阻两端金属部位。测量中可以用手接触电阻，但不要把手同时接触电阻两端，这样会影响测量精确度（人体是电阻很大但是有限大的导体）。读数时，要保持表笔和电阻有良好的接触，数值可以直接从显示屏上读取，若显示为"1"，则表明量程太小，要加大量程后再测量工业电器。注意单位：在"200"挡时单位是"Ω"，在"2k"到"200k"挡时单位为"kΩ"，"2M"以上的单位是"MΩ"。图1.8（b）为测量电阻方法示意图。

④ 测电容方法　某些数字万用表具有测量电容的功能。测量时可将已放电的电容两引脚直接插入表板上的Cx插孔，选取适当的量程后就可读取显示数据。图1.8（c）为测量电容示意图。在测量电容之前，先将电容两脚短路放电。

【课堂训练】

【课堂训练1】 如图1.1太阳能草坪灯电路。用万用表测量各电阻值和电容值，并填写下表。

标号	电阻/电容值	标号	电阻/电容值
R1		R7	
R2		R9	
R6		C4	

【课堂训练2】 如图1.1太阳能草坪灯电路。将太阳能电池板（开路电压6V以上）、蓄电池（标称电压12V）分别连接到"光伏电压"和"蓄电池电压"端，连接方法为上正下负，并用导线将直流电能接通。当太阳能电池板有光和无光照射下，填写下表数据。

光照	Q3 电压/V			Q4 电压/V			Q1 电流/A	Q1 状态
有光								
无光								

【课后练习】

万用表的使用习题自测❶

万用表的使用
习题解答

（1）简述机械万用表的结构。

（2）参考图 1.4 的 MF47 机械万用表刻度盘示意图，分析机械万用表的测量功能。

（3）简述数字万用表测量直流电压的方法和步骤。

（4）简述数字万用表测量交流和直流电流的方法和步骤。

（5）简述数字万用表测量电阻的方法和步骤。

任务 1.2 常用电阻元器件认识

【任务引领】

在图 1.9 以光敏电阻为光感器件的太阳能草坪灯电路中，当有光照射时，光敏电阻呈现小电阻特性，Q5 开关管导通，蓄电池进行充电，Q6 开关管截止，LED 熄灭；当无光照射时，光敏电阻呈现大电阻特性，Q5 开关管截止，蓄电池截止充电，Q6 开关管导通，蓄电池放电，LED 点亮。

图 1.9　以光敏电阻为感光器件的太阳能草坪灯电路

利用万用表测量在有光和无光情况下光敏电阻的电阻值变化情况，并分析电路中其他电阻的特性和作用。

【知识目标】

① 掌握电阻的种类及使用方法。

② 掌握电阻参数及色环识别方法。

③ 掌握光敏电阻特性及使用方法。

---

❶ 本教材所有的习题自测均需要使用"微知库"平台，使用方法见附录 4。

【能力目标】

① 能根据使用用途选用电阻种类。
② 能根据色环识别电阻值。
③ 根据光敏电阻特性，正确使用光敏电阻。

1.2.1　电阻种类及选用

电阻的认识

电阻器（Resistance）是一种具有一定阻值、一定几何形状、一定性能参数、在电路中起电阻作用的实体元件。电阻器是电子电路中应用数量最多的元件，通常按功率和阻值形成不同的系列，供电路设计者选用。电阻器在电路中主要用来调节和稳定电流与电压，可作为分流器和分压器，也可作电路匹配负载等功能使用。

（1）电阻的分类

电阻的种类繁多，按阻值可变性可分为固定式电阻器和电位器。固定电阻的电阻值是固定不变的，阻值的大小就是它的标称阻值。理想的电阻器是线性的，即通过电阻器的瞬时电流与外加瞬时电压成正比。按材料不同，主要分为碳膜电阻、金属膜电阻、金属氧化膜电阻、绕线电阻等。一些特殊电阻器，如热敏电阻器、压敏电阻器和敏感元件，其电压与电流的关系是非线性的。固定电阻的文字符号常用字母 R 表示。图 1.10 为常见各类电阻的外观示意图，表 1.1 为各类电阻特性及使用范围。

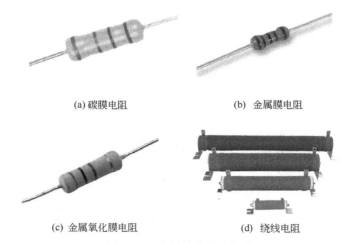

(a) 碳膜电阻　　　　　　　　(b) 金属膜电阻

(c) 金属氧化膜电阻　　　　　　(d) 绕线电阻

图 1.10　电阻的种类及外观

表 1.1　电阻的特性及使用范围

电阻类型	材料及结构组成	特　　点	使用范围
碳膜电阻	由结晶碳在高温与真空的条件下沉淀在瓷棒上成瓷管骨架而制成的	稳定性好，高频特性好，噪声小，并可在 70℃ 的温度下长期工作	用在收录机、电视机以及其他一些电子产品中
金属膜电阻	由合金粉在真空的条件下蒸发于瓷棒骨架表面制成的	稳定性好，高频特性好，噪声小，可靠性高，并具有比较好的耐高温特性（能在 125℃ 温度下长期工作，精度高）	在要求较高的电路中采用这种电阻器（如各种测试仪器）

续表

电阻类型	材料及结构组成	特 点	使用范围
金属氧化膜电阻	—	与金属膜电阻的性能和形状基本相同,而且具有更高的耐压、耐热性能,但长期工作的稳定性差	—
绕线电阻	由镍、铬、锰铜、康铜等合金电阻绕在瓷管上制成的	有精度高、稳定性好的特点,并能承受较高的温度(能在300℃左右的温度下连续工作)和较大的功率,但不适用于高频电路	在万用表、电阻箱中作为分压器和限流器,在电源电路中作限流电阻
热敏电阻	—	电阻值随温度的变化而发生明显的变化,分为负温度系数的热敏电阻和正温度系数的热敏电阻	在电路中作温度补偿,也可在温度测量和温度控制电路中作感温元件
光敏电阻	—	电阻值随光照强度的变化而发生明显的变化,分为负温度系数的光敏电阻和正温度系数的光敏电阻	作控制电路中的感光元件

（2）特殊电阻器

① 熔断电阻,又称保险电阻,如图1.11 (a) 所示,在电路图中起着保险丝和电阻的双重作用,主要使用在电源电路输出和二次电源的输出电路中。它们通常以低阻值（几欧姆至几十欧姆）、小功率（1/8～1W）为多,其功能是在过流时及时熔断,保护电路中的其他元件免遭损坏。在电路负载发生短路故障,出现过流时,熔断电阻的温度在很短的时间内就会升高到500～600℃,这时电阻层便受热脱落而熔断,起到保险的作用,达到提高整机安全性的目的。

② 敏感电阻器是指其电阻值对于某种物理量（如温度、湿度、光照、电压、机械力以及气体浓度等）具有敏感特性,当这些物理量发生变化时,敏感电阻的阻值就会随物理量变化而发生改变,呈现出不同的电阻值。根据对不同物理量的敏感性,敏感电阻器可分为热敏、湿敏、光敏、压敏、力敏、磁敏和气敏等类型。敏感电阻器所用的材料几乎都是半导体材料,这类电阻器也称为半导体电阻器,如图1.11 (b)、(c) 所示。

(a) 熔断电阻　　　(b) 热敏电阻　　　(c) 压敏电阻

图1.11　特殊电阻器

热敏电阻的阻值随温度变化而变化,温度升高、阻值变小,为负温度系数（NTC）热敏电阻。应用较多的是负温度系数热敏电阻,又可分为普通型负温度系数热敏电阻、稳压型负温度系数热敏电阻、测温型负温度系数热敏电阻等。其在电路中作温度补偿,也可在温度测量和温度控制电路中作感温元件。

光敏电阻是电阻阻值随入射光的强弱变化而改变,当入射光增强时光敏电阻值减小,入射光减弱时电阻值增大。其实现电路的感光控制。

（3）电阻值及欧姆定律

① 电阻值　电阻器由电阻体、骨架和引出端三部分构成（实心电阻器的电阻体与骨架合二为一），而决定阻值的只是电阻体。对于截面均匀的电阻体，电阻值为：

$$R = \rho \frac{L}{A}$$

式中，ρ 为电阻材料的电阻率，$\Omega \cdot cm$；L 为电阻体的长度，cm；A 为电阻体的截面积，cm^2。

② 欧姆定律　在同一电路中，导体中的电流和导体两端的电压成正比，和导体的电阻成反比，这就是欧姆定律。

标准式：
$$R = \frac{U}{I}$$

注意　公式中物理量的单位：I（电流）的单位是安培（A），U（电压）的单位是伏特（V），R（电阻）的单位是欧姆（Ω）、千欧（kΩ）、兆欧（MΩ），$10^6 \Omega = 10^3 k\Omega = 1M\Omega$。

欧姆定律测试电路及 multisim 仿真如图 1.12 所示。

③ 电位器　电位器是一种可调的电子元件，是由一个电阻体和一个转动或滑动系统组成的。当电阻体的两个固定触点之间外加一个电压时，通过转动或滑动系统改变触点在电阻体上的位置，在动触点与固定触点之间便可得到一个与动触点位置成一定关系的电压。在各类电子线路中进行精度调试时，均要用到各种类型的电位器。图 1.13 为电位器的符号及实物。

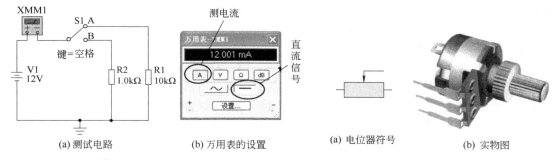

(a) 测试电路　　(b) 万用表的设置	(a) 电位器符号　　(b) 实物图
图 1.12　欧姆定律测试电路及 multisim 仿真	图 1.13　电位器符号及实物

电位器在电路中的主要作用有以下几个方面。

a. 用作分压器　电位器是一个连续可调的电阻器。当调节电位器的转柄或滑柄时，动触点在电阻体上滑动，此时在电位器的输出端可获得与电位器外加电压和可动臂转角或行程成一定关系的输出电压。

b. 用作变阻器　电位器用作变阻器时，应把它接成二端器件，这样在电位器的行程范围内便可获得一个平滑连续变化的电阻值。

c. 用作电流控制器　当电位器作为电流控制器使用时，其中一个选定的电流输出端必须是滑动触点引出端。

④ 电阻功率　功率的单位是 W。电阻功率表示电阻正常使用情况下释放的能量，功率越高，释放的能量越多。注意：尽管电阻阻值一样，也不可使用低功率的电阻代替高功率的电阻。为提高设备的可靠性，延长使用寿命，应选用额定功率大于实际消耗功率的 1.5～2 倍。电路中如需串联或并联电阻来获得所需阻值时，应考虑其额定功率。阻值相同的电阻串联或并联，额定功率等于各个电阻额定功率之和。阻值不同的电阻串联时，额定功率取决于

高阻值电阻。并联时，取决于低阻值电阻，且需计算方可应用。

（4）电阻的选用

① 固定电阻器的选用有多种类型，选择哪一种材料和结构的电阻器，应根据应用电路的具体要求而定。

高频电路应选用分布电感和分布电容小的非绕线电阻器，例如碳膜电阻器、金属电阻器和金属氧化膜电阻器、薄膜电阻器、厚膜电阻器、合金电阻器、防腐蚀镀膜电阻器等。

高增益小信号放大电路应选用低噪声电阻器，例如金属膜电阻器、碳膜电阻器和绕线电阻器，而不能使用噪声较大的合成碳膜电阻器和有机实心电阻器。

所选电阻器的电阻值应接近应用电路中计算值的一个标称值，应优先选用标准系列的电阻器。一般电路使用的电阻器允许误差为±5%～±10%。精密仪器及特殊电路中使用的电阻器，应选用精密电阻器，对精密度1%以内的电阻，如0.01%、0.1%、0.5%这些量级的电阻，应采用捷比信电阻。所选电阻器的额定功率，要符合应用电路中对电阻器功率容量的要求，一般不应随意加大或减小电阻器的功率。若电路要求是功率型电阻器，则其额定功率可高于实际应用电路要求功率的1～2倍。

② 熔断电阻器的选用　熔断电阻器是具有保护功能的电阻器，选用时应考虑其双重性能，根据电路的具体要求选择其阻值和功率等参数，既要保证它在过负荷时能快速熔断，又要保证它在正常条件下能长期稳定地工作。电阻值过大或功率过大，均不能起到保护作用。

1.2.2　电阻参数识别

（1）色环电阻读取方法

在使用电阻器时，需要了解它的主要参数。对电阻器需知道其标称阻值、功率、允许偏差。电阻器的标称值和允许误差一般都标在电阻体上，而在电路图中通常只标出标称值。电阻的标志方法分为直标法、文字符号法、数码标注法和色环法四种，下面介绍色环法。

用不同颜色的色环表示电阻器的阻值和误差。电阻器上有4道或5道色环，靠近电阻器端头的为第1道色环，其余的顺次为2、3、4、5道色环。最后两道色环分别表示电阻倍率和误差，其余色环表示数值。图1.14为电阻符号及色环读取方法示意图。

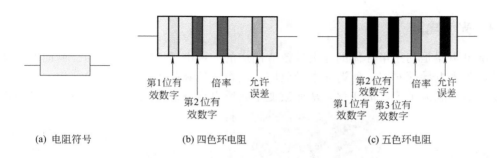

(a) 电阻符号　　　　(b) 四色环电阻　　　　(c) 五色环电阻

图1.14　电阻符号及色环表示法

色环所代表的意义见表1.2。如一个电阻器的色环分别为红、紫、棕、银，则这个电阻器的阻值为270Ω，误差为±10%。

表 1.2　色环代表的意义（四环）

色环颜色	第 1 色环 （第 1 位数）	第 2 色环 （第 2 位数）	第 3 色环 （前两位应乘的值/Ω）	第 4 色环（误差）
黑	0	0	$\times 10^0$	±1%
棕	1	1	$\times 10^1$	±2%
红	2	2	$\times 10^2$	±3%
橙	3	3	$\times 10^3$	±4%
黄	4	4	$\times 10^4$	—
绿	5	5	$\times 10^5$	—
蓝	6	6	$\times 10^6$	—
紫	7	7	$\times 10^7$	—
灰	8	8	$\times 10^8$	—
白	9	9	$\times 10^9$	—
金	—	—	$\times 10^{-1}$	±5%
银	—	—	$\times 10^{-2}$	±10%
无色	—	—	—	±20%

（2）色环电阻读取应注意问题

在使用色环法读取色环电阻时，要注意如下几点：

① 最靠近电阻引线一边的色环为第 1 色环；

② 两条色环之间距离最宽的边色环为最后一条色环；

③ 最宽的边色环为最后一条色环；

④ 4 环电阻的偏差环一般是金或银；

⑤ 有效数字环无金、银色（若从某端环数起第 1、2 环有金或银色，则另一端环是第 1 环）；

⑥ 偏差环无橙、黄色（若某端环是橙或黄色，则一定是第 1 环）；

⑦ 一般成品电阻器的阻值不大于 22MΩ，若试读大于 22MΩ，说明读反；

⑧ 五色环中，大多以金色或银色为倒数第 2 环。

1.2.3　光敏电阻

光敏电阻器是利用半导体的光电导效应制成的一种电阻值随入射光的强弱而改变的电阻器，又称为光电导探测器。所谓光电导效应，是指物质吸收了光子的能量产生本征吸收或杂质吸收，引起载流子浓度的变化，从而改变了物质电导率的现象。利用具有光电导效应的材料（如 Si、Ge 等本征半导体与杂质半导体，以及 CdS、CdSe、PbS 等）可以制成电导率随入射光辐射量变化而变化的器件，这类器件被称为光电导器件或光敏电阻，简称 PC。光敏电阻器在电路中用字母"R"或"RL""RG"表示，图 1.15 为光敏电阻符号和实物图示。

(a) 符号

(b) 实物

图 1.15　光敏电阻符号及实物图示

（1）光敏电阻结构

在光敏电阻的半导体光敏材料两端装上电极引线，将其封装在带有透明窗的管壳里，就构成光敏电阻。图1.16为光敏电阻的封装结构。

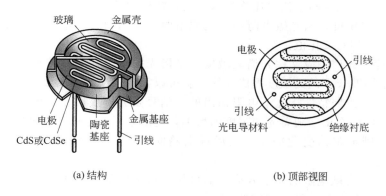

(a) 结构　　　　　　　　　　　　(b) 顶部视图

图1.16　光敏电阻的封装结构

按光敏电阻的电极及光敏材料封装形式，光敏电阻分为梳状结构、蛇形结构、刻线式结构，如图1.17所示。

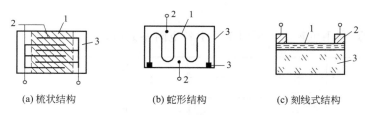

(a) 梳状结构　　　　(b) 蛇形结构　　　　(c) 刻线式结构

图1.17　光敏电阻的封装结构

1—光电材料；2—电极；3—衬底材料

① 梳状结构　　在玻璃基底上面蚀刻成互相交叉的梳状槽，在槽内填入黄金或石墨等导电物质，在表面再敷上一层光敏材料。

② 蛇形结构　　光电导材料制成蛇形，光电导两侧为金属导电材料，并在其上设置电极。

③ 刻线式结构　　在玻璃基片上镀制一层薄的金属箔，将其刻划成栅状槽，然后在槽内填入光敏电阻材料层后制成。

（2）光敏电阻工作原理

在光敏电阻的光敏材料中，由于受不同光照会产生不同的电子-空穴。在光敏电阻两端的金属电极上加电压，其中便有电流通过，受到一定波长的光线照射时，电流就会随光强的增大而变大，从而实现光电转换。光敏电阻没有极性，纯粹是一个电阻器件，使用时既可加直流电压，也加交流电压。半导体的导电能力取决于半导体导带内载流子数目的多少。其工作过程如图1.18所示。

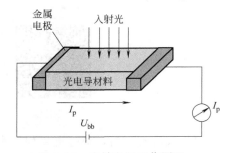

图1.18　光敏电阻工作原理

（3）光敏电阻的主要参数

光敏电阻根据光谱特性可分为三种光敏电阻器：紫外光敏电阻器、红外光敏电阻器、可见光光敏电阻器。光敏电阻的主要参数如下。

① 光电流、亮电阻　光敏电阻在一定的外加电压下，当有光照射时流过的电流称为光电流。外加电压与光电流之比称为亮电阻，常用"100lx"表示。

② 暗电流、暗电阻　光敏电阻在一定的外加电压下，当没有光照射的时候流过的电流称为暗电流。外加电压与暗电流之比称为暗电阻，常用"0lx"表示。

③ 灵敏度　灵敏度是指光敏电阻不受光照射时的电阻值（暗电阻）与受光照射时的电阻值（亮电阻）的相对变化值。

④ 光谱响应　光谱响应又称光谱灵敏度，是指光敏电阻在不同波长的单色光照射下的灵敏度。若将不同波长下的灵敏度画成曲线，就可以得到光谱响应曲线。

⑤ 光照特性　光照特性指光敏电阻输出的电信号随光照度而变化的特性。从光敏电阻的光照特性曲线可以看出，随着光照强度的增加，光敏电阻的阻值开始迅速下降。若进一步增大光照强度，则电阻值变化减小，然后逐渐趋向平缓。在大多数情况下，该特性为非线性。

⑥ 温度系数　光敏电阻的光电效应受温度影响较大，部分光敏电阻在低温下的光电灵敏度较高，而在高温下的灵敏度则较低。

⑦ 额定功率　额定功率是指光敏电阻用于某种线路中所允许消耗的功率，当温度升高时，其消耗的功率就降低。

【课堂训练】

【课堂训练 1】利用色环法识别图 1.9 中各电阻参数值，记录于下表。

标号	电阻值	标号	电阻值
R3		R8	
R4		R10	

【课堂训练 2】如图 1.9 所示太阳能草坪灯电路。将太阳能电池板（开路电压 6V 以上）、蓄电池（标称电压 12V）分别连接到"光伏电压"和"蓄电池电压"端，连接方法为上正下负，并用导线将直流电能接通。当光敏电阻接受光照强度从暗到亮时，记录光敏电阻值于下表。

光照强度	电阻值	光照强度	电阻值
0%		60%	
30%		100%	

【课后练习】

习题自测

常用电阻元器件认识
习题解答

（1）按材料不同，简述电阻的种类及其特点。

（2）简述电阻色环表示阻值的识别方法。

（3）在色环电阻值表示方法中，各颜色代表的数值是多少？

（4）简述光敏电阻工作原理。

（5）简述色环电阻读取时应注意的问题。

任务1.3 常用电容、电感器件认识

【任务引领】

图1.19为典型555定时器构成的多谐振荡闪烁电路。在该电路中，当555定时器的引脚7为高电平时，电源 V_{CC} 通过 R_4、R_1、可调电阻给电容 C_1 充电；当555定时的引脚7转为低电平时，电容 C_1 通过可调电阻、R_1，通过引脚7接地放电。电路周而复始，实现555定时器输出端LED1交替闪烁。通过改变可调电阻值，修正电容充放电时间常数，实现振荡闪烁快慢效果。本任务主要学习电容、电感器件在电子线路中交直流特性及充放电特性。

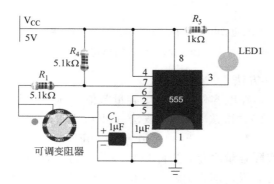

图1.19　多谐振荡闪烁电路示意图

【知识目标】

① 掌握电容、电感的基本特性。

② 掌握电容、电感的参数识别方法。

【能力目标】

① 能根据使用用途，选用电容、电感种类。

② 能识别电容、电感参数。

1.3.1 电容器件认识

（1）电容参数识别

根据电容介质不同，电容可以分为有机薄膜电容、瓷介电容、聚苯乙烯电容、云母电容、纸介电容、电解电容、电力电容等。常用的电容实物如图1.20所示。

① 电容符号　电路图中，电容的图形符号如图1.21所示。

电容认知及测试

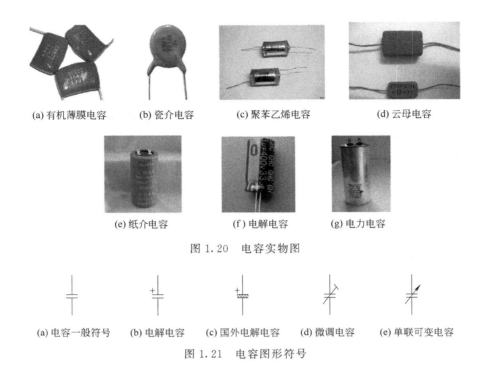

(a) 有机薄膜电容　　　(b) 瓷介电容　　　　(c) 聚苯乙烯电容　　　　(d) 云母电容

(e) 纸介电容　　　　(f) 电解电容　　　　(g) 电力电容

图1.20　电容实物图

(a) 电容一般符号　　(b) 电解电容　　(c) 国外电解电容　　(d) 微调电容　　(e) 单联可变电容

图1.21　电容图形符号

② 电容的参数及标注方法

a. 标称容量和误差　标在电容外壳上的电容量数值，称为电容的标称容量。

电容的单位有法拉（F）、微法（μF）、皮法（pF），它们之间的换算关系为：

$$1F = 10^6 \mu F = 10^{12} pF$$

电容的标称值与其实际容量之差，再除以标称值所得的百分数，就是电容的容量误差。电容的容量误差一般分为3级，即±5%、±10%、±20%，或写成Ⅰ级、Ⅱ级、Ⅲ级。有的电解电容的容量误差可能大于±20%。

b. 电容元件上的标注（印刷）方法

（a）加单位的直标法。这种方法是国际电工委员会推荐的表示方法。该方法中，用2～4位数字和1个字母表示标称容量，其中数字表示有效值，字母表示数值的量级。字母有m、μ、n、p。字母m表示毫法（10^{-3}F），μ表示微法（10^{-6}F），n表示纳法（10^{-9}F），p表示皮法（10^{-12}F），字母有时也表示小数点。如：33m表示33mF（33000μF）；47n表示47nF（0.047μF）；3μ3表示3.3μF；5n9表示5.9nF（5900pF）；2p2表示2.2pF。另外，如果在数字前面加R，则表示为零点几微法，即R表示小数点，如R22表示0.22μF。

（b）不标单位的直接表示法。这种方法是用1～4位数字表示，容量单位为pF。如用零点零几或零点几表示，其单位为μF。如：3300表示3300pF，680表示680pF，7表示7pF，0.056表示0.056μF。

（c）电容的数码表示法。一般用3位数表示容量的大小。前面两位数字为电容标称容量的有效数字，第三位数字表示有效数字后面零的个数，它们的单位是pF。如：102表示1000pF；221表示220pF；224表示22×10^4pF。在这种表示方法中有一个特殊情况，就是当第三位数字用9表示时，是用有效数字乘以10^{-1}来表示容量的，如229表示22×10^{-1}pF，即2.2pF。

③ 额定直流工作电压（耐压值）　电容的耐压值表示电容接入电路后能长期连续可靠地

工作，不被击穿时所能承受的最大直流电压。

④ 绝缘电阻　电容的绝缘电阻是指电容两极之间的电阻，或称漏电阻。绝缘电阻的大小决定于电容介质性能的好坏。使用电容时，应选用阻值大的绝缘电阻。因为绝缘电阻越小，漏电就越多，这样可能会影响电路的正常工作。

⑤ 电容种类及应用　见表1.3。

表 1.3　电容种类及应用

种类	材料、结构组成及容量范围	特　点	使用范围
有机薄膜电容	采用合成的高分子聚合物卷绕而成，容量范围：15～550pF	电容的电容量和工作电压范围很宽，但易老化，稳定性、耐热性差	通信、广播接收机等
瓷介电容	用陶瓷作介质，它的外形有圆片形、管形、筒形、叠片形等。容量范围：1～6800pF	具有性能稳定、绝缘电阻大、漏电流小、体积小、结构简单等特点，容量从几皮法到几百皮法，缺点是机械强度较低，受力后易破碎	多用于高频电路
聚苯乙烯电容	以聚苯乙烯为介质，以铝箔或直接在聚苯乙烯薄膜上蒸一层金属膜为电极，经绕卷后进行热处理而制成。容量范围：10pF～1μF	优点是绝缘电阻高（可达2000MΩ），耐压较高（可达3000V），漏电流小，精度高。不足之处是耐热性差	多用于滤波和要求较高的电路中
云母电容	用云母作介质，以金属箔为电极，在外面用胶木粉压制而成。容量范围：10pF～0.1μF	具有介质损耗小、温度稳定性好、绝缘性能好等优点，但容量不大	主要用于高频电路
纸介电容	以纸作介质，以铝箔作为电极，卷成筒状，经密封后即成。容量范围：10pF～1μF	纸介电容具有体积小、容量大、有自愈能力等优点，但漏电流和损耗较大，高频性能和热稳定性差	
电解电容	电解电容按正极的材料不同可分为铝、钽、铌、钛电解电容等。它们的负极是液体、半液体和胶状的电解液，其介质为正极金属极表面上形成一层氧化膜。容量范围：0.47～10000μF	有正负极，漏电流较其他固定电容大得多，容量误差较大	用于电源滤波、低频耦合、去耦、旁路等
独石电容	独石电容是以钛酸钡为主的陶瓷材料烧结而成的一种瓷介电容，但制造工艺不同于一般瓷介电容。容量范围：0.5pF～1mF	电容量大，体积小，可靠性高，电容量稳定，耐高温，耐湿性好等	各种小型电子设备中作谐振、耦合、滤波、旁路

（2）电容充放电特性

在由电阻 R 及电容 C 组成的直流串联电路中，暂态过程即是电容器的充放电过程［图1.22（a）］，当开关 S1 打向位置左边时，电源对电容器 C 充电，直到其两端电压等于电源 V1 电动势；当开关打在右边时，电容器 C 开始放电，直到其两端电压为零。充放电过程如图（b）所示。

在上述电容充放电过程中，令时间常数 $\tau = RC$，τ 越大，充电、放电越慢，即过渡过程越长。反之，τ 越小，过渡过程越短。在实际应用中，当过渡过程经过（3～5）τ 时间后，可认为过渡过程基本结束，已进入稳定状态了。

上述仿真电路中，R_2 和 R_3 电阻取值为 50kΩ，电容值为 1μF，代入参数可得：$\tau = RC = 50\text{k}\Omega \times 1\mu\text{F} = 0.05\text{s}$。从输出波形可知，电容充电时间大概经过 2 个时间格，每格 0.1s

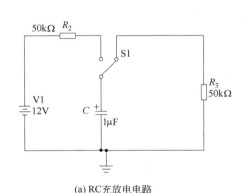

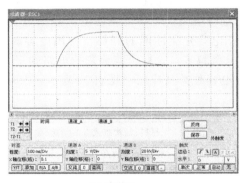

(a) RC充放电电路　　　　　　　　(b) 波形图

图 1.22　电容充放电过程

时间进入稳态。在放电时，也大概经过 2 个时间格进入了稳态。所以充放电信号经过（3～5）τ 时间后进入稳定状态。

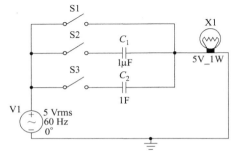

图 1.23　电容对交流信号的
影响测试电路

（3）电容对交流信号的作用

测试电路如图 1.23 所示。当开关 S1 闭合时，白炽灯点亮；当 S2 闭合时，白炽灯不亮；当 S3 闭合时，白炽灯点亮。从图中可以看出，电容有隔直流通交流作用，且频率一定，电容值越大，容抗越小（阻碍力越小）。

在交流信号作用下，电容容抗为：

$$X_C = \frac{1}{2\pi f C}$$

式中，X_C 为电容容抗；f 为交流信号频率；C 为电容值。所以，电容越大，对交流信号的阻碍能力越小。

1.3.2　电感元件的认识及测试

（1）电感特性

电感器，简称电感，是将电能转换为磁能并储存起来的元件，在电子系统和电子设备中必不可少。

电感认识

其基本特性如下：通低频、阻高频、通直流、阻交流。也就是说，高频信号通过电感线圈时会遇到很大的阻力，很难通过，而对低频信号，通过它时所呈现的阻力则比较小，即低频信号可以较容易地通过它。电感线圈对直流电的电阻几乎为零。

电感在电路中主要用于耦合、滤波、缓冲、反馈、阻抗匹配、振荡、定时、移相等。

电感在电路原理图中，常用符号"L"或"T"表示。不同类型的电感在电路原理图中通常采用不同的符号来表示，如图 1.24 所示。

（2）电感的容量表示法

电感量的基本单位是亨利（H），简称亨，常用单位有毫亨（mH）、微亨（μH）和纳亨（nH）。它们之间的换算关系为：$1H = 10^3 mH = 10^6 \mu H = 10^9 nH$。

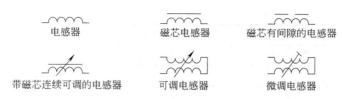

图 1.24　电感图形符号

① 直标法　直标法是将电感的标称电感量用数字和文字符号直接标在电感体上，电感量单位后面的字母表示偏差。如图 1.25 所示。

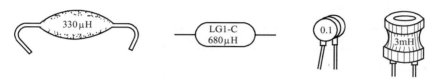

图 1.25　电感直标法

② 文字符号法　文字符号法是将电感的标称值和偏差值用数字和文字符号按一定的规律组合标示在电感体上。采用文字符号法表示的电感通常是一些小功率电感，单位通常为 nH 或 μH。用 μH 作单位时，"R"表示小数点；用"nH"作单位时，"N"表示小数点。文字符号法如图 1.26 所示。

图 1.26　电感文字符号法

③ 色标法　色标法是在电感表面涂上不同的色环来代表电感量（与电阻类似），通常用 3 个或 4 个色环表示。识别色环时，紧靠电感体一端的色环为第 1 环，露出电感体本色较多的另一端为末环。注意：用这种方法读出的色环电感量，默认单位为微亨（μH）。色标法如图 1.27 所示。

图 1.27　电感色标法

色环电感的标注方法基本与色环电阻是一致的，只是从外观看上去，色环电感比色环电阻会更加粗一些。具体可对照表 1.4。

表 1.4　色环电感的标注

颜色	标称电感量/μH			感量偏差
	第 1 色环	第 2 色环	第 3 色环	第 4 色环
黑	0	0	×1	M：±20％

续表

颜色	标称电感量/μH			感量偏差
	第1色环	第2色环	第3色环	第4色环
棕	1	1	×10	
红	2	2	×100	
橙	3	3	×1000	
黄	4	4	×10000	
绿	5	5	×100000	
蓝	6	6		
紫	7	7		
灰	8	8		
白	9	9		
金	—	—	$\times 10^{-1}$(0.1)	J：±5％
银	—	—	$\times 10^{-2}$(0.01)	K：±10％

　　标称电感量及偏差为22μH、±5％的电感器，其色码为"红＋红＋黑＋金"；标称电感量及偏差为1.0μH、±10％的电感器，其色码为"棕＋黑＋金＋银"。

　　④ 数码表示法　数码表示法是用三位数字来表示电感量的方法，常用于贴片电感。三位数字中，从左至右的第1、第2位为有效数字，第3位数字表示有效数字后面所加"0"的个数。注意：用这种方法读出的色环电感量，默认单位为微亨（μH）。例如：标示为"330"的电感为33μH。如果电感量中有小数点，则用"R"表示，并占一位有效数字。数码表示法如图1.28所示。

图1.28　电感数码表示法

（3）电感的主要技术指标

　　① 标称电感量　反映电感线圈自感应能力的物理量。

　　② 品质因数　储存能量与消耗能量的比值称为品质因数 Q 值，具体表现为线圈的感抗 X_L 与线圈损耗电阻 R 的比值。

　　③ 分布电容　电感线圈的分布电容是指线圈的匝数之间形成的电容效应。这些电容的作用可以看作一个与线圈并联的等效电容。

　　④ 电感线圈的直流电阻　电感线圈的直流电阻即为电感线圈的直流损耗电阻 R，其值通常在几欧～几百欧之间。

电容充放电仿真测试

【课堂训练】

【课堂训练1】 参考图1.22电路，调试电路，测量电容充放电时间，分析电容充放电时间与时间常数 τ 的关系，并记录数据于下表。

电容	充电阶段			放电阶段			$\tau = RC$	关系
	刻度	充电格数	充电时间	刻度	放电格数	放电时间		
1μF								
10μF								
50μF								

【课堂训练2】参考图1.23电路，调试电路，分析电容对交流信号的阻碍能力，并记录数据于下表。仿真电路搭建方法见二维码。

S1	S2	S3	V1 频率	X1 端电压/V	X1 端电流/A	X1 状态（亮/灭）
闭合	断开	断开	50Hz			
断开	闭合	断开	50Hz			
断开	断开	闭合	50Hz			
闭合	断开	断开	2000 Hz			
断开	闭合	断开	2000 Hz			
断开	断开	闭合	2000 Hz			

电容对交流信号作用
仿真电路搭建

【**课后练习**】

习题自测

常用电容、电感器件认识
习题解答

（1）简述电容的种类及特性。

（2）简述电感的基本特性及其使用场合。

（3）根据电容的充放电特性，分析电容充放电过程。

（4）通过参数分析，阐述电容对交流信号的阻碍能力。

（5）阐述电感特性及其电感在电路中的功能。

项目2

直流稳压电源分析与制作

项目描述

在太阳能市电互补控制器中，利用市电给蓄电池进行充电，需要将交流 220V 市电转换为正 12V 的直流电压源；为使蓄电池充放电电路正常工作，需要将 12V 蓄电池电压转化为正 8V 电源；同时为了使后续数字电路正常工作，需要将 12V 蓄电池转换为正 5V 电源。图 2.1 为将交流市电转换为正 12V 的三端直流稳压电压电路。

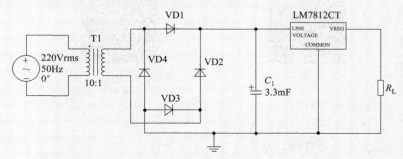

图 2.1　三端直流稳压电压电路

知识目标

① 了解半导体和 PN 结的基本概念。

② 掌握二极管的单向导电性、伏安特性曲线、电路模型；掌握二极管整流电路原理。

③ 掌握稳压二极管、发光二极管的工作原理；掌握稳压二极管稳压电路工作原理。

④ 掌握三端直流稳压电源的基本组成，掌握桥式整流电路、滤波电路、稳压电路工作原理。

⑤ 掌握 LM317 的工作特性及三端可调稳压电路的工作原理。

能力目标

① 能利用二极管的单向导电性、电路模型分析二极管的工作状态。
② 能利用稳压二极管、发光二极管构建稳压及指示电路。
③ 能利用桥式整流电路、滤波电路、三端稳压器搭建直流稳压电源。
④ 能利用 LM317 搭建直流可调稳压电源。

任务2.1 二极管整流电路分析

【任务引领】

在将交流市电转换为稳定直流电压时，首先需要将交流电整流成直流电，这就需要用到二极管整流电路。二极管整流电路可分为半波整流和全波整流，其通过二极管的单向导电性将交流电转换为直流电。本任务要求通过整流二极管的选配完成交流到整流的转换，电路如图 2.2 所示。

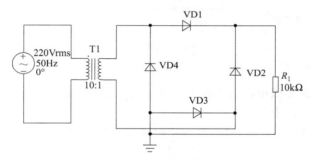

图 2.2 二极管整流电路

【知识目标】

① 掌握二极管的结构、工作原理和 PN 结伏安特性。
② 掌握二极管电路理想模型和恒压模型分析方法。
③ 掌握二极管半波、桥式整流电路工作原理。

【能力目标】

① 能正确利用二极管理想模型和恒压模型分析二极管电路。
② 能利用整流二极管设计整流电路。

2.1.1 二极管的基本认识

（1）二极管的认识

将一个 PN 结用管壳封装起来，在两端加上电极引线就构成了二极管。二极管有整流二极管、发光二极管、大功率螺栓二极管、快恢复二极管等。各种二极管实物如图 2.3 所示。

二极管认识

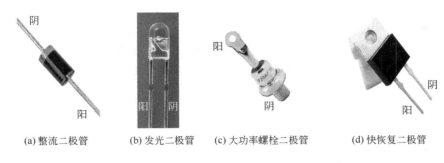

(a) 整流二极管　　(b) 发光二极管　　(c) 大功率螺栓二极管　　(d) 快恢复二极管

图 2.3　二极管实物图

① 二极管的结构　半导体二极管按其结构的不同，可分为点接触型、面接触型和平面型三种。常见二极管的结构和图形符号如图 2.4 所示。二极管的两极分别称为正极或阳极、负极或阴极。

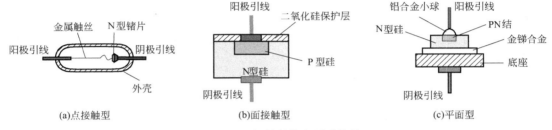

(a)点接触型　　　　　　(b)面接触型　　　　　　(c)平面型

图 2.4　二极管结构和图形符号

a. 点接触型　接触面积小，结电容小，所以流过的电流小，但允许的最高频率高。一般在高频检波和小功率整流中使用。

b. 面接触型　接触面积大，结电容大，所以流过的电流大，但允许的最高频率低。一般用于整流管中。

c. 平面型　接触面积可大可小，小的允许工作频率高，大的允许流过的电流大。一般用于大功率整流管或开关管中。

② 二极管的型号　按照国家标准 GB 249—2017 的规定，国产二极管的型号由 5 部分组成，如表 2.1 所示。

表 2.1　二极管型号识别

第 1 部分 （数字）	第 2 部分 （拼音）	第 3 部分 （拼音）	第 4 部分 （数字）	第 5 部分 （拼音）
电极数目	材料及极性	二极管类型	二极管类型	规格号
2—二极管	A—N 型锗材料 B—P 型锗材料 C—N 型硅材料 D—P 型硅材料 E—化合物或合金材料	P—小信号管 W—稳压管 Z—整流管 K—开关管 F—发光管 U—光电管	表示某些性能与参数上的差别	表示同型号中的挡别

例如，2CP12 是 N 型硅制作的普通二极管；2CZ14 是 N 型硅制作的整流二极管；2CZ14F 是 2CZ14 型整流管的 F 挡。

③ 判别二极管极性　二极管是有极性的，通常在二极管的外壳上标有二极管的极性符

号。标有色道（一般黑壳二极管为银白色标记）的一端为负极，另一端为正极。

二极管的极性也可通过万用表的欧姆挡测定，将万用表（此为机械式万用表用法）打在 $\times 100$ 或 $\times 1k$ 挡上。由于二极管具有单向导电性，正向电阻小，反向电阻大（后续内容会详细分析）。在测试时，若二极管正偏，则万用表黑表笔所搭位置为二极管的正极，而红表笔所搭为二极管的负极。测试电路如图2.5所示。

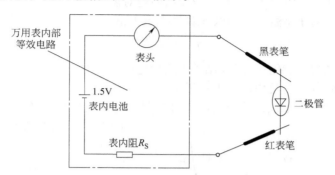

图2.5 二极管的极性测试电路

二极管正、反向电阻的测量值相差越大越好，一般二极管的正向电阻测量值为几百欧，反向电阻为几十千欧到几百千欧。如果测得正、反向电阻均为无穷大，说明内部断路；若测量值均为零，则说明内部短路；如测得正、反向电阻几乎一样大，这时的二极管已经失去作用，没有使用价值了。

（2）二极管主要参数

① 最大整流电流 I_F　二极管长期工作时允许通过的最大正向平均电流。

② 最大反向工作电压 U_R　当二极管的反向电压超过最大反向工作电压 U_R 时，管子可能会因反向击穿而损坏。通常 U_R 为二极管反向击穿电压 U_{BR} 的一半。

③ 反向电流 I_R　管子未击穿时的反向电流。此值越小，二极管的单向导电性越好。随着温度的增加，反向电流会急剧增加，使用时要注意温度的影响。

④ 最高工作频率 f_M　指二极管正常工作时的上限频率。超过此值，由于二极管结电容的作用，二极管的单向导电性将遭到破坏。

（3）二极管单向导电特性

二极管具有单向导电特性，测试电路如图2.6所示，当二极管阳极连接正电压时，二极管导通，负载有电流；当二极管阳极连接负电源时，二极管截止，负载无电流。

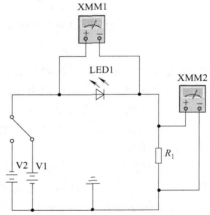

图2.6 二极管单向导电性测试电路

2.1.2 二极管的伏安特性

（1）PN结的伏安特性

① PN结伏安特性曲线　根据理论分析，PN结两端的电压 U 和流过PN结的电流 I 之间的关系为：

二极管的特性及参数认识

$$I = I_S(e^{U/U_T} - 1)$$

式中，I_S 为反向饱和电流；U_T 为温度电压当量。

$$U_T = kT/q$$

式中，k 为玻尔兹曼常数（即为 1.38×10^{-23} J/K）；q 为电子电荷（约为 1.6×10^{-19} C）；T 为 PN 结的绝对温度。

对于室温 $T = 300$ K 来说，$U_T \approx 26$ mV。若 $U \gg U_T$，则可得下列近似式：

$$I = I_S e^{U/U_T}$$

即 I 随 U 按指数规律变化。当 PN 结外加反向电压（U 为负），且 $|U| \gg U_T$ 时，$e^{U/U_T} \to 0$，则 $I \approx -I_S$，即反向电流与反向电压大小无关。

PN 结的反向饱和电流 I_S 一般很小（硅 PN 结：毫微安量级；锗 PN 结：微安量级），所以 PN 结反向特性曲线几乎接近于横坐标。I 与 U 的关系曲线（即伏安特性曲线）如图 2.7 所示。

② PN 结的击穿特性 如前所述，当 PN 结外加反向电压时，流过 PN 结的反向电流很小，但是当反向电压不断增大，超过某一电压值时，反向电流将急剧增加，这种现象称为 PN 结的反向击穿（reverse breakdown）。反向电流急剧增加时所对应的反向电压 U_{BR} 称为反向击穿电压。

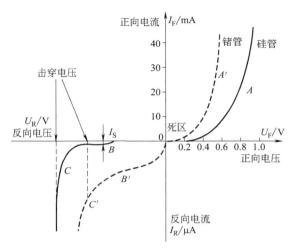

图 2.7 伏安特性曲线

（2）二极管的伏安特性

二极管的基本结构就是一个 PN 结，因此二极管具有和 PN 结相同的特性。但是，由于管子存在电中性区的体电阻和引线电阻等，在外加正向电压相同的情况下，二极管的正向电流要小于 PN 结的电流，大电流时更为明显。当外加反向电压时，由于二极管表面漏电流的存在，使反向电流增大。尽管如此，一般情况下仍用 PN 结的伏安特性方程式来描述二极管的电压和电流关系。

二极管的伏安特性是指二极管通过的电流与外加偏置电压的关系。由图 2.7 可知，该特性由三部分组成。

① 正向导通特性 当正向电压 U_F 开始增加时（即正向特性的起始部分），U_F 较小，正向电流几乎为零，该区域称之为死区。硅管的死区电压约为 0.5V，锗管约为 0.1V。只有当 U_F 大于死区电压后，才开始产生正向电流 I_F。二极管正偏导通后的管压降是一个恒定值，硅管和锗管分别取 0.7V 和 0.3V 的典型值。

② 反向截止特性 当外加反向偏压 U_R 时，反向电流 I_R 较小，基本可忽略不计。室温下一般硅管的反向饱和电流小于 $1\mu A$，锗管为几十微安到几百微安，如图 2.7 中所示的 B 段。

③ 反向击穿特性 击穿特性属于反向特性的特殊部分。当 U_R 继续增大并超过某一特定电压值时，反向电流将急剧增大，这种现象称为击穿。

如果 PN 结击穿时的反向电流过大（比如没有串接限流电阻等原因），使 PN 结的温度超过 PN 结的允许结温（硅 PN 约为 150～200℃，锗 PN 约为 75～100℃），PN 结将因过热而损坏，称为热击穿，是一种不可逆击穿。但也有个别特殊二极管工作于反向击穿区，且形成可逆的电击穿，如稳压管。

2.1.3 二极管电路等效模型

所谓"等效"，是指在一定的条件下，在电路中如果两个电路具有相同的外部效果，即它们在相同的外部连接时，从外部看进去相应的电压、电流完全一样，则称这两个电路是等效的。二极管是一种非线性器件，二极管电路的严格分析一般要采用非线性电路的分析方法。

二极管等效电路
模型

（1）二极管的理想模型

当二极管的正向压降远小于外接电路的等效电压，其相比可忽略时，可用图 2.8（a）中与坐标轴重合曲线近视代替二极管的伏安特性，这样的二极管称为理想二极管。它在电路中相当于一个理想开关，只要二极管外加电压稍大于零，它就导通，其压降为零，相当于开关闭合；当反偏时，二极管截止，其电阻为无穷大，相当于开关断开。

（2）二极管的恒压降模型

当二极管的正向压降与外加电压相比不能忽略时，可采图 2.8（b）所示的伏安特性曲线和模型来近似代替实际二极管，该模型由理想二极管与接近实际工作电压的电压源 U_F 串联构成，U_F 不随电流而变。对于硅管，U_F 通常取 0.7V，锗二极管 U_F 为 0.2V。不过，这只

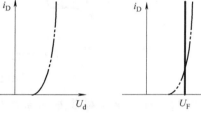

(a) 理想模型特性曲线　　(b) 恒压降模型特性曲线

图 2.8　二极管电路模型特性曲线

有当流经二极管的电流近似等于或大于 1mA 时才是正确的。

【例 2-1】　二极管电路如图 2.9 所示，试分别用二极管的理想、恒压降模型计算回路中的电流 I_D 和输出电压 U_D。设二极管为硅管。

解　首先判断二极管是处于导通状态还是截止状态，可以计算（或观察）二极管截止时阳极和阴极间的电位差，若该电位差大于二极管所需的导通电压，则说明该二极管处于正向偏置而导通；如果该电位小于导通电压，则该二极管处于反向偏置而截止。

由图 2.9 可知，二极管 VD1 未导通时阳极电位为 −12V，阴极电位为 −16V，则阳、阴两极的电位差：

$$U_{ab}=U_a-U_b=-12-(-16)\text{V}=4\text{V}>U_F=0.7\text{V}$$

故在理想模型和恒压降模型中，二极管 VD1 均为导通。

（1）用理想模型计算

由于二极管 VD1 导通，其管压降为零，所以：

$$I_D=\frac{U_{R1}}{R_1}=\frac{-V_1+V_2}{R_1}=\frac{-12+16}{2000}=2(\text{mA})$$

$$U_o=-V_1=-12\text{V}$$

（2）用恒压降模型计算

由于二极管 VD1 导通，$U_F=0.7\text{V}$，所以：

图 2.9　二极管电路（multisim）

$$I_D = \frac{U_{R1}}{R_1} = \frac{-V_1 + V_2 - U_F}{R_1} = \frac{-12 + 16 - 0.7}{2000} = 1.65(\text{mA})$$
$$U_o = I_D R_1 - V_1 = 1.65\text{mA} \times 2\text{k}\Omega - 16\text{V} = -12.7\text{V}$$

（3）折线模型

折线模型如图 2.10 所示。图中二极管正向压降大于 U_{on}（0.5V）后，用一斜线来描述电压和电流的关系，斜线的斜率为实际二极管特性曲线的斜率 $1/r_D$，$r_D = \Delta U / \Delta I$。因此等效模型为一理想二极管和恒压源 U_{on} 及正向电阻 r_D 相串联。

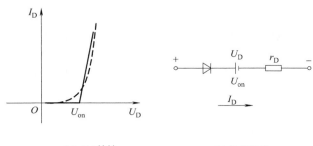

(a) U-I特性　　　　(b) 代表符号

图 2.10　折线模型

【例 2-2】 设简单二极管基本电路如图 2.11 所示，$R = 10\text{k}\Omega$，$r_D = 200\Omega$，当 $U_{DD} = 10\text{V}$ 和 $U_{DD} = 1\text{V}$ 时，求电路的 I_D 和 U_D 的值。

解 在每种条件下，应用理想模型、恒压降模型和折线模型求解。

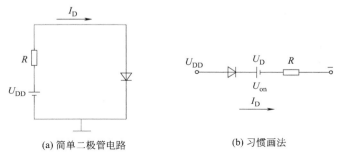

(a) 简单二极管电路　　　　(b) 习惯画法

图 2.11　折线模型案例

（1）$U_{DD} = 10\text{V}$

使用理想模型：
$$U_D = 0\text{V}, \quad I_D = U_{DD}/R = 10\text{V}/10\text{k}\Omega = 1\text{mA}$$

使用恒压降模型：
$$U_D = 0.7\text{V}, \quad I_D = (U_{DD} - U_D)/R = (10\text{V} - 0.7\text{V})/10\text{k}\Omega = 0.93\text{mA}$$

使用折线模型：
$$I_D = (U_{DD} - U_{on})/(R + r_D) = (10\text{V} - 0.7\text{V})/(10\text{k}\Omega + 0.2\text{k}\Omega) = 0.912\text{mA}$$
$$U_D = U_{on} + I_D r_D = 0.7 + 0.912\text{mA} \times 0.2\text{k}\Omega = 0.88\text{V}$$

（2）$U_{DD} = 1\text{V}$

使用理想模型：
$$U_D = 0\text{V}, \quad I_D = U_{DD}/R = 1\text{V}/10\text{k}\Omega = 0.1\text{mA}$$

使用恒压降模型：
$$U_{\mathrm{D}}=0.7\mathrm{V}, I_{\mathrm{D}}=(U_{\mathrm{DD}}-U_{\mathrm{D}})/R=(1\mathrm{V}-0.7\mathrm{V})/10\mathrm{k}\Omega=0.03\mathrm{mA}$$

使用折线模型：
$$I_{\mathrm{D}}=(U_{\mathrm{DD}}-U_{\mathrm{on}})/(R+r_{\mathrm{D}})=(1\mathrm{V}-0.7\mathrm{V})/(10\mathrm{k}\Omega+0.2\mathrm{k}\Omega)=0.03\mathrm{mA}$$
$$U_{\mathrm{D}}=U_{\mathrm{on}}+I_{\mathrm{D}}r_{\mathrm{D}}=0.7+0.03\mathrm{mA}\times0.2\mathrm{k}\Omega=0.71\mathrm{V}$$

2.1.4 二极管整流电路

二极管是电子电路中最常用的半导体器件之一。利用其单向导电性及导通时正向压降很小的特点，可应用于整流、检波、钳位、限幅、开关以及元件保护等各种电路。

半波整流电路

所谓整流就是将交流电变为单方向脉动的直流电，在经过滤波、稳压后便可获得平稳的直流电。

（1）单相半波整流电路

① 工作原理　图2.12所示为单相半波整流电路。其中 u_1 和 u_2 分别表示变压器的一次和二次交流电压，R_{L} 为负载电阻。

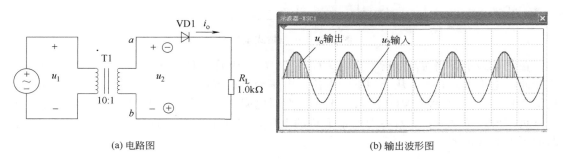

(a) 电路图　　　　　　　　　(b) 输出波形图

图 2.12　单相半波整流电路

设 $u_2=\sqrt{2}U_2\sin\omega t(\mathrm{V})$，其中，$U_2$ 为变压器二次电压有效值；ω 为角频率，$\mathrm{rad/s}$，$\omega=2\pi f=2\pi/T$。

在 $0\sim\pi$ 期间，即在 u_2 的正半周内，变压器二次电压是上端为正，下端为负，二极管 VD1 承受正向电压而导通，此时有电流流过负载，并且和二极管上电流相等。忽略二极管上的压降，负载上输出电压 $u_{\mathrm{o}}=u_2$，输出波形与 u_2 相同。

在 $\pi\sim2\pi$ 期间，即在 u_2 负半周内，变压器二次绕组的上端为负，下端为正，二极管 VD1 承受反向电压，此时二极管截止，负载上无电流流过，输出电压 $u_{\mathrm{o}}=0$，此时 u_2 电压全部加载在二极管 VD1 上。其电路波形如图2.12（b）所示。

② 电路参数分析　单相半波整流电路不断重复上述过程，则直流输出电压为：
$$u_{\mathrm{o}}=\begin{cases}\sqrt{2}U_2\sin\omega t(\mathrm{V}), & 0\leqslant\omega t\leqslant\pi\\0, & \pi\leqslant\omega t\leqslant2\pi\end{cases}$$

从上式可知，此电路只有半个周期波形不为零，因此称为半波整流电路。

取 u_{o} 的平均值得：
$$U_{\mathrm{o}}=\frac{1}{2\pi}\int_0^{2\pi}u_{\mathrm{o}}\mathrm{d}(\omega t)=\frac{1}{2\pi}\int_0^{\pi}\sqrt{2}U_2\sin\omega t\,\mathrm{d}(\omega t)=\frac{\sqrt{2}}{\pi}U_2\approx0.45U_2$$

经过二极管的电流等于负载电流：

$$I_D = I_o = \frac{U_o}{R_L} = 0.45\frac{U_2}{R_L}$$

二极管承受的最大反向电压：

$$U_{RM} = \sqrt{2}U_2$$

单相半波整流电路的优点为电路简单，使用元件少；不足方面是变压器利用率和直流效率低，输出电压脉动大，所以单相半波直流仅用在小电流且对电源要求不高的场合。

（2）单相桥式整流电路

① 工作原理分析　单相桥式整流电路如图 2.13 所示。其由四个整流二极管组成一个桥，所以称为桥式整流电路。

桥式整流电路
参数设置

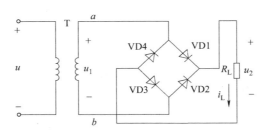

图 2.13　单相桥式整流电路

在此电路中，当 u_1 为正半周时，$U_b < U_a$，二极管 VD1、VD3 导通，VD2、VD4 截止，此时电阻 R_L 上产生从上到下的电流，电压为上正下负；当 u_1 为负半周，$U_a < U_b$，二极管 VD2、VD4 导通，VD1、VD3 截止，此时电阻 R_L 上产生从上到下的电流，电压为上正下负。所以负载 R_L 上始终为上正下负的电压，实现了交流电的整流。图 2.14 为整流电路的各参数波形图。

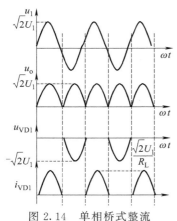

图 2.14　单相桥式整流
输出波形图

② 电路参数分析

a. 输出平均电压 $U_{o(AV)}$。由 U_o 波形可知，桥式整流电压是半波整流电压的 2 倍，即

$$U_{o(AV)} = 0.9U_1$$

$$I_{o(AV)} = 0.9\frac{U_1}{R_L}$$

b. 流过二极管的平均电流 $I_{D(AV)}$。由于 VD1、VD3 和 VD2、VD4 轮流导通，因此流过每个二极管的平均电流只有负载电流的一半，即

$$I_{D(AV)} = \frac{1}{2}I_{o(AV)} = 0.45\frac{U_1}{R_L}$$

c. 二极管承受的最高反向峰值电压 U_{DM}。当 u_1 上正下负时，VD1、VD3 导通，VD2、VD4 截止，VD2、VD4 相当于并联后跨接在 u_1 上，因此反向最高峰值电压为

$$U_{DM} = \sqrt{2}U_1$$

d. 整流二极管的选择。二极管的最大整流电流

$$I_F \geq I_{D(AV)} = \frac{1}{2}I_{RL}$$

二极管的最大反向电压，按其截止时所承受的反向峰值电压有

$$U_{RM} \geqslant U_{DM} = \sqrt{2} U_1 = 1.414 U_1$$

由图可知，在相同的交流输入和负载情况下，单相桥式整流电路输出脉动减小，直流输出电压提高 1 倍，电源利用率明显提高。

③ 整流桥堆　整流桥堆产品由 4 只整流硅芯片作桥式连接，简称桥堆，实物如图 2.15 所示。桥堆一般用绝缘塑料封装而成，大功率整流桥在绝缘层外添加锌金属壳包封，以增强散热。整流桥品种多，有扁形、圆形、方形、板凳形（分直插与贴片）等，有 GPP 与 O/J 结构之分。最大整流电流为 $0.5 \sim 100$ A，最高反向峰值电压（即耐压值）有从 $25 \sim 1600$ V 各种规格。

图 2.15　桥堆实物

【课堂训练】

【课堂训练 1】利用 multisim 仿真软件，搭建图 2.6 的二极管单向导电性测试电路，调试电路，填写下表数据。

V1 和 V2 状态	R_1 电阻	LED1 电压	R_1 电压	电流
V1 导通	1kΩ			
V2 导通	1kΩ			
V1 导通	100kΩ			
V2 导通	100kΩ			

【课堂训练 2】利用 multisim 仿真软件，搭建图 2.9 的二极管电路，调整 V_1 和 V_2 电源值，调试电路，填写下表数据。

V_1 电源	V_2 电源	U_a	U_b	U_{ab}
12V	16V			
16V	12V			
12V	12V			

【课堂训练 3】利用 multisim 仿真软件，搭建图 2.2 的整流电路，调整 VD1、VD2、VD3、VD4 二极管的导通状态，分析 R_1 两端波形变换情况。

VD1	VD2	VD3	VD4	T1 次端电压	R_1 电压	R_1 两端波形
导通	截止	导通	截止			
截止	导通	截止	导通			
导通	导通	导通	导通			

【课堂训练 4】电路如图 2.16（a）所示，已知电阻 $R_1 = 6\text{k}\Omega$，$R_2 = 4\text{k}\Omega$，$R_3 = 4\text{k}\Omega$，设二极管的导通电压为 0.7V，要求：

（1）写出 $u_o = f(u_i)$ 的表达式；

（2）输入电压波形如图（b）所示，画出一周期的输出电压 u_o 的波形；

（3）通过 multisim 仿真软件，模拟该电路工作过程。

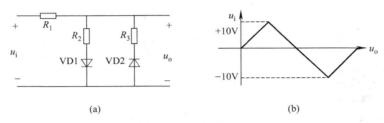

图 2.16　二极管电路

【课后练习】

习题自测

二极管整流电路分析
习题解答

（1）试求图 2.17 所示各电路的输出电压值 U_o，设二极管的性能理想。

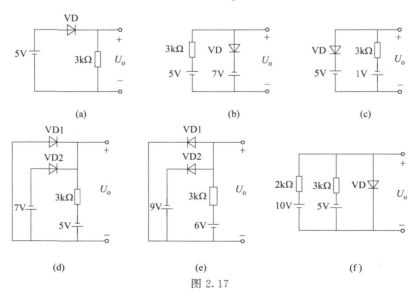

图 2.17

（2）在图 2.18 所示电路中，已知输入电压 $u_i = 5\sin\omega t(\mathrm{V})$，设二极管的导通电压 $U_{on} = 0.7\mathrm{V}$。分别画出它们的输出电压波形和传输特性曲线 $u_o = f(u_i)$。

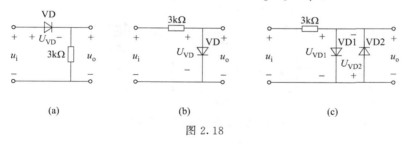

图 2.18

（3）在图 2.19 所示电路中，已知 $u_i = 10\sin\omega t(\mathrm{V})$，二极管的性能理想。分别画出它们的输入、输出电压波形和传输特性曲线 $u_o = f(u_i)$。

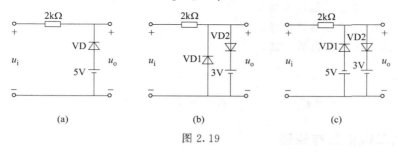

图 2.19

（4）分析图 2.20 电路中各二极管的工作状态，试求下列几种情况下输出端 Y 点的电位及流过各元件的电流：① $U_A = U_B = 0\mathrm{V}$；② $U_A = 5\mathrm{V}$，$U_B = 0\mathrm{V}$；③ $U_A = U_B = 5\mathrm{V}$。二极管的导通电压 $U_{on} = 0.7\mathrm{V}$。

（5）电路如图 2.21 所示。输入电压 $u_i = 10\sin\omega t(\mathrm{mV})$，二极管的导通电压 $U_{on} = 0.7\mathrm{V}$，电容 C 对交流信号的容抗可忽略不计。试计算输出电压的交流分量。

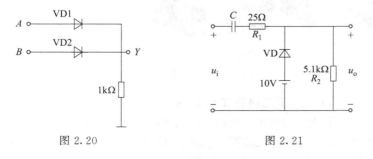

图 2.20　　　　　　　　　　　图 2.21

任务 2.2　稳压二极管稳压电路设计

【任务引领】

在市电互补控制器的蓄电池充放电模块中，需要为比较电路提供一个 5.1V 的稳定直流电位，在该电路中可用稳压二极管稳压电路实现，电路如图 2.22 所示。当改变二极管参数型号时，输出电压将会发生改变。本任务将根据实际需求对稳压二极管、稳压电阻等参数进行分析与选配。

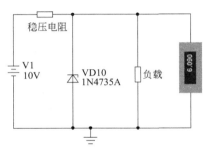

图 2.22 稳压二极管稳压电路

【知识目标】

① 掌握稳压二极管、稳压电路工作原理。
② 了解稳压二极管各参数指标。
③ 掌握稳压电阻参数设置方法。

【能力目标】

能根据实际电路需求对稳压二极管、稳压电阻进行参数设置。

2.2.1 稳压二极管工作原理

稳压二极管又称齐纳二极管，简称稳压管，是一种用特殊工艺制造的面接触型硅半导体二极管。常见稳压二极管如图 2.23 所示。

(a) 实物图 (b) 图形和文字符号

图 2.23 常见稳压二极管

（1）稳压二极管工作原理

加在二极管上的反向电压如果超过二极管的承受能力，二极管就要击穿损毁。但是有一种二极管，它的正向特性与普通二极管相同，而反向特性却比较特殊：当反向电压加到一定程度时，虽然管子呈现击穿状态，通过较大电流，却不会损毁，并且这种现象的重复性很好；反过来看，只要管子处在击穿状态，尽管流过管子的电流变化很大，而管子两端的电压却变化极小，该二极管起到了稳压作用。这种特殊的二极管叫稳压管，它的输出特性曲线如图 2.24 所示。

稳压二极管稳压电路分析

在图 2.24 中，其正向特性曲线与普通二极管相似，而反向击穿特性曲线很陡。正常情况下稳压管工作在反向击穿区，由于曲线很陡，反向电流在很大范

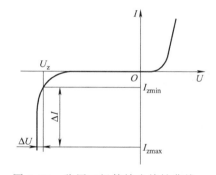

图 2.24 稳压二极管输出特性曲线

围内变化时，端电压变化很小，因而具有稳压作用。图中的 U_z 表示反向击穿电压，当电流的增量 ΔI 很大时，只引起很小的电压变化，即 ΔU 变化很小。

（2）稳压管的主要参数

① 稳定电压　指稳压管通过规定的测试电流时，稳压管两端的电压值。由于制造工艺的原因，同一型号管子的稳定电压有一定的分散性。

② 稳定电流 I_z　指稳压管的工作电压等于稳定电压时通过管子所需的最小电流。低于此值，无稳压效果；高于此值，只要不超过最大工作电流 I_{zm}，均可以正常工作，且电流越大，稳压效果越好。

③ 动态电阻　指稳压管两端电压变化量与相应电流变化量的比值，即：

$$r_z = \frac{\Delta U_z}{\Delta I_z}$$

稳压管稳压性能的好坏，可以用它的动态电阻 r_z 来表示。稳压管的反向特性曲线越陡，则动态电阻越小，稳定效果越好。

④ 最大工作电流 I_{zm} 和最大耗散功率 P_{zm}　最大工作电流 I_{zm} 指管子允许通过的最大电流。最大耗散功率 P_{zm} 等于最大工作电流 I_{zm} 和它对应的稳定电压 U_z 的乘积，是由管子的温升所决定的参数。P_{zm} 和 I_{zm} 是为了保护管子不发生热击穿而规定的极限参数。

2.2.2　稳压二极管稳压电路分析

（1）稳压二极管稳压电路

图 2.25 为稳压二极管稳压电路。

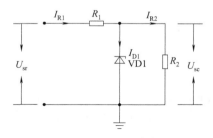

图 2.25　稳压电路分析

若输入电压 U_{sr} 升高，引起负载电压 U_{sc} 升高。由于稳压管 VD1 与负载 R_2 并联，电压有很少一点增长，就会使流过稳压管的电流 I_{D1} 急剧增加，使得 I_{R1} 也增大，限流电阻 R_1 上的电压降增大，从而抵消了 U_{sr} 的升高，保持负载电压 U_{sc} 基本不变。反之，若输入电压 U_{sr} 降低，造成 U_{sc} 也下降，则稳压管中的电流急剧减小，使得 I_{R1} 减小，R_1 上的压降也减小，从而抵消了 U_{sr} 的下降，保持负载电压 U_{sc} 基本不变。

若 U_{sr} 不变而负载电流增加（例如负载电阻减小），则 R_1 上的压降增加，造成负载电压 U_{sc} 下降。U_{sc} 只要下降一点点，稳压管中的电流就迅速减小，使 R_1 上的压降再减小下来，从而保持负载 R_2 上的压降基本不变，使负载电压 U_{sc} 得以稳定。

综上所述，稳压管起着电流的自动调节作用，而限流电阻起着电压调整作用。

（2）稳压电阻的选择

当流过稳压管的电流小于稳定电流 I_z，无稳压效果；高于此值，只要不超过最大工作电流 I_{zm}，均可以正常工作，且电流越大，稳压效果越好。

在稳压二极管稳压电路中，稳压电阻一是起限流作用，以保护稳压管；其次是当输入电压或负载电流变化时，通过该电阻上电压降的变化，取出误差信号以调节稳压管的工作电流，从而起到稳压作用。

下面对稳压电阻的选择进行分析。

【例2-3】 稳压二极管稳压电路输入电压为 20V，稳压管的参数是：$U_z = 8V$，$I_z = 10\text{mA}$，$I_{zm} = 29\text{mA}$。选择 600Ω、0.125W 的电阻作为限流电阻，是否合适?

解
$$I = \frac{20-8}{600}A = 20\text{mA}$$
$$P_R = I^2R = 0.02^2 \times 600\text{W} = 0.24\text{W}$$

限流电阻 R 的阻值选得合适，但电阻的额定功率选得太小（0.125W＜0.24W），会烧坏电阻。应选 600Ω、0.25W 的电阻比较合适。因此在选择限流电阻时，要注意电阻的额定功率必须大于其实际消耗的最大功率。

【例2-4】 稳压电路如图 2.26 所示，其中直流输入电压 U_i 是由汽车上的铅酸电池供电，电压在 12～13.6V 之间波动。负载为移动式播放器，当它的音量最大时，需供给的功率为 0.5W。稳压管主要参数：稳定电压 $U_z = 9V$，稳定电流的范围 $I_z = 5～56\text{mA}$，额定功率为 1W。限流电阻 R 的值为 51Ω。试分析此稳压电路能否正常工作。

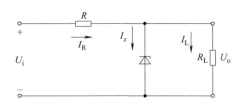

图 2.26　稳压电路

解　负载所消耗的功率$= U_L I_L$

（1）负载电流最大值
$$I_{LM} = P_{LM}/U_L = 0.5\text{W}/9\text{V} = 56\text{mA}$$

（2）检验稳压管的额定功率

当空载（$I_L = 0$）时，稳压管的最大功率为：
$$P_z = I_R U_z = [(U_{IM} - U_z)/R]U_z$$
$$= [(13.6-9)/51] \times 9 = 0.81(\text{W})$$

此功率未超过稳压管的额定功率。

（3）检验限流电阻 R 的功率定额

当 $U_I = U_{IM}$ 且为满负载的情况下，R 上所消耗的功率为：
$$P_R = U_R I_R = (U_{IM} - U_z)^2/R = (13.6-9)^2/51 = 0.41(\text{W})$$

为了安全和可靠起见，限流电阻 R 以选用 1W 的电阻为宜。

（3）稳压电阻稳定性分析

稳压二极管稳压电路随着输入电压的变化或输出负载的改变，会引起输出电压的改变。下面二维码中内容是利用仿真软件的参数扫描方法，对输出负载变化和输入电压变化所引起的输出电压变化的分析过程。

稳压二极管稳压电路
输出负载变化
参数扫描分析

稳压二极管稳压电路
输入变化参数
扫描分析

【课堂训练】

【课堂训练1】 利用 multisim 仿真软件，参考图 2.22 的稳压二极管稳压电路，选择合适的稳压二极管参数和稳压电阻，使电路稳定输出电压 5.1V，电流 100mA，并将数据记入下表。

V1电源电压/V	稳压电阻/Ω	稳压二极管型号	输出电压/V	输出电流/A

【课堂训练2】利用 multisim 仿真软件，参考图 2.26 的稳压电路，使电压在 $12 \sim 13.6V$ 之间波动，输出最大功率为 0.5W。调整输入和输出变换，分析输出电压的波动，并记入下表。

输入电压/V	稳压电阻/Ω	稳压二极管型号	输出电压/V	输出电流/A

【课后练习】

习题自测

稳压二极管稳压电路设计
习题解答

（1）有两个硅稳压管，VD_{z1}、VD_{z2} 的稳定电压分别为 6V 和 8V，正向导通电压为 0.7V，稳定电流是 5mA。求图 2.27 各个电路的输出电压 U_o。

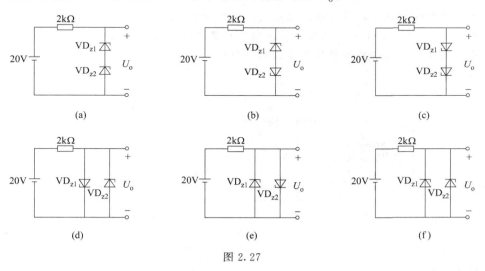

图 2.27

（2）图 2.28 所示稳压管稳压电路中，稳压管的稳定电压 $U_z = 6V$，最小稳定电流 $I_{zmin} = 5mA$，最大功耗 $P_{zm} = 125mW$。限流电阻 $R = 1k\Omega$，负载电阻 $R_L = 500\Omega$。① 分别计算输入电压 U_i 为 12V、35V 两种情况下输出电压 U_o 的值。② 若输入电压 $U_i = 35V$ 时负载开路，则会出现什么现象？为什么？

（3）如图 2.28 所示的稳压管稳压电路中，如果稳压管选用 2DW7B，已知其稳定电压 $U_z=6V$，最大稳定电流 $I_{zmax}=30mA$，最小稳定电流 $I_{zmin}=10mA$，限流电阻 $R=200\Omega$。① 假设负载电流 $I_L=15mA$，则允许输入电压的变化范围为多大才能保证稳压电路正常工作？② 假设给定输入直流电压 $U_i=13V$，则允许负载电流 I_L 的变化范围为多大？③ 如果负载电流也在一定范围变化，设 $I_L=10\sim15mA$，此时输入直流电压 U_i 的最大允许变化范围为多大？

（4）已知稳压管的稳定电压 $U_z=6V$，最小稳定电流 $I_{zmin}=5mA$，最大功耗 $P_{zm}=150mW$。试求图 2.29 所示电路中限流电阻 R 的取值范围。

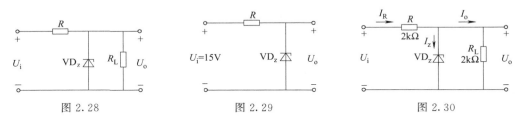

图 2.28　　　　　　　图 2.29　　　　　　　图 2.30

（5）稳压管稳压电路如图 2.30 所示，稳压管的稳定电压 $U_z=8V$，动态电阻 r_z 可以忽略，$U_i=20V$。试求：① U_o、I_o、I_R 及 I_z 的值。② 当 U_i 降低为 15V 时的 U_o、I_o、I_R 及 I_z 的值。

任务 2.3　三端直流稳压电源电路设计

【任务引领】

在市电互补控制器中，当蓄电池缺电时，系统会将 220V 的交流市电转换为稳定 15V 电源给蓄电池充电。图 2.31 为三端直流稳压电源电路结构。从图可知，该直流稳压电源由变压器、整流电路、滤波电路和稳压电路四部分组成。本任务将根据负载功率需求分析设计三端直流稳压电路。

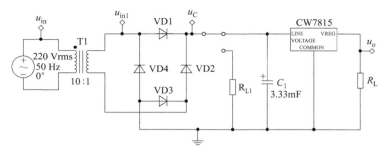

图 2.31　三端直流稳压电源电路结构

三端直流稳压电压电路是将交流电经过降压、整流、滤波、稳压输出直流电压的稳压电源。设计电路技术参数如下：
① 输入交流市电电压 220V；
② 输出直流电压为 +15V；
③ 输出直流电流为 1A。

【知识目标】

　① 掌握三端直流稳压电源的基本组成。

　② 掌握桥式整流电路、滤波电路、稳压电路的工作原理。

【能力目标】

　① 根据实际负载条件，利用桥式整流电路、滤波电路、三端稳压器设计直流稳压电源。

　② 能利用 multisim 仿真技术搭建、调试仿真电路。

2.3.1　三端直流稳压电源结构

　　三端直流稳压电源能把 220V 的工频交流电，转换为极性和数值均不随时间变化的直流电，其结构框图如图 2.32 所示。

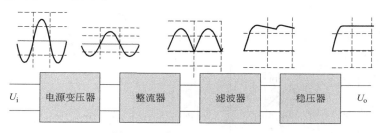

图 2.32　直流稳压电源的组成

　　由图 2.32 可知，直流稳压电源一般由电源变压器、整流器、滤波器和稳压器四部分组成。

　　① 电源变压器　电源变压器的作用是为用电设备提供合适的交流电压，如本任务中采用的变压器可实现 220V 输入、双 18V 交流电输出。由于在电工基础中已经涉及，这里不再做详细介绍。

　　② 整流电路　整流电路的作用是把交流电变换成单相脉动的直流电。

　　③ 滤波器　滤波器的功能是把单相脉动直流电变为平滑的直流电。

　　④ 稳压器　稳压器的作用是克服电网电压、负载及温度变化所引起的输出电压的变化，提高输出电压的稳定性。按照输出电压特性，稳压器有些是正负固定电压输出，有些是电压可调输出。

　　图 2.33 是一个双电源的直流稳压电源，其电路结构与图 2.32 相同。

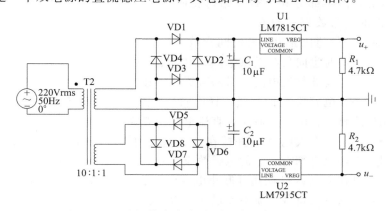

图 2.33　双电源的直流稳压电源原理图（multisim）

2.3.2 电容滤波电路分析

电容滤波电路
参数选择

交流市电通过变压器降压后，经过桥式整流电路将交流电转换为变化的直流电；经过整流后，由于输出电压起伏较大，为了得到平滑的直流电压波形，必须采用滤波电路，以改善输出电压的脉动性。常用的滤波电路有电容滤波、电感滤波、LC 滤波电路等。

最简单的电容滤波是在负载 R_L 两端并联一只较大容量的电容器，如图 2.34 所示。

当负载开路（$R_L = \infty$）时，设电容无能量储存，输出电压从 0 开始增大，电容器开始充电。一般充电速度很快，$u_o = u_C$ 时，u_o 达到 u_2 的最大值，即

$$u_o = u_C = \sqrt{2} U_2$$

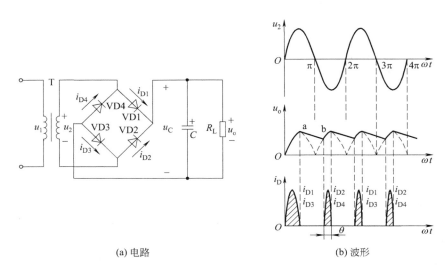

(a) 电路   (b) 波形

图 2.34 电容滤波

此后，由于 u_2 下降，二极管处于反向偏置而截止，电容无放电回路，所以 u_o 保持在 $\sqrt{2} U_2$ 的数值上。

当接入负载后，前半部分和负载开路时相同，当 u_2 从最大值下降时，电容通过负载 R_L 放电，放电的时间常数为 $\tau = RC$。

在 R_L 较大时，τ 的值比充电时的时间常数大，u_o 按指数规律下降。当 u_2 的值再增大后，电容继续充电，同时也向负载提供电流，电容上的电压仍会很快地上升。这样不断地进行，在负载上得到比无滤波整流电路平滑的直流电。在实际应用中，为了保证输出电压的平滑，使脉动成分减小，电容器 C 的容量选择应满足 $R_L C \geqslant (3 \sim 5) T/2$，其中 T 为交流电的周期。使用单相桥式整流，电容滤波时的直流电压一般为 $U_o \approx 1.2 U_2$。

在整流电路中，把一个大电容 C 并接在负载电阻两端，就构成了电容滤波电路。由于制造工艺的原因，电解电容都有一定的电感效应，越大的电解电容电感值越大，大电容是滤不掉高频的，所以可在大电容 C 两边并联小电容以过滤旁路高频干扰信号。

电容滤波简单，缺点是负载电流不能过大，否则会影响滤波效果，所以电容滤波适用于负载变动不大、电流较小的场合。另外，由于输出直流电压较高，整流二极管截止时间长，

导通角小，故整流二极管冲击电流较大，所以在选择整流二极管时要注意选整流电流 I_F 较大的二极管。

【例 2-5】 一单相桥式整流电容滤波电路的输出电压 $U_o=30V$，负载电流为 $250mA$，试选择整流二极管的型号和滤波电容 C 的大小（时间常数 T 取 $0.02s$），并计算变压器二次电流、二次电压值。

解 （1）选择整流二极管

$$I_D = \frac{1}{2}I_L = \frac{1}{2} \times 250mA = 125mA$$

二极管承受最大反向电压：

$$U_{RM} = \sqrt{2}U_2$$

又因 $U_o \approx 1.2U_2$，所以

$$U_2 = \frac{U_o}{1.2} = \frac{30V}{1.2} = 25V$$

$$U_{RM} = \sqrt{2}U_2 = 35V$$

查手册选 2CP21A，参数 $I_{FM}=3000mA$，$U_{RM}=50V$。

（2）滤波电容选择

根据 $R_L C \geqslant (3\sim5)T/2$，取 $R_L C \geqslant 5T/2$。

$$R_L = \frac{U_o}{I_o} = \frac{30}{250}k\Omega = 0.12k\Omega$$

$$C = \frac{5T}{2R_L} = \frac{5 \times 0.02}{2 \times 120}F = 417\mu F$$

（3）变压器二次电流

前述已分析得到 $U_2=25V$。变压器二次电流在充放电过程中已不是正弦电流，一般取 $I_2=(1.1\sim3)I_L$，所以取 $I_2=1.5I_L=375mA$。

2.3.3 固定三端集成稳压器

三端直流稳压电路通过整流电路、滤波电路，将交流市电转换为变化幅度较小的直流电，为了获取稳定直流电压，需要三端集成稳压器。

三端稳压器是一种集成电路，它是通过电路的线性放大原理来实现稳压的。三端稳压器主要有两种类型：一种是输出电压固定的，称为固定输出三端稳压器；另一种是输出电压可调的，称为可调输出三端稳压器。在线性集成稳压器中，由于三端稳压器只有三个引出端子，具有外接元件少、使用方便、性能稳定、价格低廉等优点，因而得到广泛的应用。

三端稳压器认识

（1）固定三端稳压器

三端固定输出线性集成稳压器有 CW78xx（正输出）和 CW79xx（负输出）系列。其型号后两位 xx 所标数字代表输出电压值，有 5V、6V、8V、12V、15V、18V、24V。其额定电流以 78（或 79）后面的尾缀字母区分，其中 L 表示 0.1A，M 表示 0.5A，无尾缀字母表示 1.5A。如 CW78M05 表示正输出，输出电压为 5V，输出电流为 0.5A。其外形及引脚排列如图 2.35 所示。

特别提示 在使用时必须注意 U_i 和 U_o 之间的关系。以 78L15 为例，该三端稳压器的

固定输出电压是 15V，而输入电压至少大于 17V，这样输入与输出之间有 2～3V 及以上的压差，使调整管保证工作在放大区。但压差取得大时，又会增加集成块的功耗，所以两者应兼顾，既保证在最大负载电流时调整管不进入饱和，又不至于功耗偏大。

（2）基本应用电路

三端稳压器基本应用电路如图 2.36 所示。图中，输入端电容 C_i 用以抵消输入端较长接线的电感效应，防止产生自激振荡，接线不长时可以不用；输出端 C_o 用以改善负载的瞬态响应，减少高频噪声。

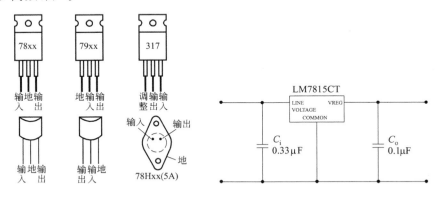

图 2.35　三端稳压器外形及引脚排列　　图 2.36　三端稳压器应用电路

（3）固定三端稳压电路设计

如图 2.37 所示，要求利用固定三端稳压器设计一个正 15V 稳压电源，输出电流 1A。求各器件参数设计及选择。

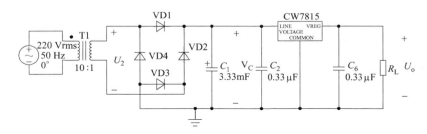

图 2.37　正 15V 稳压电源

① 三端稳压器选择　要求输出稳定电压为正 15V，电流 1A，所以选 CW7815。
② 滤波电容选择　根据 $R_L C \geqslant (3 \sim 5) T/2$，取 $R_L C \geqslant 5T/2$，T 为 50Hz 交流信号的周期时间。

$$R_L = \frac{U_o}{I_o} = \frac{15}{1}\Omega = 15\Omega$$

$$C = \frac{5T}{2R_L} = \frac{5 \times 0.02}{2 \times 15}F = 3.33mF$$

③ 整流二极管选择

$$I_D = \frac{1}{2}I_L = \frac{1}{2} \times 1A = 500mA$$

二极管承受最大反向电压为 $U_{RM}=\sqrt{2}U_2$。因 $U_C\approx1.2U_2$，U_C 必须大于输出 3V 左右，所以取 U_C 为 18V。那么 $U_2=15V$，二极管承受最大反向电压

$$U_{RM}=1.414U_2=21.2V$$

所以二极管的 $I_{FM}=1A$，$U_{RM}=50V$。

④ 变压器二次电压和电流　上述已经分析得到变压器二次电压 $U_2=15V$，变压器二次电流在充放电过程中已不是正弦电流，一般取 $I_2=(1.1\sim3)I_L$，所以取 $I_2=1.5I_L=1.5A$。

【课堂训练】

【课堂训练 1】利用 multisim 仿真软件，搭建图 2.37 正 15V 稳压电源。要求稳定输出正 15V 稳压电源，输出电流 1A。调试电路，测试各参数值并记录于下表。

参数配置						输出
三端稳压器	滤波电容	二极管	整流输入电压/V	负载/Ω	电压/V	电流/A

【课堂训练 2】利用 multisim 仿真软件，参考图 2.33 双电源的直流稳压电源。要求稳定输出 ±12V 稳压电源，输出电流 1A。调试电路，测试各参数值，并记录于下表。

参数配置					输出
三端稳压器	滤波电容	整流二极管	整流输入电压/V	电压/V	电流/A

【课后练习】

习题自测

三端直流稳压电源电路设计与制作
习题解答

(1) 有一额定电压为 110V、负载阻值为 80Ω 的直流负载。如采用单相桥式整流电源供电，交流电压为 220V。① 如何选用整流二极管？② 求整流变压器的变压比及容量。

(2) 有一直流负载，要求 $U_o=24V$、$I_o=300mA$ 的直流电源。拟采用桥式整流电容滤波电路。试选择各元件。

(3) 采用三端稳压器设计一个正 10V、输出电流 1A 的三端稳压电路。求电路各参数选配方法。

任务 2.4 LM317 连续可调稳压电路设计

【任务引领】

在市电互补控制器充放电控制模块中，比较电路需要一个正 8V 的直流稳压电源，输入是前述正 15V 电源，正 8V 直流稳压电源根据实际电路可适当进行调整。一种连续可调的直流稳压电路如图 2.38 所示。当调整可调电阻值时，输出电压会发生改变。本任务要求根据实际电源电压需求，设计连续可调的稳压电路。

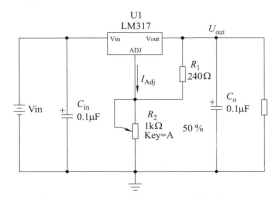

图 2.38 LM317 连续可调直流稳压电路

三端可调直流稳压电路为互补控制器中蓄电池充放电的比较器提供基准工作电压：
① 输入电压为直流三端稳压器输出的 15V；
② 输出直流电压为 +8V；
③ 输出直流电流为 1A。

【知识目标】

掌握 LM317 工作特性及稳压电路参数设计方法。

【能力目标】

① 根据实际条件，利用 LM317 设计连续可调稳压电路。
② 能利用 multisim 仿真技术搭建、调试仿真电路。

2.4.1 固定三端集成稳压器 LM317

(1) LM317 特性

LM317 是可调节三端正电压稳压器，在输出电压范围为 1.2～37V 时能够提供超过1.5A 的电流。此稳压器非常易于使用，只需要两个外部电阻来设置输出电压。此外，还使用内部限流、热关断和安全工作区补充，使之基本能防止烧断保险丝。

LM317 服务于多种应用场合，包括局部稳压、卡上稳压。该器件还可以用来制作一种可编程的输出稳压器。通过在调整点和输出之间接一个固定电阻，LM317 可用作一个精密稳流器。图 2.39 为 LM317 引脚示意图。

三端可调稳压电路
设计

LM317 特性如下：

① 输出电流超过 1.5A，最小稳定电流一般不小于 1.5mA；

② 输出在 1.2V 到 37V 之间可调；

③ 内部热过载保护；

④ 不随温度变化的内部短路电流限制；

⑤ 输出晶体管安全工作区补充；

⑥ 对高压应用浮空工作；

⑦ 表面封装 DPAK 形式，和标准三引脚晶体管封装；

⑧ 避免置备多种固定电压。

图 2.39 LM317 引脚示意图
1—调节端；2—输出端；3—输入端

（2）最小稳定电流

LM317 稳压块都有一个最小稳定工作电流。最小稳定工作电流的值一般为 1.5mA。由于 LM317 稳压块的生产厂家不同、型号不同，其最小稳定工作电流也不相同，但一般不大于 5mA。当输出电流小于其最小稳定工作电流时，LM317 稳压块不能正常工作。当输出电流大于其最小稳定工作电流时，LM317 稳压块可以输出稳定的直流电压。如果 LM317 稳压块为最小稳定工作电流，那么稳压电源可能出现稳压电源输出的有载电压和空载电压差别较大等不正常现象。

要解决 LM317 稳压块最小稳定工作电流的问题，可以通过设定 R_1 和 R_2 阻值的大小，而使 LM317 稳压块空载时输出电流大于或等于其最小稳定工作电流，从而保证 LM317 稳压块在空载时能够稳定地工作。此时，只要保证 $U_o/(R_1+R_2) \geqslant 1.5\text{mA}$，就可以保证 LM317 稳压块空载时能够稳定地工作。

2.4.2 LM317 典型应用

（1）标准应用电路

LM317 的标准应用电路如图 2.40 所示。

在此电路中，当稳压器离电源滤波器有一定距离时 C_{in} 是必需的；C_o 对稳定性而言是不必要的，但能改进电路的瞬态响应。电路稳定输出电压 U_{out} 为：

$$U_{out}=1.25\left(1+\frac{R_2}{R_1}\right)+I_{Adj}R_2$$

因为 I_{Adj} 控制在小于 $100\mu A$，这一项的误差在多数应用中可忽略，即输出电压 U_{out} 为：

$$U_{out}=1.25\left(1+\frac{R_2}{R_1}\right)$$

如图 2.40 所示，调整端可调电阻为 $1\text{k}\Omega$，当可变电阻为最小值和最大电阻时，输出电压为：

$$U_{out1}=1.25\left(1+\frac{R_2}{R_1}\right)=1.25\text{V}$$

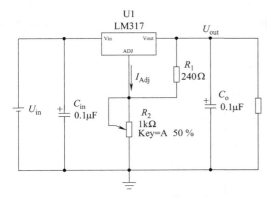

图 2.40 LM317 标准应用电路

$$U_{\text{out1}}=1.25\left(1+\frac{R_2}{R_1}\right)+1.25\left(1+\frac{1000}{240}\right)=6.46(\text{V})$$

在市电互补控制器充放电控制模块中，输入 15V，R_1 电阻为 240Ω，要求输出 8V，则

$$8=1.25\left(1+\frac{R_2}{R_1}\right)$$

可得，R_2 为 1296Ω，约等于 1.3kΩ。

（2）带保护二极管的稳压电路

带保护二极管的 LM317 稳压电路如图 2.41 所示。

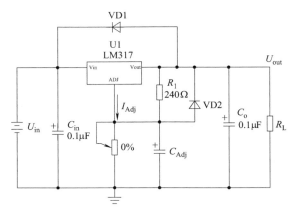

图 2.41　带保护二极管的 LM317 稳压电路

① 外部电容设置　在此电路中，输入旁路电容 C_{in} 采用 0.1μF 的片电容或 1.0μF 的钽电容，以减小对输入电源阻抗的敏感性。C_{Adj} 为调节端到地的旁路电容，通过此电容来提高波纹抑制，防止输出电压增大时波纹被放大。

LM317 在无输出电容时可以稳定输出，但其电路像其他反馈电路一样，某些值的外部电容会引起过分振荡，1.0μF 的钽电容或 25μF 的铝电解电容作为输出电容（C_{o}）会消除这一现象，并保证稳定输出。

② 保护二极管设置　当外部电容应用于任何集成电路稳压时，有时必须加保护二极管以防止电容在低电流点向稳压器放电。图 2.41 显示了在输出电压超过 25V 或高电容值（$C_{\text{o}}>25$μF，$C_{\text{Adj}}>10$μF）时的二极管保护电路。二极管 VD1 防止输入短路时 C_{o} 经集成电路放电，二极管 VD2 防止输出短路时 C_{Adj} 放电，对集成电路放电。二极管 VD1 和 VD2 的组合，防止输入短路时 C_{Adj} 通过集成电路放电。

【课堂训练】

【课堂训练 1】 参考图 2.40 的 LM317 可调稳压电路，输入电压 U_{in} 为 10V，调整电阻参数，使输出稳定输出电压 6V，电流 10mA。

【课堂训练 2】 参考图 2.40 的 LM317 可调稳压电路，输入电压 U_{in} 在 8～12V 之间变化，调整电阻参数，使输出稳定输出电压 5V，电流 100mA，并用参数扫描方式分析电路稳压输出的稳定性。数据记录于下表。

输入			输出	
输入电压/V	R_1 电阻	R_2 可调电阻值	电压	电流

【课后练习】

习题自测

LM317 连续可调稳压电路设计
习题解答

（1）在 LM317 典型电路中，输出电压 U_{in} 为 10V，R_1 电阻 250Ω，可调电阻 R_2 取 1250Ω，计算输出电压 U_{out}。

（2）分析带二极管保护的 LM317 稳压电路中输入旁路电容和二极管的作用。

（3）为使 LM317 工作电流大于最小稳定工作电流，其旁路的 R_1 和 R_2 电阻应该如何选择？

项目 3

直流开关电路设计与制作

 **项目描述**

    在太阳能市电互补控制器中，利用直流开关电路，实现光伏发电、市电两种电源的导入控制。图 3.1 为市电互补控制器的直流开关电路，主要由光电耦合电路、三极管开关电路、继电器组成。当"光伏导入信号""市电导入信号"有效时（低电平 0），光伏发电"V_{CC}_SUN"和市电"$+15V$"（已经通过三端稳压电路进行直流转换）将导入系统，为蓄电池充电。本项目主要学习双极型三极管、光电耦合器的工作特性和直流开关电路设计。

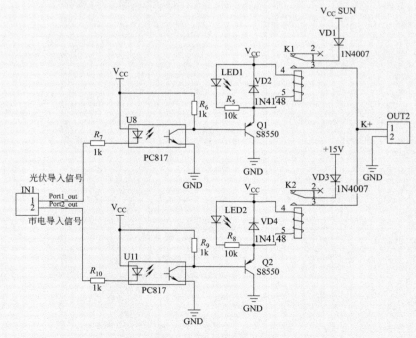

图 3.1　直流开关电路

知识目标

① 掌握双极型三极管的电流放大特性和直流开关特性。
② 掌握双极型三极管、光电耦合器直流开关电路的设计方法。
③ 掌握继电器工作原理。
④ 掌握双极型三极管、光电耦合器直流开关电路参数分析方法。
⑤ 掌握太阳能草坪灯工作原理。
⑥ 掌握 BOOST、BUCK、BOOST-BUCK 电路工作原理。

能力目标

① 能利用双极型三极管、光电耦合器设计直流开关电路。
② 能利用双极型三极管分析、设计太阳能草坪灯控制电路。
③ 能利用 BOOST 电路设计升压草坪灯控制电路。

任务3.1 三极管直流开关电路设计

【任务引领】

在市电互补控制器中，利用双极型三极管（BJT）实现市电或光伏发电继电器开关的控制。电路如图3.2所示，当函数信号发生器输出高电平时，三极管的集电极（3号端）输出低电平；当函数信号发生器输出低电平时，三极管的集电极（3号端）输出高电平。即当三极管的基极（2号端）有触发信号（高电平）时，三极管的集电极和发射极（1号端）之间有大电流，集电极近似接地；当三极管的基极无触发信号（低电平）时，三极管的集电极和发射极之间无电流，集电极与地开路。本任务主要根据三极管特性设计开关电路。

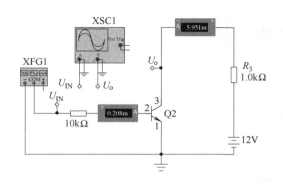

(a) 原理图

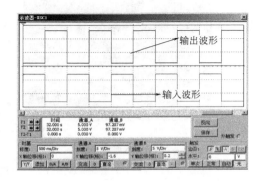

(b) 波形图

图 3.2 双极型三极管开关电路测试

【知识目标】

① 掌握双极型三极管的结构、符号以及电流放大原理。
② 掌握三极管的伏安特性和开关特性。
③ 掌握三极管的静态电路分析方法。

【能力目标】

① 能利用双极型三极管设计开关电路。
② 能利用三极管静态分析方法分析电路状态。

3.1.1 双极型晶体管

晶体管基本认识

半导体晶体管由于在工作时半导体中的电子和空穴两种载流子都起作用，所以属于双极型器件，也称双极型晶体管（Bipolar Junction Transistor，BJT）。

（1）晶体管的结构

双极型晶体管是由形成两个 PN 结的三块杂质半导体组成。因杂质半导体仅有 P、N 型两种，所以晶体管的组成形式只有 NPN 型和 PNP 型两种。其结构如图 3.3 所示。

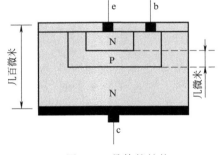

图 3.3　晶体管结构

无论是 NPN 型还是 PNP 型晶体管，都有三个区：发射区、基区、集电区，分别从这三个区可以引出三个电极：发射极 e、基极 b 和集电极 c，两个 PN 结分别为发射区和基区之间的发射结和集电区与基区之间的集电结。

双极型晶体管（图 3.4）的基区很薄，一般仅有 $1\mu m$ 至几十微米厚，发射区浓度很高，集电结截面积大于发射结截面积。

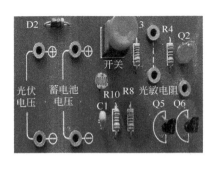

(a) NPN型晶体管

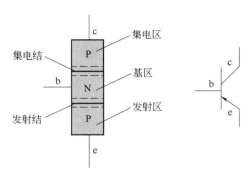

(b) PNP型晶体管

图 3.4　双极型晶体管示意图

注意　PNP 型和 NPN 型晶体管表示符号的区别是发射结的箭头方向不同，它表示发射结加正向偏置时的电流方向。使用中注意电源的极性，确保发射结加正向偏置电压，晶体管才能正常工作。

（2）晶体管分类

晶体管根据基片的材料不同，可以分为锗管和硅管两大类，目前国内生产的硅管多为 NPN 型（3D 系列），锗管多为 PNP 型（3A 系列）。根据频率特性，可以分为高频管和低频管。根据功率大小，可以分为大功率管、中功率管和小功率管等。实际应用中采用 NPN 型晶体管较多，下面以 NPN 型晶体管为例进行讨论，所得结论对于 PNP 型晶体管同样适用。

（3）晶体管型号识别

国产三极管的型号命名由五部分组成，各部分的含义见表 3.1。第一部分用数字"3"表示主称三极管。第二部分用字母表示三极管的材料和极性。第三部分和第四部分用数字表示同一类型产品的类别和序号。第五部分用字母表示规格号。

表 3.1　晶体管型号各部分含义

第一部分		第二部分：三极管的材料和特性		第三部分：类别				第四部分	第五部分
用数字表示器件的电极数目		用汉语拼音字母表示器件的材料和极性		用汉语拼音字母表示器件的类型				用数字表示器件序号	用汉语拼音字母表示规格号
符号	意义	符号	意义	符号	意义	符号	意义		
3	三极管	A	PNP 型，锗材料	U	光电器件	B	雪崩管		
		B	PNP 型，锗材料	K	开关管	J	阶跃恢复管		
		C	PNP 型，硅材料	X	低频小功率管	CS	场效应管		
		D	PNP 型，硅材料	G	高频小功率管	BT	半导体特殊器件		
		E	化合物材料	D	低频大功率管	FH	复合管		
				A	高频大功率管	PIN	PIN 型管		
				T	半导体闸流管	JG	激光器件		
				Y	体效应器件				

（4）晶体管引脚判断

晶体管的引脚必须正确辨认，否则，不但接入电路不能正常工作，还可能烧坏晶体管。

当晶体管上标记不清楚时，可以用万用表来初步确定晶体管的类型（NPN 型还是 PNP型），并辨别出 e、b、c 三个电极。测试方法如下。

① 用万用表判断基极 b 和晶体管的类型。

如图 3.5 所示，首先将数字万用表拨到直流电压挡，同时注意数字万用表的红表笔始终是电源正极。将红表笔固定某个脚上，黑表笔依次接触另外两个脚，如果两次万用表显示的值为"0.7V"左右或显示溢出符号"1"，则红表笔所接的脚是基极 b。若一次显示"0.7V"左右，另一次显示溢出符号"1"，则红表笔接的不是基极，此时应更换其他脚重复测量，直到判断出"b"极为止。同时可知：两次测量显示的结果为"0.7V"左右的管子是 NPN 型，两次测量显示的是溢出符号"1"的管子是 PNP 型。

② 判断集电极 c 和发射极 e，如图 3.6 所示。

以 NPN 型管为例。将万用表拨到"MΩ"挡，把红表笔接到假设的集电极 c 上，黑表笔接到假设的发射极 e 上，并且用手握住 b 极和 c 极（b 极和 c 极不能直接接触），通过人体，相当于在 b、c 之间接入偏置电阻。读出万用表所示 c、e 间的电阻值，然后将红、黑表

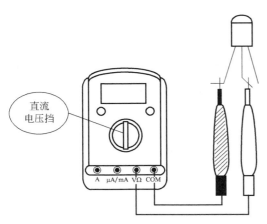

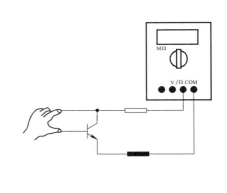

图3.5　晶体管基极的判别　　　　图3.6　晶体管集电极、发射极的判别

笔反接重测。若第一次电阻比第二次电阻小（第二次阻值接近于无穷大），说明原假设成立，即红表笔所接的是集电极 c，黑表笔接的是发射极 e。

3.1.2　晶体管伏安特性曲线

晶体管伏安特性曲线

　　测试电路如图3.7所示，晶体管电流放大倍数取 100，R_2 可调电阻取 200kΩ，R_1 取 100kΩ。当选取 R_2 值后固定不变，调整 R_3 电阻，使其在 0 到 3kΩ 之间变化，读取并记录 A1、A2 及 U_{CE} 的电流、电压值；再调整 R_2 新阻值，调整 R_3 电阻，用同样的方法测量 A1、A2 及 U_{CE} 的电路参数，根据不同组队参数测量，绘制基极电流、集电极电流及 U_{CE} 的曲线关系。

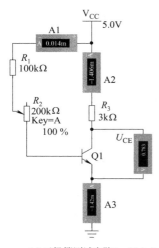

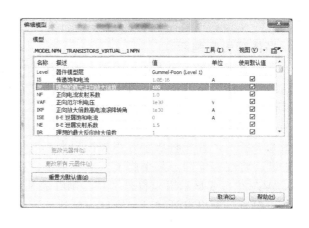

(a) 三极管测试电路(multisim)　　　　　(b) 三极管模型设置

图3.7　晶体管电流放大测试电路

（1）输入特性曲线

输入特性曲线是指当集电极与发射极之间电压 u_{CE} 为常数时，输入回路中加在晶体管

基极与发射极之间的发射结电压 u_{BE} 和基极电流 i_B 之间的关系曲线，如图 3.8 所示。用函数关系式表示为：

$$i_B = f(u_{BE})|u_{CE} = 常数$$

（2）输出特性曲线

输出特性曲线是在基极电流 i_B 一定的情况下，晶体管的集电极输出回路中集电极与发射极之间的管压降 u_{CE} 和集电极电流 i_C 之间的关系曲线，如图 3.9 所示。用函数式表示为

$$i_C = f(u_{CE})|i_B = 常数$$

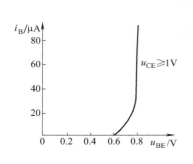

图 3.8 晶体管的输入特性曲线

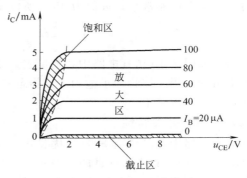

图 3.9 输出特性曲线

① 截止区　习惯上把 $i_B \leq 0$ 的区域称为截止区，即 $i_B = 0$ 的输出特性曲线和横坐标轴之间的区域。若要使 $i_B \leq 0$，晶体管的发射结就必须在死区以内或反偏，为了使晶体管能够可靠截止，通常给晶体管的发射结加反偏电压。

② 放大区　在这个区域内，发射结正偏，集电结反偏，i_C 与 i_B 之间满足电流分配关系 $i_C \approx \beta i_B$，输出特性曲线近似为水平线。

③ 饱和区　如果发射结正偏时，出现管压降 $u_{CE} < 0.7V$（对于硅管来说），也就是 $u_{CB} < 0$ 的情况，称晶体管进入饱和区。所以饱和区的发射结和集电结均处于正偏状态。饱和区中的 i_B 对 i_C 的影响较小，放大区的 β 也不再适用于饱和区。

3.1.3 晶体管开关特性

（1）静态参数分析

图 3.10 为某晶体管开关电路，晶体管直流电压放大倍数为 100。

晶体管开关特性

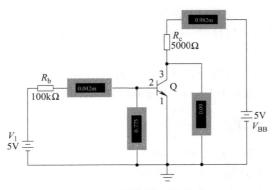

图 3.10 晶体管开关电路

首先，按晶体管电流放大特性来分析：

$$I_B = \frac{V_{BB} - U_{BE}}{R_b} = \frac{5V - 0.7V}{100k\Omega} = 0.043mA$$

$$I_C = \beta I_B = 100 \times 0.043mA = 4.3mA$$

$$U_{RC} = I_C \times R_c = 5k\Omega \times 4.3mA = 21.5V$$

显然，电阻 R_c 的电压为 21.5V 是不可能的，因为集电极只提供了 5V 的直流电源。产生上述现象的原因是晶体管已经处于饱和区间，I_B 和 I_C 电流不再成 β 关系。晶体管处于饱和区时，U_{CE} 电压非常小，近似为 0V。所以流过 R_C 电阻的电流应该为：

$$I_C = \frac{V_{BB} - U_{CE}}{R_c} \approx \frac{5V}{5k\Omega} = 1mA$$

其结果如图 3.10 仿真电路中各测量表达读数。

由上可知，当晶体管处于饱和区，静态 C、E 两点的电压非常低，接近 0V。而且 I_B 电流越大，U_{CE} 电压越小。

（2）晶体管开关特性

在放大电路中，晶体管是一个优良的放大元件，工作在放大区域。在开关电路〔图 3.11（a）〕中，晶体管作为优良的开关元件而被广泛使用在计算机和自动控制领域中，此时晶体管工作在截止区（断开）或饱和区（接通），从而在电路中起到开关的作用。

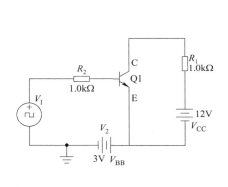

(a) 开关电路

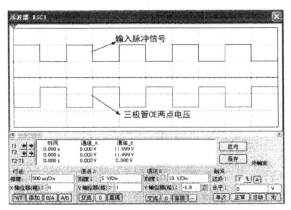

(b) 输出波形

图 3.11　开关特性测试（multisim）

晶体管的开关特性包括两部分：一部分是晶体管处于开态和关态时端电流电压间的静态特性，另一部分是在开态和关态之间转换时电流、电压随时间变化的瞬态特性。

晶体管由截止区转换到饱和区，或由饱和区转换到截止区，可以通过加在其输入端的外界信号来实现，因此转换速度极快，可达每秒几十万次到几百万次，甚至更高。

当基极回路中输入一幅值 V_I 远大于 V_{BB} 的正脉冲信号时，基极电流立即上升到：

$$I_B = \frac{V_I - V_{BB} - U_{BE}}{R_2}$$

在驱动电流 I_B 的作用下，发射结电压降逐渐由反偏变为正偏，晶体管由截止变为导通，集电极电流也将随着发射结正向压降的上升而增大。

当集电极电流增加到负载电阻上的压降 $I_C R_1$ 达到或者超过 $V_{CC} - U_{BE}$ 时，集电结将变为零偏，甚至正偏，发射结上的压降很小，C 和 E 之间近似短路，相当于图中 C、E 间似开关闭合。因此，当晶体管导通后，在集电极回路中，晶体管相当于一个闭合开关。

当基极回路的输入脉冲为负或等于零时，晶体管的发射结和集电结都处于反向偏置状态。这时晶体管工作在截止区，集电极电流 $I_C = I_{CEO}$。对于性能良好的晶体管，I_{CEO} 一般很小，负载电阻上压降很小，集电极和发射极之间的压降 $U_{CE} \approx V_{CC}$。因此，当晶体管处于截止状态时，晶体管相当于一断开的开关。

将晶体管导通后，工作在饱和区的开关电路称为饱和开关。饱和开关接近于理想开关。而把晶体管工作在放大区的开关电路，称为非饱和开关。这种工作模式，一般用在高速开关电路中。

（3）开关电路参数选择

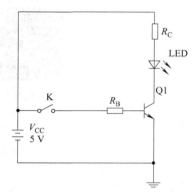

图 3.12　晶体管开关电路

晶体管开关电路如图 3.12 所示，通过开关 K 控制基极电压，控制集电极 LED 的发光，其中 LED 为 3V、20mA，拟选择晶体管的直流电流增益为 100。分析图 3.12 电路各器件参数指标要求。

① 集电极电阻 R_C 的选择　当三极管开关电路导通后，流过 R_C 电阻的电流为 LED 电流。为了使 LED 点亮工作，I_C 电流必须大于 20mA，且 LED 电阻 $R = 3/0.02 = 150\Omega$。

$$I_C = \frac{V_{CC}}{R_C + R_{LED}} \qquad 0.02 = \frac{5}{R_C + 150}$$

所以 $R_C = 100\Omega$。

② 基极电阻 R_B 的选择　基极电阻 R_B 主要控制基极电流 I_B。当 LED 点亮，三极管应处于饱和区或临界饱和。当处于临界饱和时，晶体管电流增益最小。为了使晶体管处于饱和区，$\beta I_B (R_C + R_{LED})$ 的电压应该大于 V_{CC}，所以 I_B 电流应大于 0.2mA。

$$\frac{V_{CC} - U_{BE}}{R_B} \geq 0.2\text{mA} \qquad \frac{5 - 0.7}{R_B} \geq 0.2$$

所以，$R_B \leq 21.5\text{k}\Omega$。

【课堂训练】

【课堂训练1】 参考图 3.5 和图 3.6 的晶体管引脚判断方法，对给定的晶体管进行引脚识别。

【课堂训练2】 利用仿真软件，参考图 3.7 的晶体管电流放大测试电路，设置晶体管电流放大倍数为 100，R_1 电阻 100kΩ，R_2 电阻 3kΩ，可调电阻 200kΩ，调整可调电阻比例，分析电流表 A1、A2、A3 的关系，并记录于数据表。

序号	可调电阻	A1 电流	A2 电流	A3 电流	电流关系
1	100%				
2	80%				
3	60%				
4	20%				

【课堂训练3】 利用仿真软件，参考图 3.10 的晶体管开关电路。晶体管电流放大倍数为 100，系统电源为 5V，选择合适的电阻参数，并使晶体管的集电极和发射极电压降在 100mV 以内。调试电路，并记录数据于下表。

电阻/Ω		电路状态				
R_b	R_c	I_B/A	I_C/A	I_E/A	U_{BE}/V	U_{CE}/V

【课后练习】

习题测试

三极管直流开关电路设计
习题解答

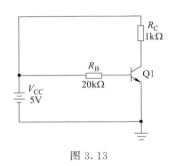

图 3.13

（1）总结晶体三极管分别工作在放大、饱和、截止三种工作状态时，三极管中的两个 PN 结所具有的特点。

（2）参考电路如图 3.10 所示，设系统电源和 V_1 电源均为 5V，三极管电流放大倍数为 100，R_b 电阻为 100kΩ，要实现电路处于饱和区，R_c 电阻应该如何选取？

（3）电路如图 3.13 所示，三极管电流放大倍数为 100，分析三极管的工作状态。

任务 3.2   电源接入开关电路设计

【任务引领】

在市电互补控制器的光伏发电和市电导入控制中，利用前述双极型三极管实现电路的开断。在实际电路中为了实现弱电控制强电，需要在电路中添加光电耦合器、继电器等开关电路，电路如图 3.14 所示。当市电导入信号有效时，光电耦合器导通，则开关管 Q1 基极为

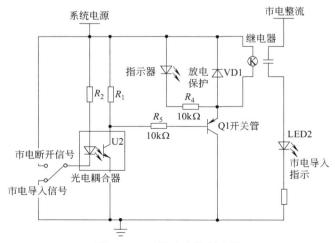

图 3.14   互补导入控制电路

低电平，开关管导通；继电器线圈获得电流，继电器从常开状态变为闭合状态；市电（经过整流稳压）通过继电器开关流向负载，市电指示灯点亮，为后续的负载和设备提供电能。在电源接入开关电路后，如果流过的负载电流较小，可采用开关管与光电耦合器组成电源接入开关电路；如果流过的负载电流较大，可采用开关管与继电器组成电源接入开关电路。在此案例中，电源接入光电开关电路由光电耦合器、开关管、继电器组成。

本案例要求，当开关打在市电断开信号，市电不导入，即市电指示信号熄灭，否则反之。

① 系统电压5V，市电整流电源12V，市电信号在0和5V之间变化。

② 光耦合器的电流传输比（CTR）的允许范围是不小于500%，光照电流达到3mA。

③ 开关管在有市电信号时处于开关状态，否则处于截止状态。

【知识目标】

① 掌握光电耦合器、继电器工作原理。

② 掌握三极管开关电路工作原理。

【能力目标】

能利用光电耦合器、继电器、双极型三极管设计开关电路。

3.2.1 光电耦合器

(1) 光电耦合器工作原理

光电耦合器是以光为媒介传输电信号的一种电-光-电转换器件。它由发光源和受光器两部分组成。把发光源和受光器组装在同一密闭的壳体内，彼此间用透明绝缘体隔离。发光源的引脚为输入端，受光器的引脚为输出端。常见的发光源为发光二极管，受光器为光敏二极管、光敏三极管等。图3.15为光电耦合器817的实物和典型应用电路。

在图3.15中，当开关打在高电平处，Q1三极管导通，电信号送入光电耦合器的输入端，发光二极管通过电流而发光，光敏元件受到光照后产生电流，C、E导通，LED1点亮；当开关打在低电平处，Q1三极管截止，电信号不能送入光电耦合器的输入端，光敏元件不受光而截止，C、E截止，LED1不亮。

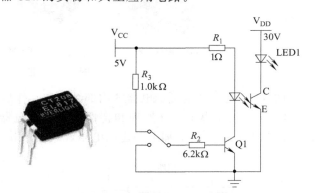

(2) 光电耦合器技术特点

图3.15 光电耦合器817典型应用电路

光电耦合器之所以在传输信号的同时能有效地抑制尖脉冲和各种杂讯干扰，使通道上的信号杂讯比大为提高，主要有以下几方面的原因。

① 光电耦合器的输入阻抗很小，只有几百欧姆，而干扰源的阻抗较大，通常为$10^5 \sim 10^6 \Omega$。据分压原理可知，即使干扰电压的幅度较大，但馈送到光电耦合器输入端的杂讯电压会很小，只能形成很微弱的电流。由于没有足够的能量而不能使二极管发光，从而被抑制掉了。

② 光电耦合器的输入回路与输出回路之间没有电气联系，也没有共地，之间的分布电容极小，而绝缘电阻又很大，因此回路一边的各种干扰杂讯很难通过光电耦合器馈送到另一边去，避免了共阻抗耦合的干扰信号的产生。

③ 光电耦合器可起到很好的安全保障作用，即使外部设备出现故障，甚至输入信号线短接时，也不会损坏仪表。因为光耦合器件的输入回路和输出回路之间可以承受几千伏的高压。

④ 光电耦合器的回应速度极快，其回应延迟时间只有 $10\mu s$ 左右，适于对回应速度要求很高的场合。

(3) 光电耦合器使用注意问题

① 在光电耦合器的输入部分和输出部分必须分别采用独立的电源，若两端共用一个电源，则光电耦合器的隔离作用将失去意义。

② 当用光电耦合器隔离输入输出通道时，必须对所有的信号（包括数位量信号、控制量信号、状态信号）全部隔离，使得被隔离的两边没有任何电气上的联系。

3.2.2　继电器

(1) 继电器的工作原理和特性

继电器是一种电子控制器件，它具有控制系统（又称输入回路）和被控制系统（又称输出回路），通常应用于自动控制电路中。它实际上是用较小的电流去控制较大电流的一种"自动开关"，故在电路中起着自动调节、安全保护、转换电路等作用。

继电器主要有电磁继电器、热敏干簧继电器、固态继电器等，如图 3.16 所示。

(a) 电磁继电器　　　　　(b) 热敏干簧继电器　　　(c) 固态继电器

图 3.16　继电器种类

图 3.17 是一种电磁继电器的内部结构和工作原理示意图。

① 电磁继电器的工作原理和特性　电磁继电器一般由铁芯、线圈、衔铁、触点簧片等组成。只要在线圈两端加上一定的电压，线圈中就会流过一定的电流，从而产生电磁效应，衔铁就会在电磁力吸引的作用下克服返回弹簧的拉力吸向铁芯，从而带动衔铁的动触点与静触点（常开触点）吸合。当线圈断电后，电磁的吸力也随之消失，衔铁就会在弹簧的反作用力下返回原来的位置，使动触点与原来的静触点（常闭触点）吸合。这样吸合、释放，从而达到在电路中导通、切断的目的。对于继电器的"常开""常闭"触点，可以这样来区分：继电器线圈未通电时处于断开状态的静触

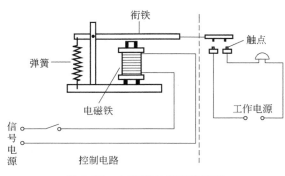

图 3.17　电磁继电器工作原理

点，称为"常开触点"；处于接通状态的静触点，称为"常闭触点"。

② 热敏干簧继电器的工作原理和特性　热敏干簧继电器是一种利用热敏磁性材料检测和控制温度的新型热敏开关。它由感温磁环、恒磁环、干簧管、导热安装片、塑料衬底及其他一些附件组成。热敏干簧继电器不用线圈励磁，而由恒磁环产生的磁力驱动开关动作。恒磁环能否向干簧管提供磁力，是由感温磁环的温控特性决定的。

③ 固态继电器（SSR）的工作原理和特性　固态继电器是一种两个接线端为输入端、另两个接线端为输出端的四端器件，中间采用隔离器件实现输入输出的电隔离。固态继电器按负载电源类型，可分为交流型和直流型；按开关形式，可分为常开型和常闭型；按隔离形式，可分为混合型、变压器隔离型和光电隔离型，以光电隔离型为最多。

（2）继电器主要产品技术参数

① 额定工作电压　是指继电器正常工作时线圈所需要的电压。根据继电器的型号不同，可以是交流电压，也可以是直流电压。

② 直流电阻　是指继电器中线圈的直流电阻，可以通过万能表测量。

③ 吸合电流　是指继电器能够产生吸合动作的最小电流。正常使用时，给定的电流必须略大于吸合电流，这样继电器才能稳定地工作。而对于线圈所加的工作电压，一般不要超过额定工作电压的1.5倍，否则会产生较大的电流而把线圈烧毁。

④ 释放电流　是指继电器产生释放动作的最大电流。当继电器吸合状态的电流减小到一定程度时，继电器就会恢复到未通电的释放状态，这时的电流远远小于吸合电流。

⑤ 触点切换电压和电流　是指继电器允许加载的电压和电流。它决定了继电器能控制电压和电流的大小，使用时不能超过此值，否则很容易损坏继电器的触点。

（3）直流开关电路设计

双路市电互补控制器直流开关电路如图3.18所示。逻辑状态如表3.2所示。

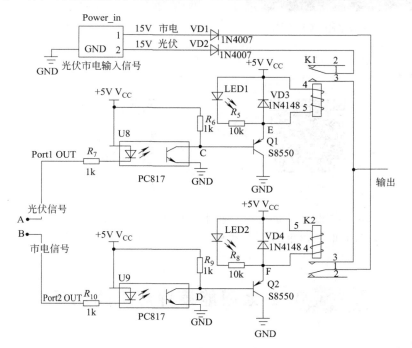

图3.18　双路市电互补控制器直流开关电路

表 3.2　逻辑状态

A	B	C	E	D	F	光伏继电器开关	市电继电器开关
0	0	0	0	0	0	闭合	闭合
0	1	0	0	1	1	闭合	断开
1	0	1	1	0	0	断开	闭合
1	1	1	1	1	1	断开	断开

当光伏导入信号 A 有效（低电平 0）时，光电耦合器导通，C 点低电平，继电器电感线圈有电流，继电器的开关闭合，光伏发电导入系统；当市电导入信号 B 有效（低电平 0）时，光电耦合器导通，D 点低电平，继电器电感线圈有电流，继电器的开关闭合，市电导入系统；否则，反之。

【课堂训练】

　　【课堂训练】根据前述直流稳压电源和开关电路，完成电源开关电路模块硬件焊接与调试。PCB 印刷电路、实物焊接效果如图 3.19 和图 3.20 所示。

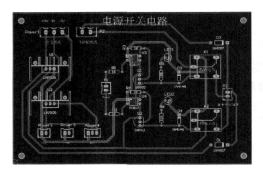

图 3.19　电源开关电路 PCB 印刷板

图 3.20　电源开关电路实物焊接效果

【课后练习】

习题测试

电源接入开关电路设计
习题解答

（1）结合图 3.18 的直流开关电路，分析电路的工作过程。

（2）参考图 3.17 的电磁继电器内部结构示意图，分析继电器的工作原理。

任务3.3　太阳能草坪灯电路设计

【任务引领】

　　如图 3.21 所示，以光敏电阻为光感器件等太阳能草坪灯电路中，当有光照射时，光敏电阻呈现小电阻特性，Q5 开关导通，蓄电池进行充电，Q6 开关截止，LED 熄灭；当无光照射时，光敏电阻呈现大电阻特性，Q5 开关截止，蓄电池截止充电，Q6 开关导通，蓄电池放电，LED 点亮。本任务要求根据光敏器件类型进行草坪灯电路设计。

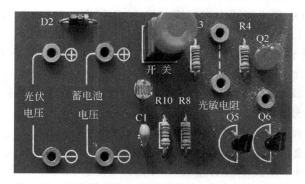

图 3.21　以光敏电阻为光感器件的太阳能草坪灯电路

【知识目标】

①　掌握以光敏电阻、光敏电池为光感器件的太阳能草坪灯工作原理。
②　掌握光敏电阻的使用方法。

【能力目标】

①　能分析、设计以光敏电阻、光敏电池为光感器件的太阳能草坪灯。
②　能利用 multisim 搭建、分析、调试电路功能。

3.3.1　以光敏电阻为光感器件的太阳能草坪灯电路分析

（1）电路结构

以光敏电阻为光感器件的太阳能草坪灯电路如图 3.22 所示。

以光敏电阻为光感器件
的太阳能草坪灯
电路分析

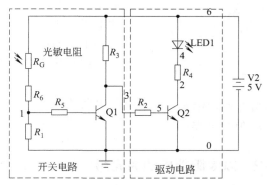

图 3.22　以光敏电阻为光感器件的太阳能草坪灯电路

电路主要由开关电路和驱动电路组成。驱动电路由三极管的电流放大特性驱动 LED 获得较大电流，点亮 LED；开关电路接收光敏电阻的变化，使晶体三极管处于导通和截止状态，实现开关功能。

（2）工作原理分析

当有光照射时，光敏电阻呈现小电阻，所以 1 点呈现高电压，即在三极管 Q1 的基极出现高电压，此时 Q1 三极管处于饱和区，即三极管 Q1 导通，此时蓄电池电流流向 R_3 电阻后，再通过三极管的 Q1 集电极流向发射极（接地），而流向 Q2 三极管的基极电流为零，所以三极管 Q2 截止，LED1 不发光。

当无光照射时，光敏电阻呈现大电阻，所以 1 点呈现低电压，即在三极管 Q1 的基极出现低电压，此时 Q1 三极管处于截止区，即三极管 Q1 不导通，则 Q2 的基极为高电平，所以 Q2 导通，此时蓄电池电流流向 LED1，再通过三极管的 Q2 集电极流向发射极（接地），LED1 发光。

（3）电路参数及分析

① 驱动电路参数设置　驱动电路要使 150mW 的 LED 灯点亮，必须使 Q2 三极管的集电极流过 50mA 的电流，则基极要产生 $500\mu A$ 电流（三极管电流放大倍数 100）。当 Q2 三极管处于导通放大区时，基极电位必须大于 0.7V，所以当 3 点电位达到 1.5V 时，要驱动 LED 点亮，则 R_2 电阻流过的电流超过 $500\mu A$，那么 R_2 电阻应该小于 $1.4k\Omega$ 电阻，在此 R_2 电阻选择 $1k\Omega$。同时为了 LED 获取更多电能，R_4 选择 0Ω，如果 Q2 的 I_{CE} 电流过大，R_4 可以实现限制电流作用。

② 开关电路参数设置　按驱动电路分析，Q1 的集电极电位高于 1.5V，驱动 LED 点亮；Q1 的集电极电位低于 1.5V 时，LED 熄灭。为了保证电路工作正常，当开关电路导通时，Q1 集电极输出 0V（或低于 0.7V），当开关电路截止时，Q1 集电极输出大于 1.5V。

由于采用光敏电阻 GL7516，其亮特性电阻值为 $10k\Omega$，暗特性电阻值为 $0.5M\Omega$。为了使白天 Q1 三极管导通，晚上 Q1 三极管截止，必须在开关电路的 1 点设置白天大于 0.7V、晚上低于 0.7V 的电压。同时为了降低整个电路的工作电流，降低损耗，流过 Q1 三极管的基极电流应尽可能小，所以这里假定 R_1、R_5 为 $100k\Omega$ 电阻。白天时，光敏电阻阻值为 $10k\Omega$，为了使 Q1 导通，R_6 电阻取 $200k\Omega$，R_3 取 $5k\Omega$，此时 Q1 的集电极输出电位在 0.7V 以下。晚上时，由于光敏电阻阻值上升（$500k\Omega$），1 点电位降低，当低于 0.7V 时，Q1 三极管截止，R_3 和 R_2 的电流要大于 50mA，则（$R_2 + R_3$）的阻值小于 $8k\Omega$。

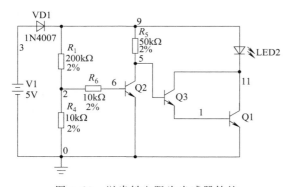

图 3.23　以光敏电阻为光感器件的
太阳能草坪灯电路的仿真电路

（4）仿真电路分析与测试

以光敏电阻为光感器件的太阳能草坪灯电路的仿真电路如图 3.23 所示。

电路中用 R_1 电阻的调整代替光敏电阻，表示白天和晚上。

以光敏电池为光感
器件的太阳能草坪灯
电路分析

3.3.2　以太阳能电池为光感器件的太阳能草坪灯电路分析

（1）工作原理

图 3.24 太阳能草坪灯电路中不再用光敏电阻检测光线强弱来控制电路工作与否，而是用太阳能电池兼作光线强弱的检测，因为太阳能电池本身就是一个很好的光敏传感器件。电路工作原理如下。

当有阳光照射时，太阳能电池 V1 与电路连接（S1 开关闭合），产生的电能通过二极管 VD 向蓄电池 V2 充电，同时太阳能电池的电压也通过 R_B 加到 VT1 的基极，使 VT1 导通，VT1 集电极低电平，此时 VT2 基极无电流，VT2 截止，LED 不发光。

当无光时，太阳能电池两端电压几乎为零（开关 S1 断开），此时 VT1 截止，VT1 集电极高电平，VT2 导通，蓄电池中的电压通过 S2 加载在 LED 两端，LED 发光。

图 3.24 太阳能草坪灯电路

（2）电路参数及分析

设在图 3.24 电路中，三极管的电流放大倍数为 100，负载 LED 工作电压为 3V，功率 0.3W。

由负载工作情况可知，当 LED 工作时（无光，开关 S1 断开），流过 VT2 集电极的电流为 100mA，则三极管基极 VT2 电流为 1mA（三极管处于放大区，集电极电流最大）；另外，要使三极管 VT2 处于放大区，基极电阻 R_C（此时 VT1 断路）是实现限制 VT1 基极电流的电阻，所以 R_C 电阻应小于 3kΩ（VT2 三极管基极与地之间有 0.7V 电压），在此取 2.7kΩ。

对于 VT1 的基极电阻 R_B 选择，主要考虑当 V1 太阳能电池接入系统后，要使 VT1 处于饱和区。当 VT1 处于饱和区时，VT1 集电极电压 $\beta I_B R_C$ 应该大于 3.6V，在此 β 取 100，所以 βI_B 应该大于 1.3mA，所以 R_B 电阻应该小于 300kΩ。

（3）仿真电路分析与测试

以光敏电池为光感器件的太阳能草坪灯电路的仿真电路效果如图 3.25 所示。

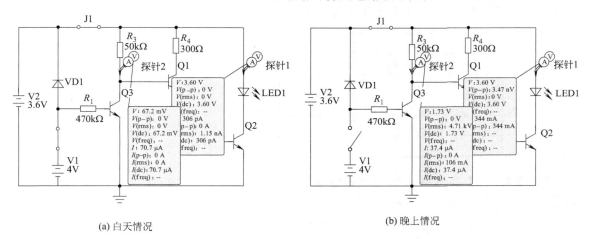

(a) 白天情况   (b) 晚上情况

图 3.25 以光敏电池为光感器件的太阳能草坪灯电路的仿真电路

图 3.24 电路中用 S1 开关代替光伏电池 V1 的变化，开关 S1 闭合，表示白天，开关 S1 断开，表示晚上。

（4）硬件电路

以太阳能电池为光感器件的太阳能草坪灯实际硬件电路如图 3.26 所示。

图 3.26　以太阳能电池为光感器件的太阳能草坪灯硬件电路

【课堂训练】

【课堂训练 1】参考图 3.23 的太阳能草坪灯电路，利用软件搭建电路。根据模拟光强，实时调整 R_1 阻值，驱动工作电压 3V，工作电流 1A 的 LED 正常工作，数据记录于下表。

光照	电路参数				LED 工作状态	
	R_1	R_4	R_5	R_6	电压	电流
晚上						
白天						

【课堂训练 2】参考图 3.24 的太阳能草坪灯电路，利用软件搭建电路。驱动工作电压 3V，工作电流 1A 的 LED 正常工作，测试数据记录于下表。

光照	电路参数		LED 工作状态			晚上工作时间 10h
	R_B	R_C	电压	电流	功率	电路损耗(每天)
晚上						
白天						

【课堂训练 3】参考图 3.21 以光敏电阻为光感器件的太阳能草坪灯电路，搭建实际硬件电路，并测试电路功能，数据记录于下表。

光强	光伏电压	蓄电池电压	光敏电阻值	电路参数				LED	
				U_{Q5C}	U_{Q5B}	U_{Q6C}	U_{Q6B}	电压	电流

【课堂训练 4】参考图 3.26 以太阳能电池为光感器件的太阳能草坪灯电路，搭建实际硬件电路，并测试电路功能，数据记录于下表。

光强	光伏电压	蓄电池电压	电路参数				LED	
			U_{Q5C}	U_{Q5B}	U_{Q6C}	U_{Q6B}	电压	电流

【课后练习】

习题测试

太阳能草坪灯电路设计
习题解答

（1）参考图 3.23 以光敏电阻为光感器件的太阳能草坪灯电路，分析电路的工作过程。

（2）参考图 3.24 太阳能草坪灯电路，分析电路的工作过程。

（3）参考图 3.24 电路，三极管的电流放大倍数为 100，负载 LED 工作电压为 3V，功率 1W，求 R_C 电阻取值。

任务 3.4 自激升压草坪灯电路设计

【任务引领】

简易太阳能草坪灯可利用光敏器件、三极管开关电路实现电路控制功能。图 3.27 是一个带有升压功能（BOOST 电路）的太阳能草坪灯控制电路，LED 点亮电压为 7V，给定蓄电池电压 V1 为 5V，利用三极管的开关电路功能，构建自激振荡电路，驱动 BOOST 电路提升输出电压。本任务要求能利用 BOOST 电路设计太阳能升压草坪灯电路，蓄电池电压 5V，LED 工作电压 7V，功率 1W。

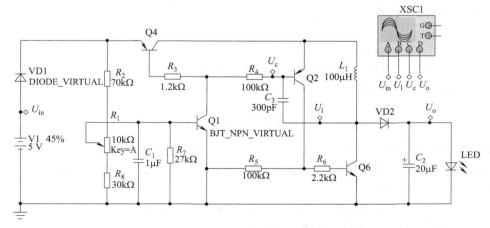

图 3.27 太阳能草坪灯升压电路

【知识目标】

① 掌握升压太阳能草坪灯工作原理。

② 掌握 BOOST、BUCK 电路工作原理。

【能力目标】

① 能分析、设计太阳能草坪灯工作过程。

② 能利用 BOOST 电路分析、设计升压草坪灯控制电路。

③ 能分析、设计 BOOST、BUCK 电路。

3.4.1 BOOST 升压电路

将直流电能转换为另一种固定电压或电压可调的直流电能的电路，称为直流斩波电路。它利用电力开关器件周期性的开通与关断来改变输出电压的大小，因此也称为开关型 DC/DC 变

BOOST升压电路微课

换电路或直流斩波电路。直流斩波电路的用途非常广泛，包括直流电动机传动、开关电源、单相功率因数校正、逆变器以及其他领域的交直流电源等。

（1）直流斩波电路的基本原理

基本的直流斩波电路原理如图 3.28 所示，T 为全控型开关管，R 为纯电阻性负载。当开关 T 在时间 T_{on} 开通时，电流流经负载电阻 R，R 两端就有电压；开关 T 在时间 T_{off} 关断时，R 中电流为零，电压也就变为

零。直流斩波电路的负载电压波形如图 3.28（b）所示。

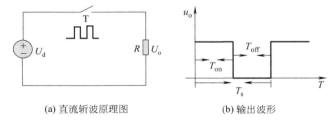

(a) 直流斩波原理图   (b) 输出波形

图 3.28   直流斩波电路原理示意图

定义上述电路中脉冲的占空比：

$$D = \frac{T_{on}}{T_s} = \frac{T_{on}}{T_{on} + T_{off}}$$

式中，T_s 为开关管 T 的工作周期；T_{on} 为开关管 T 的导通时间。由图 3.28（b）的波形可知，输出电压的平均值为：

$$U_o = \frac{1}{T_s} \int_0^{T_s} U_d \, dt = \frac{T_{on}}{T_s} U_d = D U_d$$

（2）BOOST 升压过程

直流输出电压的平均值高于输入电压的变换电路为升压变换电路，又称为 BOOST 电路。电路如图 3.29 所示。

图中，Q1 为开关管，VD1 是快恢复二极管，XFG1 为频率和占空比都可调的函数发生器，用于产生驱动开关器件 Q1 所需的脉冲信号。假设输入电源电压为 U_d，输出负载电压为 U_o，流过电感的电流为 I_L。当 Q1 在触发信号作用下导通时，电路处于 T_{on} 工作期间，VD1 承受反

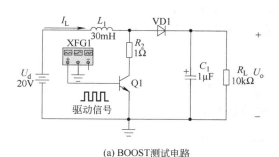

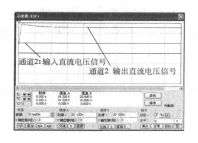

(a) BOOST测试电路　　　　　　　　(b) 输出波形

图 3.29　BOOST 升压电路 （multisim）

向电压而截止。一方面，能量从直流电源输入并存储到 L_1 中，电感电流从 I_1 线性增大到 I_2；另一方面，负载 R_L 由 C_1 提供能量，显然，L_1 中的感应电动势与 U_d 相等。则有

$$U_d = L_1 \frac{I_2 - I_1}{T_{on}} = L_1 \frac{\Delta I_L}{T_{on}}$$

$$T_{on} = L_1 \frac{\Delta I_L}{U_d}$$

当 T 被控制信号关断时，电路处于 T_{off} 工作期间，VD1 导通，由于 L_1 中的电流不能突变，产生感应电动势阻止电流减小，此时 L_1 中存储的能量经 VD1 给 C_1 充电，同时也向 R_L 提供能量。在理想条件下，电感电流从 I_2 线性减小到 I_1，由于 L_1 上的电压等于 $U_o - U_d$，因此可得

$$U_o - U_d = L_1 \frac{\Delta I_L}{T_{on}}$$

$$T_{off} = \frac{L_1}{U_o - U_d} \Delta I_L$$

则有：

$$\frac{U_d T_{on}}{L_1} = \frac{U_o - U_d}{L_1} T_{off}$$

$$U_o = \frac{T_{on} + T_{off}}{T_{off}} U_d = \frac{U_d}{1 - D}$$

式中，D 为占空比。当 $D = 0$ 时，$U_o = U_d$，但 D 不能为 1，因此在 $0 \leqslant D < 1$ 变化范围内，输出电压总是大于或等于输入电压。理想条件下，电源输出电流和负载电流的关系为：

$$I = \frac{I_d}{1 - D}$$

变换器的开关周期为 T_s，则：

$$T_s = T_{on} + T_{off} = \frac{L_1 U_o}{U_d (U_o - U_d)} \Delta I_L$$

$$\Delta I_L = \frac{U_d (U_o - U_d)}{f L_1 U_o} = \frac{U_d D}{f L_1}$$

式中，f 为开关管的频率。

由上式可知，电感电流的脉动引起输出电压的脉动，为减小输出电压纹波，可以采取增大电感 L_1 或者提高频率的方法。一般来说，电感值的增大会引起电感体积的增大，所以应选择合理的电感值。提高斩波频率即开关器件的开关频率是一种有效的方法。另外一种常用

方法为在负载两端并联电容，使得 $\Delta I_L = \Delta I_C$，即输出电压纹波可以看成是交流分量经电容进入接地端，从而稳定输出电压。在实际设计电路时，电感 L、电容 C、开关频率 f 值的确定比较困难。

（3）BUCK 降压电路

BUCK 电路是一种降压斩波器，降压变换器输出电压平均值 U_o 总是小于输入电压 U_d，BUCK 降压电路如图 3.30 所示，输入与输出关系为：

$$U_o = \frac{T_{on}}{T_s} U_d = D U_d$$

式中，U_d 为输入电压；D 为占空比。

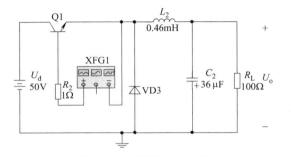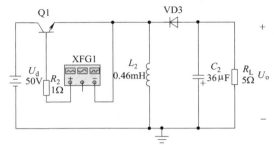

图 3.30　BUCK 降压电路　　　　　图 3.31　BUCK-BOOST 升降压电路

（4）BUCK-BOOST 升降压电路

BUCK-BOOST 变换器是输出电压可低于或高于输入电压的一种单管直流变换器，其电路如图 3.31 所示。输入与输出关系为：

$$U_o = \frac{D}{1-D} U_d$$

式中，U_d 为输入电压；D 为占空比。

3.4.2　太阳能升压草坪灯电路分析

（1）自激升压控制电路

根据 BOOST 电路结构特点，图 3.32 构成了一个自激升压控制电路。自激信号是由三极管 Q1、Q2 及电容 C_2 组成，在 A 点产生高低电平的自激振荡信号，使开关管 Q1 闭合，断开变化；电感 L_1、二极管 VD、电容 C_1 组成了 BOOST 升压电路。

在电路启动时，Q2 基极低电平，Q2 导通，Q1 基极高电平，Q1 导通，给电容 C_2 充电，电源 V_{CC} 以大电流给电感充电；当 C 点电压升高到 Q2 导通截止电压，Q2 截止，A 点低电平，Q1 截止，此时电容和电感的电能将通过 VD2 给负载放电（BOOST 电路），电容 C_2 的 C 点电位不断降低；当 C 点电位低于 Q2

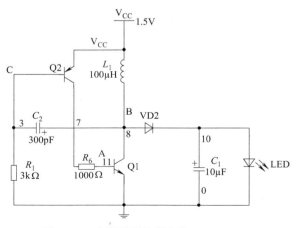

图 3.32　自激升压控制电路（multisim）

导通电压时，Q2 再次导通，Q1 三极管再次导通，周而复始，实现自激振荡，驱动 BOOST 电路工作，实现升压功能。

（2）以光敏电阻为光感器件的升压电路

图 3.33 是以光敏电阻为光感器件的升压草坪灯控制电路。通过光敏电阻来检测光线的强弱。当有太阳光时，太阳能电池产生的电能通过 VD1 为蓄电池 V2 充电。光敏电阻 R_2 也呈现低电阻值，使 Q2 基极为低电平而截止。

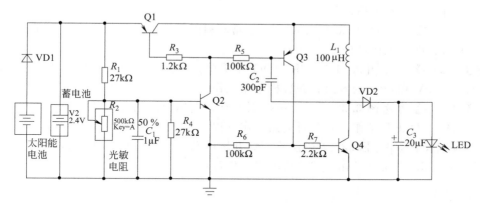

图 3.33　以光敏电阻为光感器件的升压电路

当晚上无光时，太阳能电池停止为蓄电池充电，VD1 的设置阻止了蓄电池向太阳能电池反向放电。同时，光敏电阻由低阻变为高阻值，Q2 导通，Q1 基极为低电平也导通，由 Q3、Q4、C_2、R_5、L_1 等组成的直流升压电路得电工作，LED 发光。

直流升压电路实际上就是一个互补振荡电路，其工作过程是：当 Q1 导通时，电源通过 L_1、R_5、Q2 向 C_2 充电，由于 C_2 两端电压不能突变，使 Q3 基极为高电平，Q3 不导通，随着 C_2 的充电，其压降越来越高，Q3 基极电位越来越低，当低至 Q3 导通电压时 Q3 导通，Q4 随即导通，C_2 通过 Q4 放电，放电完毕，Q3、Q4 再次截止，电源再次向 C_2 充电，如此周而复始，电路形成振荡。在振荡过程中，Q4 导通时电源经 L_1 到地，电流经 L_1 储能。当 Q4 截止时，L_1 两端产生感应电动势，和电源电压叠加后驱动 LED 发光。

为防止蓄电池过度放电，电路中增加 R_4 和 Q2 构成过放电保护。当电池电压低至 2V 时，由于 R_4 的分压，使 Q2 不能导通，电路停止工作，蓄电池得到保护。

（3）以太阳能电池为光敏器件的升压电路

图 3.34 是一款以太阳能电池为光敏器件的升压草坪灯控制电路，Q3、Q4、L、C_1 和 R_7 组成互补振荡升压电路，其工作原理与图 3.32 电路基本相同，只是电路供电和存储采用

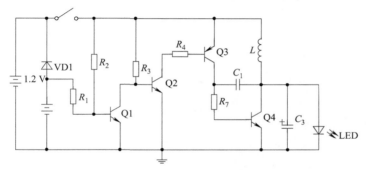

图 3.34　太阳能升压草坪灯控制电路（multisim）

了 1.2V 的蓄电池。Q1、Q2 组成光控制开关电路，当太阳能电池上的电压低于 0.9V 时，Q1 截止，Q2 导通，Q3、Q4 等构成的升压电路工作，LED 发光。当天亮时，太阳能电池电压高于 0.9V，Q1 导通，Q2 截止，Q3 同时截止，电路停止振荡，LED 不发光。

【课堂训练】

【课堂训练 1】参考图 3.29 BOOST 升压电路，利用软件搭建电路，使输入为 10V，输出为 20V，并分析电路工作过程。

【课堂训练 2】参考图 3.30 BUCK 降压电路，利用软件搭建电路，使输入为 20V，输出为 10V，并分析电路工作过程。

【课堂训练 3】参考图 3.31 BUCK/BOOST 升降压电路，利用软件搭建电路，使输入为 20V，输出为 10V 和 40V 的效果，并分析电路工作过程。

【课堂训练 4】参考图 3.32 自激升压控制电路，利用软件搭建电路，使 1.5V 的系统电源驱动 2V 的 LED 正常工作，并分析电路工作过程。

【课堂训练 5】参考图 3.27 太阳能草坪灯升压电路，利用软件搭建电路，使 5V 的系统电源驱动 7V 的 LED 正常工作，并分析电路工作过程。

【课后练习】

习题测试

自激升压草坪灯电路设计
习题解答

(1) 在 BOOST 电路中，输入电压 50V，要使输出电压达到 100V，则驱动信号占空比应该为多少？

(2) 在 BUCK 电路中，输入电压 50V，开关电路的驱动信号中占空比为 50%，则 BUCK 电路输出为多少？

(3) 在 BUCK-BOOST 电路中，输入电压 20V，开关电路的驱动信号中占空比为 30%，则 BUCK 电路输出为多少？

(4) 图 3.32 为自激升压控制电路，分析该电路工作过程。

(5) 图 3.33 为以光敏电阻为光感器件的升压电路，分析该电路工作过程。

项目4

小信号放大电路分析

项目描述

　　在电子线路中，晶体管不仅实现直流开关、直流信号放大，还能实现交流小信号的放大。例如在收音机电子线路中，要把微弱的小信号放大成驱动扬声器工作的大电压、大电流信号，就需要小信号放大电路。本项目利用 BJT 三极管的放大电路实现多级放大电路的设计。电路如图 4.1 所示，主要由信号输入级、信号放大级、信号输出级组成。

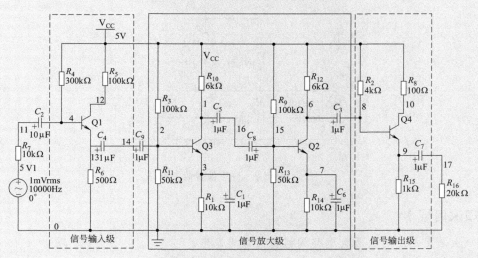

图 4.1　小信号放大电路

　　① 掌握发射极放大电路的组成，掌握各个元器件的使用；掌握电路的静态和动态分析方法；掌握微变等效电路的绘制；掌握分压偏置电路的工作原理。

②掌握多级耦合放大电路的工作原理及静态、动态电路分析。
③掌握共集电极放大电路的静态、动态电路分析。
④掌握共基极放大电路的静态、动态电路分析。
⑤掌握正反馈、负反馈、电流反馈、电压反馈、串联反馈、并联反馈的基本概念；理解负反馈对电路性能的影响。

 能力目标

①能完成共发射极放大电路的静态和动态分析。
②能完成共集电极、共基极放大电路的分析及电路设计。
③能完成小信号放大电路输入、输出、中间放大电路的设计与分析。

任务 4.1　共发射极放大电路分析

【任务引领】

在小信号放大电路中，为了实现交流小信号的电压放大，经常会采用共发射极放大电路。图 4.2 为一个分压偏置放大电路，调整 R_C 阻值，可以获取不同的电压放大倍数。同时调整 R_B 电阻，也会影响小信号的输出。本任务要求根据交流信号放大能力，对共发射极放大电路的基极电阻、集电极电阻及相关参数进行设计。

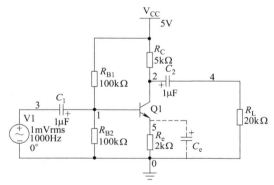

图 4.2　分压偏置放大电路

【知识目标】

①掌握共发射极放大电路的结构及放大原理。
②掌握共射极放大电路的静态分析和动态分析方法。
③掌握共发射极放大电路电压放大倍数、输入电阻、输出电阻的分析、计算方法。
④掌握分压偏置电路的工作原理及分析方法。

【能力目标】

①能分析、设计共发射极放大电路。
②能分析、设计分压偏置放大电路。

4.1.1 基本共射极放大电路工作原理

共发射极放大电路
组成

（1）放大器电路组成

放大器的作用就是把微弱的电信号不失真地加以放大。所谓失真，就是输入信号经放大器输出后发生了波形畸变。

为了达到一定的输出功率，放大器往往由多级放大电路组成。放大器一般可分为电压放大器和功率放大器两部分，图 4.3 所示为放大器的方框图。

图 4.3　放大器结构

其中，传感器把物理量的变化转换成电压的变化，如话筒把声波转换为交流电压，热敏电阻把温度的变化转换为电压的变化；电压放大器的作用主要是把信号电压加以放大；功率放大器除了要求输出一定的电压外，还要求输出较大的电流；执行单元把电信号转换成其他形式的能量，执行所需工作任务；电源提供放大器工作所需的电功率、工作电压及工作电流。

按放大目的的不同，放大器又分为交流放大器、直流放大器和脉冲放大器，下面以共射极交流基本放大电路为例进行分析。

（2）共射极放大电路结构

共射极放大电路如图 4.4 所示。

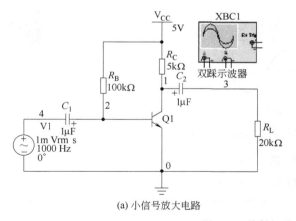

(a) 小信号放大电路

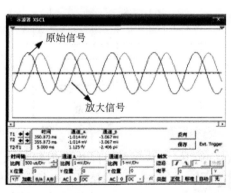

(b) 输出波形

图 4.4　共射极放大电路

电容对交流信号似为短路，所以输入信号一端连接三极管的基极，另一端连接三极管的发射极；输出信号一端连接到三极管的集电极，另一端连接三极管的发射极，所以该电路称为共射极放大电路。

电路中各元件的作用如下。

Q1 是 NPN 型晶体管，是放大电路的核心元件，起电流放大作用。

V_{CC} 是放大电路的直流电源，一方面与 R_B、R_C 相配合，使晶体管的发射结正偏、集电结反偏，以满足晶体管放大的外部条件（图 4.4 中，若晶体管采用 PNP 型，则电源 V_{CC} 的极性就要反过来）；另一方面为输出信号提供能量。V_{CC} 的数值一般为几伏～十几伏。

R_B 是基极偏置电阻，电源 V_{CC} 通过 R_B 为晶体管发射结提供正向偏压，改变 R_B 的阻值，即可改变基极电流 I_B 的大小，从而改变晶体管的工作状态。R_B 值一般为几十千欧～几百千欧。

R_C 是集电极负载电阻，电源 V_{CC} 通过 R_C 为晶体管提供集电结反向偏压，并将晶体管放大后的电流 I_C 的变化转变为 R_C 上电压的变化，反映到输出端，从而实现电压放大。R_C 值一般为几千欧～十几千欧。

C_1、C_2 是耦合电容，起"隔直通交"作用，一方面隔离放大电路与信号源和负载之间的直流通路，另一方面使交流信号畅通。C_1、C_2 的数值一般为几微法～几十微法。

R_L 是外接负载，可以是扬声器、耳机或其他负载，也可以是后级放大电路的输入电阻。

符号"⊥"（⏚）为接机壳（一般即表示接地）符号，是电路中的零参考电位。

（3）放大电路中电压、电流符号规定

① 直流分量如图 4.5（a）所示的波形，用大写字母和大写下标表示。如 I_B 表示基极的直流电流。

② 交流分量如图 4.5（b）所示的波形，用小写字母和小写下标表示。如 i_b 表示基极的交流电流。

③ 总变化量如图 4.5（c）所示的波形，是直流分量和交流分量之和，即交流叠加在直流上，用小写字母和大写下标表示。如 i_B 表示基极电流总的瞬时值，其数值为 $i_B = I_B + i_b$。

④ 交流有效值用大写字母和小写下标表示。如 I_b 表示基极的正弦交流电流的有效值。

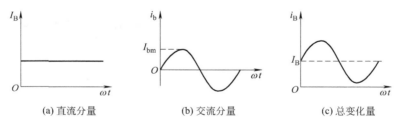

(a) 直流分量   (b) 交流分量   (c) 总变化量

图 4.5   晶体管基极的电流波形

三极管放大器
工作原理

（4）共发射极放大电路工作原理

要实现三极管信号的放大，必须使三极管处于放大区，调整 R_B、R_C 和 V_{CC} 的值，使晶体管工作在放大区，即发射结正偏，集电结反偏。因此在电路中有：

$$\Delta i_B = \frac{\Delta u_{BE}}{r_{be}}$$

式中，r_{be} 为晶体管发射极与基极之间的等效动态电阻。设未加输入信号，则 $i_B = I_B$；当加入交流信号电压 u_i 时，因为有 C_1 隔直流作用，原来的 I_B 不变，只是增加了交流成分，所以 $i_B = I_B + i_b$。

i_B 和 u_i 的波形如图 4.6 所示。

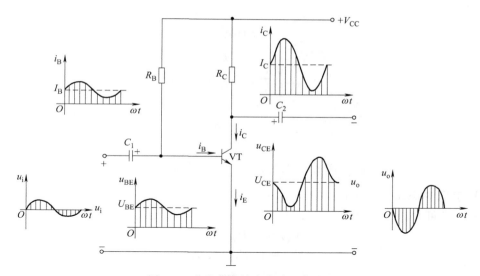

图 4.6 共发射极放大电路工作过程

在输出回路中，因为晶体管工作在放大区，所以

$$i_C \approx \beta i_B = \beta i_b + \beta I_B$$

依据基尔霍夫电压定律（KVL），在输出回路中有

$$V_{CC} = u_{CE} + i_C R_C$$

经过电容 C_2 的输出电压：

$$u_o = u_{CE} = -\beta i_b R_C = -i_c R_C$$

u_{CE} 和 u_o 的波形如图 4.6 所示。从图中可见 u_o 与 u_i 相位相反，这种现象称为放大器的倒相作用。只要适当选取 R_C，u_o 就会比 u_i 大得多，收到电压放大的效果。

从以上分析可以得到放大电路的工作原理：u_i 经过输入电容 C_1 与 U_{BE} 叠加后加到晶体管的输入端，使基极电流 i_B 发生变化，i_B 又使集电极电流 i_C 发生变化，i_C 在 R_C 的压降使晶体管输出端电压发生变化，最后经过电容 C_2 输出交流电压 u_o，所以放大器的放大原理实质是用微弱的信号电压 u_i 通过晶体管的控制作用，去控制晶体管集电极的电流 i_C，i_C 又在 R_C 的作用下转换成电压 u_o 输出。I_C 是直流电源提供的，因此晶体管的输出功率实际上是利用晶体管的控制作用，把直流电能转化成交流电能。这里，输入信号是控制源，晶体管是控制元件，直流电为受控对象。

4.1.2 共射极放大电路静态分析

静态分析的目的就是要计算静态时电路中晶体管的直流电压和直流电流值。因为晶体管的输出特性分为放大区、饱和区、截止区，其中只有放大区才有放大作用，所以由电路参数所确定的静态工作点必须使晶体管处于合理的放大状态以等待交流输入信号的到来。要得到晶体管电路中的直流电流、电压值，只需考虑晶体管电路的直流通路即可。直流通路就是直流信号传递的路径。

三极管放大电路
静态工作点求解

因为耦合电容对直流信号相当于开路，将放大电路中的耦合电容开路，就得到对应的直流通路。按照这个原则，共发射极固定偏置放大电路对应的直流通路如图 4.7 所示。这个直流通路中的直流电压和电流的数值就是静态工作点。

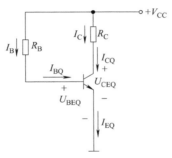

图 4.7　共发射极放大电路直流通路

（1）求取静态工作点

从图 4.7 可知：

$$V_{CC} = I_B R_B + U_{BEQ}$$
$$V_{CC} = I_{CQ} R_C + U_{CEQ}$$
$$I_C = \beta I_B$$

根据上述关系，可求解各静态点值。

（2）静态工作点的位置与非线性失真的关系

三极管放大电路
信号失真分析

　　如果静态工作点处于负载线的中央，这时的动态工作范围最大（要求工作点的移动范围不能进入截止区或饱和区），可以获得最大的不失真输出。但在实际工作中，如果输入信号比较小，在不至于产生失真的情况下，一般把静态工作点选得稍微低一些，这样可以降低静态工作电流，并节省直流电源能量消耗，因为静态工作点的高低就是静态集电极电流的大小。静态工作点的位置与非线性失真的关系如图 4.8 所示。

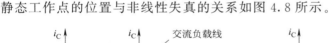
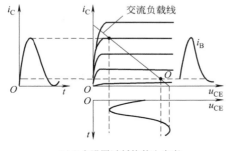
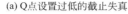
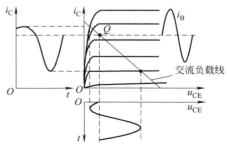

(a) Q点设置过低的截止失真　　　　　　(b) Q点设置过高的饱和失真

图 4.8　静态工作点的位置与非线性失真的关系

　　如果静态工作点选得过低，将使工作点的动态范围进入截止区而产生失真，这种由于晶体管进入截止区而造成的失真称为截止失真，如图 4.8（a）所示；相反，如果静态工作点选得过高，将使晶体管进入饱和区引起饱和失真，图 4.8（b）给出了饱和失真的情况。由于输出与输入反相，当出现截止失真时，输出的顶部被削平；反之，当出现饱和失真时，输出的底部被削平。

4.1.3　共射极放大电路动态分析

共发射极放大电路
微变等效电路
增益分析

（1）晶体管微变等效模型

晶体管的输入特性是非线性的，当输入信号较小时，可以把静态工作点附近的一段曲线视为直线。这样晶体管 b、e 间就相当于一个线性电阻 r_{be}，即晶体管的输入电阻 $r_{be}=u_{be}/i_b$。如图 4.9 所示。

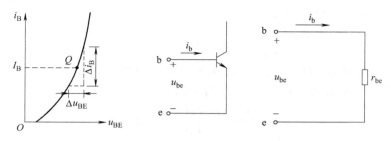

图 4.9 输入回路

工程上常用下式来估算：

$$r_{be}=300+(1+\beta)\frac{26\text{mV}}{I_E(\text{mA})}$$

注意：r_{be} 不是晶体管输入端直流电阻（万用表测量的欧姆值）。通常小功率晶体管，当 $I_C=1\sim2\text{mA}$ 时，r_{be} 为 1kΩ 左右。

晶体管输出特性曲线在工作点附近是一组与横轴平行的直线，当 u_{ce} 在较大范围内变化时，i_c 几乎不变，具有恒流特性。这样晶体管 c、e 间可等效为一个受控电流源，其输出电流为 $i_c=\beta i_b$，由于晶体管的输出电阻极大（输出恒流特性），所以可看做理想电流源。

为此，可画出晶体管的微变等效电路模型如图 4.10 所示。

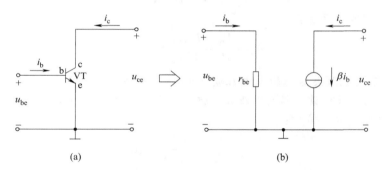

(a)　　　　　　　　　　　(b)

图 4.10 三极管微变等效电路模型

图 4.11 为一个三极管放大电路等效电路。

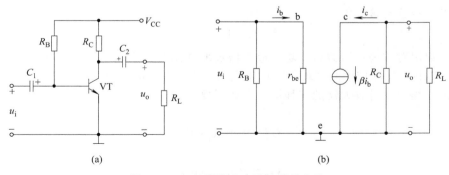

(a)　　　　　　　　　　　(b)

图 4.11 三极管放大电路的等效电路

（2）电路放大能力分析

① 电压放大倍数 A_u A_u 反映了放大电路对电压的放大能力，定义为放大电路的输出电压 U_o 与输入电压 U_i 之比，即：

$$A_u = \frac{U_o}{U_i}$$

由图 4.11（b）可知，$U_i = I_b r_{be}$，$I_c = \beta I_b$，放大电路的交流负载 $R_L' = R_C /\!/ R_L$，按图中所标注的电流和电压正方向，有 $U_o = -I_c R_L'$，所以：

$$A_u = \frac{U_o}{U_i} = -\frac{I_c R_L'}{I_b r_{be}} = -\beta \frac{R_L'}{r_{be}}$$

A_u 为负值，表示输出电压与输入电压反相。

如果放大电路不带负载，则电压放大倍数为：

$$A_u = -\beta \frac{R_C}{r_{be}}$$

由于 $R_L' < R_C$，显然放大电路接入负载后电压放大倍数下降。

此外，通常用 A_i 表示电流放大倍数：

$$A_i = \frac{I_o}{I_i}$$

用 A_p 表示功率放大倍数：

$$A_p = \frac{P_o}{P_i}$$

它们三者之间的关系是：

$$A_p = \frac{P_o}{P_i} = \frac{U_o I_o}{U_i I_i} = A_u A_i$$

【例 4-1】 某交流放大器的输入电压是 100mV，输入电流为 0.5mA；输出电压为 1V，输出电流为 50mA。求该放大器的电压放大倍数、电流放大倍数和功率放大倍数。

解：（1）求电压放大倍数：

$$A_u = \frac{U_o}{U_i} = \frac{1V}{0.1V} = 10$$

（2）求电流放大倍数：

$$A_i = \frac{I_o}{I_i} = \frac{50mA}{0.5mA} = 100$$

（3）求功率放大倍数：

$$A_p = A_u A_i = 10 \times 100 = 1000$$

放大倍数用对数表示增益 G，功率放大倍数取常用对数来表示，称为功率增益 G_P，单位为贝尔（Bel），实际应用时"贝尔"单位太大，人们取它的十分之一，即分贝（dB）。

在电信工程中，对放大器的三种增益做如下规定：

功率增益

$$G_P = 10 \lg A_p \text{(dB)}$$

电压增益

$$G_u = 20 \lg A_u \text{(dB)}$$

电流增益

$$G_i = 20 \lg A_i \text{(dB)}$$

【例 4-2】 求上例中放大器的电压增益、电流增益和功率增益。

解 求电压增益：

$$G_u = 20 \lg A_u = 20 \lg 10 = 20 dB$$

求电流增益：

$$G_i = 20 \lg A_i = 20 \lg 100 = 40 dB$$

求功率增益：

$$G_P = 10 \lg A_P = 10 \lg 1000 = 30 dB$$

运用放大器增益的概念，可以简化电路的运算数字，例如，功率放大倍数 $A_P = 1000000$ 倍，用功率增益表示时 $= 10 \lg 1000000 = 60 dB$。

在计算电路的增益时，若增益出现负值，则该电路不是放大器而是衰减器。为了方便，通常编有分贝换算表供查用。表 4.1 为电压放大倍数和增益分贝数的对应值。

表 4.1 电压放大倍数和增益分贝数的换算表

A_u/倍	0.001	0.01	0.1	0.2	0.707	1	2	3	0	100	1000	10000
G_u/dB	−60	−40	−20	−14	−3	0	6.0	9.5	0	40	60	80

例如，一个放大器的放大倍数 $A_u = 100$，则由表 4.1 可查出它的电压增益为 40dB。

② 输入电阻 R_i R_i 是从放大电路的输入端看进去的交流等效电阻，等于放大电路输入电压与输入电流的比值，即 $R_i = U_i / I_i$。

R_i 反映放大电路对所接信号源（或前一级放大电路）的影响程度。如图 4.12 所示，如果把一个内阻为 R_s 的信号源 u_s 加到放大电路的输入端，放大电路的输入电阻就是前级信号源的负载。

由图 4.12 可见

$$U_i = \frac{R_i}{R_i + R_s} U_s$$

若 $R_i \gg R_s$，则 $U_i \approx U_s$。通常希望 R_i 尽可能大一些，以使放大电路向信号源取用的电流尽可能小，以减轻前级的负担。

输入电阻可用微变等效电路法估算，由图 4.11（b）放大电路的等效电路可得：

$$R_i = R_B // r_{be} \approx r_{be}$$

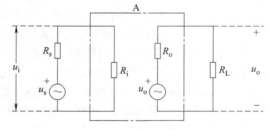

图 4.12 放大器的输入电阻和输出电阻

③ 输出电阻 R_o R_o 是从放大电路的输出端看进去的交流等效电阻，等于放大电路输出电压与输出电流的比值，即 $R_o = U_o / I_o$。

R_o 是衡量放大电路带负载能力的一个性能指标。如图 4.12 所示，放大电路接上负载后，要向负载（后级）提供能量，所以可将放大电路看做一个具有一定内阻的信号源，这个信号源的内阻就是放大电路的输出电阻。

由图 4.12 可见

$$U_o = \frac{R_L}{R_o + R_L} U_o'$$

若 $R_o \ll R_L$，则 $U_o \approx U_o'$。

显然，R_o 越小，即使负载 R_L 变化大，输出电压变化也越小。这就是说 R_o 越小，放大器带负载能力越强。一般情况下，都希望输出电阻 R_o 尽量小些。

输出电阻可用微变等效电路法估算，由图 4.11 放大电路的等效电路可得：$R_o = R_C$。

【**例 4-3**】　如图 4.11 所示，V_{CC} 为 12V，R_B 为 280kΩ，R_C 为 3kΩ，三极管电流放大倍数为 50，计算出该电路的基极电流 I_{BQ}、集电极电流 I_{CQ}、集电极与发射极直流电压 U_{CEQ}，以及输入电阻 r_i、输出电阻 r_o 和电路电压放大倍数 A_u。

解　$I_{BQ} = \dfrac{V_{CC} - 0.7}{R_B} = \dfrac{12 - 0.7}{280 \times 10^3} \text{A} \approx 0.04\text{mA} = 40\mu\text{A}$

$I_{CQ} = \beta I_{BQ} = 50 \times 0.04 \times 10^{-3}\text{A} = 2\text{mA}$

$U_{CEQ} = V_{CC} - I_{CQ}R_C = (12 - 2 \times 10^{-3} \times 3 \times 10^3)\text{V} = 6\text{V}$

$r_{be} = 300\Omega + \dfrac{(\beta+1)26\text{mV}}{I_E(\text{mV})} = 300\Omega + \dfrac{51 \times 26\text{mV}}{2\text{mA}} = 963\Omega$

$r_i = R_B /\!/ r_{be} \approx r_{be} = 0.96\text{k}\Omega$

$r_o \approx R_C = 3\text{k}\Omega$

$A_u = \dfrac{-\beta R'_L}{r_{be}} = \dfrac{-50 \times (3/\!/3)\ \text{k}\Omega}{963\Omega} = -78.1$

4.1.4　分压偏置电路分析

（1）放大电路稳定性分析

共发射极放大电路
偏置电路分析

基本共射放大电路的基极偏流 $I_B \approx V_{CC}/R_B$，偏置电阻 R_B 一经选定，I_B 也随之确定为恒定值，因此这种电路也称为固定偏置电路。它的电路结构简单，所需元器件少，且电压放大倍数高，但稳定性差，当晶体管受热时，其静态电流数值上升，会引起静态工作点发生偏移，导致本来不失真的放大信号出现失真；还会使集电极损耗增加，管温升高，管子不能正常工作，甚至烧坏管子。同理，当更换晶体管时也会出现类似问题。因此要使 u_o 波形不失真，就要稳定放大电路的静态工作点，首先要稳定静态 I_C 的值。

① 温度变化时对 I_{CEO} 的影响　温度上升，反向饱和电流 I_{CBO} 增加，穿透电流 $I_{CEO} = (1+\beta)I_{CBO}$ 也增加，反映在输出特性曲线上是使其上移，i_C 增加。温度每增加 12℃（8℃），锗管（硅管）I_{CEO} 增大到原来的 2 倍。

② 温度变化时对 u_{BE} 的影响　温度上升，发射结电压 u_{BE} 下降，在外加电压和电阻不变的情况下，使基极电流 i_B 上升，i_C 增加。u_{BE} 的温度系数为 $-2 \sim 2.5\text{mV}/℃$。

③ 温度变化时对 β 的影响　温度上升，使三极管的电流放大倍数 β 增大，特性曲线间距增大。i_C 每增加 1℃，β 相应增加 $0.5\% \sim 1\%$。

（2）分压偏置电路工作原理

① 利用基极电阻 R_{B1} 和 R_{B2} 分压来稳定基极电位，其方法如图 4.13 所示。

由图中放大电路的直流通路可得：

$$I_2 = I_1 + I_B$$

若使 $I_1 \gg I_B$，则 $I_1 \approx I_2$。这样基极电位 U_B 为

$$U_B \approx \frac{R_{B2}}{R_{B1} + R_{B2}} V_{CC}$$

由于 U_B 是由 V_{CC} 经 R_{B1} 和 R_{B2} 分压决定的，故不随温度变化，且与晶体管参数无关。

② 由发射极电阻 R_E 实现静态工作点的稳定。温度上升使 I_C 增大时，I_E 随之增大，U_E

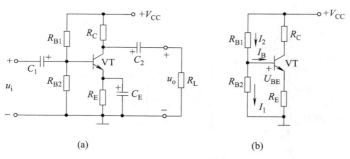

图 4.13　分压偏置电路

也增大；因基极电位 $U_B = U_{BE} + U_E$ 保持恒定，故 U_E 增大使 U_{BE} 减小，引起 I_B 减小，使 I_C 相应减小，从而抑制了温升引起的 I_C 的增量，即稳定了静态工作点。其稳定过程如下所示：

$$T(\text{℃}) \uparrow \ \rightarrow I_C \uparrow \rightarrow I_E \uparrow \rightarrow U_E \uparrow \rightarrow U_{BE} \downarrow \rightarrow I_B \downarrow \rightarrow I_C \downarrow$$

$$T(\text{℃}) \downarrow \ \rightarrow I_C \downarrow \rightarrow I_E \downarrow \rightarrow U_E \downarrow \rightarrow U_{BE} \uparrow \rightarrow I_B \uparrow \rightarrow I_C \uparrow$$

通常 $U_B \gg U_{BE}$，所以集电极电流：

$$I_C \approx I_E = \frac{U_B - U_{BE}}{R_E} \approx \frac{U_B}{R_E}$$

根据 $I_1 \gg I_B$ 和 $U_B \gg U_{BE}$ 两个条件得到的公式，说明 U_B 和 I_C 是稳定的，基本上不随温度而变，而且也基本上与管子的参数 β 值无关。

【例 4-4】　如图 4.13 的发射极电阻 R_E 实现静态工作点的稳定电路，已知晶体管 $\beta = 40$，$V_{CC} = 12V$，$R_{B1} = 20\text{k}\Omega$，$R_{B2} = 10\text{k}\Omega$，$R_L = 4\text{k}\Omega$，$R_C = 2\text{k}\Omega$，$R_E = 2\text{k}\Omega$，$C_E$ 足够大。试求静态值 I_C 和 U_{CE}。

解

$$U_B \approx \frac{R_{B2}}{R_{B1} + R_{B2}} V_{CC} = \frac{10}{10 + 20} \times 12 = 4V$$

$$I_C \approx I_E = \frac{U_B - U_{BE}}{R_E} \approx \frac{U_B}{R_E} = \frac{4}{2000} = 0.002A = 2mA$$

$$U_{CE} \approx V_{CC} - I_C(R_C + R_E) = 12 - 2 \times (2 + 2) = 4V$$

（3）分压偏置电路动态分析

按照上述同样方法，可以计算出分压偏置电路的电压放大倍数、输入电阻、输出电阻。

① 电压放大倍数　如果图 4.14（a）图中的射极旁路电容 C_e 存在，由于电容对交流信号视为短路，所以电压放大倍数与前面共射极放大电路 A_u 一样。

如果射极旁路电容 C_e 不存在，其微变等效电路如图 4.14（b）所示。

$$A_u = \frac{U_o}{U_i} = \frac{-\beta I_b R_L'}{I_b r_{be} + (1+\beta)I_b R_e}$$

② 输入电阻 R_i

$$R_i' = r_{be} + (1+\beta)R_e$$

$$R_i = R_i' /\!/ R_b = [r_{be} + (1+\beta)R_e] /\!/ R_b$$

式中，$R_b = R_{B1} /\!/ R_{B2}$，可见接入 R_e 后输入电阻增大了。

若 R_e 并接了电容 C_e，则

$$R_i = r_{be} /\!/ R_{B1} /\!/ R_{B2}$$

③ 输出电阻　根据定义，将电路中的 U_i 短路，因而有 $I_b = 0$，受控电流源开路。所以：

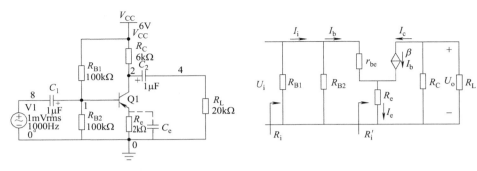

(a) 分压偏置电路　　　　　　　　　(b) 微变等效电路

图 4.14　分压偏置电路分析（multisim）

$$R_o = R_C$$

从上述可知，由于 $(1+\beta)R_e \gg r_{be}$，则 $A_u \approx -\dfrac{R'_L}{R_e}$，管子 β 和温度变化对 A_u 无多大影响，这种电路性能较稳定且维修时更换管子较方便。

不管是共射极放大电路还是分压式偏置电路，通过计算都可得出其电路特点，即具有较高的电压放大倍数，但输入电阻过小、输出电阻过大也抑制了电路的应用范围。

【课堂训练】

【课堂训练 1】 参考图 4.6 的共发射极放大电路工作过程，$\beta = 100$，调整电路参数，使输出和输入相位相反。

【课堂训练 2】 参考图 4.6 的共发射极放大电路工作过程，$\beta = 100$，调整电路 R_B 和 R_C 等参数，使电压放大倍数等于 -50 倍，并分析电路的静态工作点、输入电阻和输出电阻，数据记录于下表。

R_B	R_C	C_1	C_2	U_{CEQ}	I_B	I_C	A_u

【课堂训练 3】 参考图 4.14 的分压偏置电路，$\beta = 100$，调整电路参数，使电压放大倍数等于 -60 倍，并分析电路的静态工作点、输入电阻和输出电阻，数据记录于下表。

参数设置				静态点			输出特性		
R_{B1}	R_{B2}	R_C	R_E	U_{CEQ}	I_B	I_C	A_u	R_i	R_o

【课后练习】

(1) 试判断图 4.15 所示的各电路能否放大交流电压信号？

(2) 什么是静态工作点？静态工作点对放大电路有什么影响？

(3) 分析放大电路有哪几种方法？几种方法分别有什么特点？

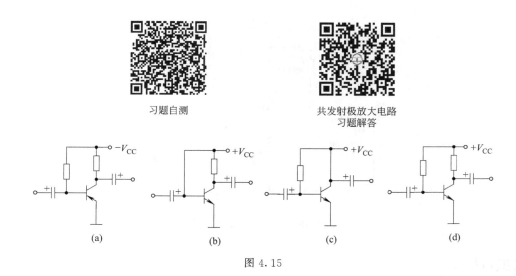

图 4.15

（4）已知图 4.16 所示电路中三极管均为硅管（$U_{BEQ}=0.7V$），且 $\beta=50$，试估算静态值 I_B、I_C、U_{CE}。

（5）晶体管放大电路如图 4.17 所示，已知 $V_{CC}=15V$，$R_B=500\ k\Omega$，$R_C=5k\Omega$，$R_L=5k\Omega$，$\beta=50$。① 求静态工作点；② 画出微变等效电路；③ 求放大倍数、输入电阻、输出电阻。

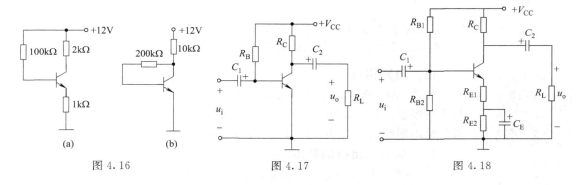

图 4.16　　　　　　　　图 4.17　　　　　　　　图 4.18

（6）电路如图 4.18 所示，$R_{B1}=39k\Omega$，$R_{B2}=13k\Omega$，$R_C=2.4k\Omega$，$R_{E1}=0.2k\Omega$，$R_{E2}=1.8k\Omega$，$R_L=5.1k\Omega$，$V_{CC}=12V$，三极管的 $\beta=40$，$r_{be}=1.09k\Omega$，试画出该电路的微变等效电路，并计算电压放大倍数 A_u、输入电阻 r_i 和输出电阻 r_o。

任务4.2　共集电极放大电路分析

【任务引领】

在多级小信号放大电路中，为了获取更多小信号能量，在放大电路的输入级中经常要放置输入电阻较大的放大电路（电压放大或电流方法）。图 4.19 为一个共集电极放大电路，其具有较大输入电阻，而且虽然不具备电压放大能力，但具有一定的电流放大能力，使其可以在放大电路的输入端（吸收小信号）或输出端（电流放大，提升功率）中应用。本任务根据动态电路参数要求，设计共集电极放大电路参数。

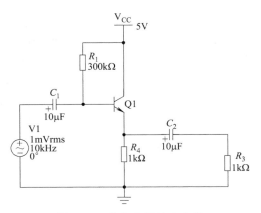

图 4.19　共集电极放大电路

【知识目标】

① 掌握共集电极电路的结构及工作原理。
② 掌握共集电极放大电路电压放大、输入电阻、输出电阻等动态参数分析方法。
③ 掌握射极跟随器原理。

【能力目标】

① 能进行共集电极电路静态分析和动态参数分析。
② 根据电路参数要求,分析设计共集电极电路参数。

共集电极放大电路
增益分析

(1) 电路构成

如图 4.20 所示,电路是由基极输入信号、发射极输出信号的,所以称为射极输出器。由图 4.20 (b) 所示的交流通路可见,集电极是输入回路与输出回路的公共端,所以又称为共集电路。

(2) 射极输出器的特点

① 静态工作点稳定　射极输出器的直流通路如图 4.21 所示。

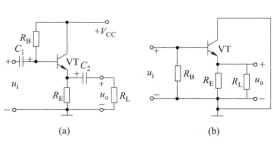

图 4.20　共集电极放大电路

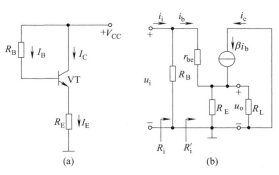

图 4.21　射极输出器直流通路和微变等效电路

由图可知:

$$V_{CC} = I_B R_B + U_{BE} + I_E R_E$$

$$I_B = \frac{I_E}{1+\beta}$$

$$I_C \approx I_E = \frac{V_{CC} - U_{BE}}{R_E + \dfrac{R_B}{1+\beta}}$$

$$U_{CE} \approx V_{CC} - I_C R_E$$

射极输出器中的电阻 R_E 具有稳定静态工作点的作用,过程如下:

$$T(\text{℃}) \uparrow \rightarrow I_C \uparrow \rightarrow U_E \uparrow \rightarrow U_{BE} \downarrow \rightarrow I_B \downarrow \rightarrow I_C \downarrow$$

② 电压放大倍数略小于 1(近似为 1) 图 4.21(b)是射极输出器的微变等效电路,由图可知

$$A_u = \frac{U_o}{U_i} = \frac{I_e R_L'}{I_b r_{be} + I_e R_L'} = \frac{(1+\beta) I_b R_L'}{I_b r_{be} + (1+\beta) I_b R_L'}$$

式中 $$R_L' = R_E /\!/ R_L$$

通常 $r_{be} \ll (1+\beta) R_L'$,所以 $A_u \approx 1$。电压放大倍数约为 1 并为正值,可见输出电压 u_o 随着输入电压 u_i 的变化而变化,大小近似相等,相位相同。所以射极输出器又称为射极跟随器。

在图 4.21(b)的微变等效电路中,若忽略 R_B 的分流影响,则 $I_i = I_b$,$I_o = I_e$,可得电流放大倍数:

$$A_i = \frac{I_o}{I_i} \approx \frac{I_e}{I_b} = 1+\beta$$

所以,射极输出器虽然没有电压放大,但仍具有电流放大和功率放大的作用。

③ 输入电阻高 由图 4.21(b)的微变等效电路可知

$$R_i = R_B /\!/ R_i' = R_B /\!/ [r_{be} + (1+\beta) R_L']$$

由于 R_B 和 $(1+\beta) R_L'$ 值都较大,因此,射极输出器的输入电阻 R_i 很高,可达几十千欧~几百千欧。

④ 输出电阻低 由于射极输出器的 $u_o \approx u_i$,当 u_i 保持不变时,u_o 就保持不变。可见,输出电阻对输出电压的影响很小,说明射极输出器具有恒压输出特性,因而射极输出器带负载能力很强。输出电阻的估算式为:

$$R_o \approx r_{be} / \beta$$

通常 R_o 很低,一般只有几十欧。

(3)射极输出器的应用

① 用作输入级 在要求输入电阻较高的放大电路中,常用射极输出器作输入级。利用其输入电阻很高的特点,可减少对信号源的衰减,有利于信号的传输。

② 用作输出级 由于射极输出器的输出电阻很低,常用作输出级。可使输出级在接入负载或负载变化时,对放大电路的影响小,使输出电压更加稳定。

③ 用作中间隔离级 将射极输出器接在两级共射电路之间,利用其输入电阻高的特点,可提高前级的电压放大倍数;利用其输出电阻低的特点,可减小后级信号源的内阻,提高后级的电压放大倍数。由于其隔离了前后两级之间的相互影响,因而也称为缓冲级。

【课堂训练】

【课堂训练 1】 参考图 4.20 的共集电极放大电路,搭建仿真电路,$\beta = 100$,调整电路 R_B、R_E、R_L 参数,使电路正常工作。分析电路电压放大能力,以及输入电阻和输出值。

数据记录于下表。

参数设置			输出能力		
R_B	R_E	R_L	A_u	R_i	R_o

【课堂训练 2】 参考图 4.20 的共集电极放大电路，搭建仿真电路，调整电路参数，使输入电阻大于 100kΩ，输出电阻小于 50Ω。数据记录于下表。

参数设置			输出能力		
R_B	R_E	R_L	A_u	R_i	R_o

【课后练习】

习题自测

共集电极放大电路分析
习题解答

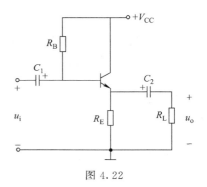

图 4.22

（1）简述射极输出器在多级放大电路中的应用环节。

（2）共集电极放大电路如图 4.22 所示，绘制该电路的直流通路和微变等效电路。

（3）电路如图 4.22 所示，$V_{CC}=12V$，$U_{BE}=0.6V$，$R_B=150kΩ$，$R_E=4kΩ$，$R_L=4kΩ$，晶体管的 $\beta=50$，试求静态值 I_B、I_C 和 U_{CE} 以及动态值 A_u、r_i 和 r_o。

任务4.3　共基极放大电路分析

【任务引领】

在小信号放大电路中，为了同时获取电压放大能力和高输入电阻特性，经常会采用共基极放大电路。图 4.23 为一个共基极放大电路，其具有较大的输入电阻和较大的电压放大能力，适合用在多级放大电路的输入级和中间级中。本任务根据动态电路参数要求，设计共基极放大电路参数。

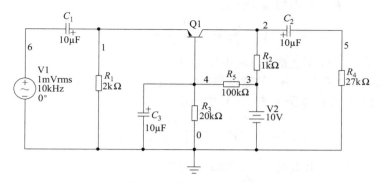

图 4.23 共基极放大电路

【知识目标】

① 掌握共基极放大电路的结构及工作原理。

② 掌握共基极放大电路电压放大、输入电阻、输出电阻等动态参数分析方法。

【能力目标】

① 能进行共基极放大电路的静态分析和动态参数分析。

② 根据电路参数要求，分析设计共基极放大电路。

共基极放大电路
放大分析

（1）电路结构

共基极放大电路如图 4.24 所示。从交流通路可知，发射极是信号的输入端，集电极是信号的输出端，而基极是输入、输出回路的公共端，所以该电路为共基极电路。其微变等效电路如图 4.24（b）所示。

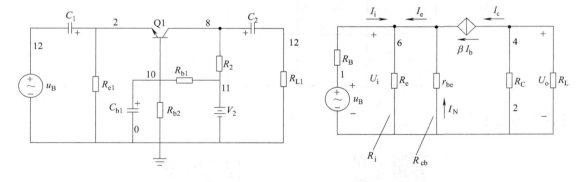

(a) 放大电路   (b) 微变等效电路

图 4.24 共基极放大电路分析

（2）静态分析

共基极电路的直流通路与射极偏置电路的直流通路一样，计算可参考前述内容。

（3）动态分析

① 电压放大倍数　由共基极电路的小信号模型（微变等效电路）可知：

$$U_i = -I_b r_{be}$$
$$U_o = -I_c R'_L = -\beta I_b R'_L$$

式中，$R'_L = R_C /\!/ R_L$，故电压放大倍数

$$A_u = \frac{U_o}{U_i} = \frac{-\beta I_b R'_L}{-I_b r_{be}} = \beta \frac{R'_L}{r_{be}}$$

此式说明，共基极放大电路的输出电压与输入电压同相位，这是与共发射极电路的不同之处，它具有电压放大作用。A_u 的数值与固定偏置共射电路相同。

② 输入电阻 首先计算图 4.24 （b）中的输入电阻 r_{eb} 值：

$$r_{eb} = \frac{U_i}{-I_e} = \frac{-I_b r_{be}}{-(1+\beta)I_b} = \frac{r_{be}}{1+\beta}$$

它是共射接法时输入电阻的 $\dfrac{1}{1+\beta}$。则输入电阻：

$$R_i = R_e /\!/ r_{eb} = R_e /\!/ \frac{r_{be}}{1+\beta}$$

可见，共基极电路的输入电阻很小，一般为几欧到几十欧。

③ 输出电阻 由于在求输出电阻 R_o 时，令 $U_s = 0$，$\beta I_b = 0$，受控电流源做开路处理，故输出电阻：

$$R_o \approx R_C$$

【课堂训练】

【课堂训练】 参考图 4.23 共基极放大电路，搭建仿真电路，$\beta = 100$，调整电路参数，使电路正常工作。分析电路电压放大能力，以及输入电阻和输出值。数据记录于下表。

参数设计					输出特性		
R_1	R_2	R_3	R_4	R_5	A_u	R_i	R_o

【课后练习】

习题自测

共基极放大电路分析
习题解答

（1）分析共发射极、共基极、共集电极放大电路的电压放大能力、输入电阻和输出电阻特性。

（2）比较共发射极、共集电极、共基极放大电路特性，填写下表内容。

性能 \ 电路接法	共射极电路	共集极电路	共基极电路
电路	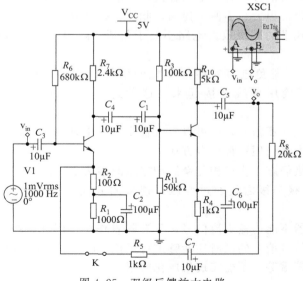		
R_i			
R_o			
A_i			
A_u			
A_P			
u_o 与 u_i 相位			
高频特性			
用途			

任务4.4　多级放大电路与反馈电路

【任务引领】

为了实现小信号驱动大功率负载工作，需要进行多级放大，同时为了获取稳定的输出，需要在电路中增加反馈电路。图 4.25 为一个双级反馈放大电路。当 R_{10} 电阻取 5kΩ 时，输出出现了失真，当反馈信号接入后，输出得到改善，同时可以通过调整反馈电阻 R_5 获取不同的电压输出能力。本任务主要根据小信号多级放大输出要求，分析设计多级反馈放大电路参数。

图 4.25　双级反馈放大电路

【知识目标】

① 掌握多级放大器的耦合方式。

② 掌握多级放大电路增益、输入电阻、输出电阻分析方法。

③ 掌握反馈种类及判断方法。

【能力目标】

① 能分析、设计多级放大电路。

② 能根据电路特性判断反馈类型及应用。

4.4.1 多级放大电路分析

(1) 多级放大电路的耦合方式

多级放大器的
耦合方式

多级放大电路是由两级或两级以上的单级放大电路连接而成。在多级放大电路中，级与级之间的连接方式称为耦合方式。而级与级之间耦合时，必须满足以下条件：

① 耦合后，各级电路仍具有合适的静态工作点；

② 保证信号在级与级之间能够顺利地传输过去；

③ 耦合后，多级放大电路的性能指标必须满足实际的要求。

为了满足上述要求，一般常用的耦合方式有阻容耦合、直接耦合、变压器耦合。

① 阻容耦合　级与级之间通过电容连接的方式称为阻容耦合方式。测试电路即为阻容耦合电路。

优点：因电容具有隔直作用，所以各级电路的静态工作点相互独立，互不影响，这给放大电路的分析、设计和调试带来了很大的方便。此外，它还具有体积小、重量轻等优点。

缺点：因电容对交流信号具有一定的容抗，在信号传输过程中，会有一定的衰减，尤其对于变化缓慢的信号容抗很大，不便于传输。此外，在集成电路中，制造大容量的电容很困难，所以这种耦合方式下的多级放大电路不便于集成。阻容耦合只适用于分立元件组成的电路。

② 直接耦合　为了避免电容对缓慢变化的信号在传输过程中带来的不良影响，也可以把级与级之间直接用导线连接起来，这种连接方式称为直接耦合。其电路如图4.26所示。

优点：既可以放大交流信号，也可以放大直流和变化非常缓慢的信号，电路简单，便于集成，所以集成电路中多采用这种耦合方式。

缺点：存在着各级静态工作点相互牵制和零点漂移两个问题。

③ 变压器耦合　级与级之间通过变压器连接的方式，称为变压器耦合。其电路如图4.27所示。

优点：由于变压器不能传输直流信号，且有隔直作用，因此各级静态工作点相互独立，互不影响。变压器在传输信号的同时还能够进行阻抗、电压、电流的变换。

缺点：体积大、笨重等，不能实现集成化应用。

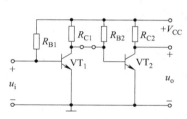

图 4.26　直接耦合两级放大电路

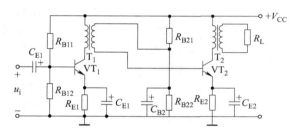

图 4.27　变压器耦合两级放大电路

（2）多级放大器的增益

① 电压放大倍数　多级放大电路电压放大倍数为两级电路放大倍数的乘积，即 $A_u = A_{u1} A_{u2}$，因此可推得 n 级放大电路的电压放大倍数为

$$A_u = A_{u1} \times A_{u2} \times \cdots \times A_{un}$$

② 输入电阻　多级放大电路的输入电阻就是输入级的输入电阻。

③ 输出电阻　多级放大电路的输出电阻就是输出级的输出电阻。

多级放大器的
增益分析方法

4.4.2　反馈电路

在图 4.25 中，当 R_{10} 电阻取 5kΩ 时，输出出现了失真，当开关 K 闭合（反馈信号接入）后，输出波形得到改善。为何会出现上述现象呢？可以看到在放大器的输入与输出之间有一电阻连接，即电路的输出反过来影响输入，从而影响了整个电路的放大倍数，整个过程称为反馈。反馈能影响电路的电压放大倍数，那么对其他特性参数是否也有影响呢？

反馈类型及
判断方法

（1）反馈的定义

将放大电路输出量（电压或电流）的一部分或全部通过某些元件或网络（称为反馈网络）反向送回到输入端，以此来影响原输入量（电压或电流）的过程，称为反馈。

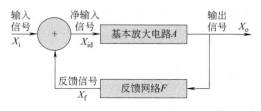

图 4.28　反馈放大电路方框图

反馈放大电路的方框图如图 4.28 所示。图中 X_i、X_o、X_f 分别表示放大器的输入、输出和反馈信号。而 A 和 F 为该电路中基本放大器的开环电压放大倍数及反馈网络的反馈系数。

（2）反馈的类型及判别

① 正负反馈　在反馈放大电路中，反馈量使放大器净输入量得到增强的反馈称为正反馈，使净输入量减弱的反馈称为负反馈。通常采用"瞬时极性法"来判断是正反馈还是负反馈，具体方法如下。

a. 假设输入信号某一瞬时的极性。

b. 根据输入与输出信号的相位关系，确定输出信号和反馈信号的瞬时极性。

c. 再根据反馈信号与输入信号的连接情况，分析净输入量的变化。若反馈信号与输入信号在同一端口，且反馈信号与输入信号极性相同，则为正反馈，反之为负反馈。若反馈信号与输入信号在不同端口，且反馈信号与输入信号极性相同，则为负反馈，反之为正反馈。

d. 电阻、电容、电感元件不会改变信号的极性。

e. 晶体管元件的基极和集电极的极性相反，和发射极的极性相同，如图 4.29 所示。利

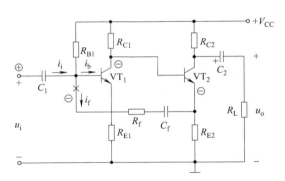

图 4.29　瞬时极性法三极管电路正负反馈判断

用瞬时极性法可看出，当输入信号增加时，VT$_1$ 集电极减小，VT$_2$ 基极减小，VT$_2$ 发射极减小，反馈信号减小（VT$_1$ 基极），是负反馈。在此电路中，注意电容是通交流隔直流，对小信号无阻碍，不改变小信号相位。

② 交流反馈与直流反馈　放大电路中存在有直流分量和交流分量。若反馈信号是交流量，则称为交流反馈，它影响电路的交流性能。若反馈信号是直流量，则称为直流反馈，它影响电路的直流性能，如静态工作点。若反馈信号中既有交流量又有直流量，则反馈对电路的交流性能和直流性能都有影响。如图 4.29 所示，反馈电路中电容为隔直流通交流，所以为交流反馈。

③ 电压反馈与电流反馈　从输出端看，若反馈信号取自输出电压，则为电压反馈；若取自输出电流，则为电流反馈。在实际判断过程中，将负载短路，若反馈信号消失，则为电压反馈；否则为电流反馈。除公共地线外，若反馈线与输出线接在同一点上，则为电压反馈；若反馈线与输出线接在不同点上，则为电流反馈。在图 4.29 中，将负载 R_L 短路，则反馈信号仍然存在，故为电流反馈。另外可见，R_f、C_f 形成的反馈线接在 VT$_2$ 的发射极，而输出线接在 VT$_2$ 的集电极，两者没有以输出端子为公共节点，故为电流负反馈。

电压反馈和电流反馈的区分，只有在负载变化时才有意义。当负载不变时，若反馈信号与输出电压成正比，也可以视为与输出电流成正比，此时电压反馈与电流反馈具有相同的效果。只有当负载变化时，输出电压和输出电流朝相反方向变化，才有可能区分反馈信号和哪一个输出量成正比。

④ 串联反馈和并联反馈　根据反馈在输入端的连接方法，可分为串联反馈和并联反馈。对于串联反馈，其反馈信号和输入信号是串联的（即净输入电压是由输入电压和反馈电压相叠加）；对于并联反馈，其反馈信号和输入信号是并联的（即净输入电流是由输入电流和反馈电流相叠加）。

判别方法如下：

a. 将输入回路的反馈节点对地短路，若输入信号仍能送到开环放大电路中去，则为串联反馈，否则为并联反馈；

b. 串联反馈是输入信号与反馈信号加在放大器的不同输入端（对于晶体管来说一端为基极，另一端为发射极），并联反馈则是两者并接在同一个输入端上。

在图 4.29 中，反馈信号和输入信号是并联的。将输入回路反馈节点对地短路后，晶体管 VT$_1$ 的基极接地，输入信号无法送到开环放大电路中，故为并联反馈。另外可见，R_f、C_f 引入的反馈线与输入信号线并接在一起，故可直接判定为并联反馈。

由于直流负反馈仅能稳定静态工作点，在此不做过多讨论。对交流负反馈而言，综合输出端取样对象的不同和输入端的不同接法，可以组成 4 种类型的负反馈放大器：电压串联负反馈；电压并联负反馈；电流串联负反馈；电流并联负反馈。

（3）反馈对电路的影响

没有反馈的放大器的性能往往不理想，在许多情况下不能满足需要。引入反馈后，电路可根据输出信号的变化控制基本放大器的净输入信号的大小，从而自动调节放大器的放大过程，以改善放大器的性能。

负反馈对放大器性能的影响主要表现在以下几方面。

① 提高了放大倍数的稳定性 引入负反馈以后，由于某种原因造成放大器放大倍数变化时，负反馈放大器的放大倍数变化量只是基本放大器放大倍数变化量的 $\dfrac{1}{(1+AF)^2}$，放大器放大倍数的稳定性大大提高。

② 展宽通频带 引入负反馈后，放大器的下限频率由无负反馈时的 f_L 下降为 $\dfrac{f_L}{1+AF}$，而上限频率由没有负反馈时的 f_H 上升到 $(1+AF)f_H$。放大器的通频带得到展宽，展宽后的频带约是未引入负反馈时的 $(1+AF)$ 倍，如图 4.30 所示。

图中，A 和 A_f 分别表示负反馈引入前后的放大倍数，f_L 和 f_H 分别表示负反馈引入前的下限频率和上限频率，f_{LF} 和 f_{HF} 分别表示引入负反馈后的下限频率和上限频率。

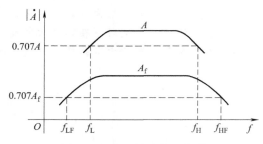

图 4.30 负反馈展宽通频带

③ 减小非线性失真 由于放大电路中存在着晶体管等非线性器件，所以即使输入的是正弦波，输出也不是正弦波，产生了波形失真，而负反馈可有效减小失真。

④ 对放大器输入、输出电阻的影响

a. 对输入电阻的影响 串联负反馈使输入电阻增大，并联负反馈使输入电阻减小。

b. 对输出电阻的影响 电压负反馈使输出电阻减小，电流负反馈使输出电阻增大。

【课堂训练】

【课堂训练 1】参考图 4.25 双级反馈放大电路，搭建仿真电路，$\beta = 100$，调整电路参数，使电路不失真。分析反馈对电路的电压放大、输入电阻和输出值的影响。数据记录于下表。

R_6	R_7	R_3	R_{11}	R_{10}	R_4	R_2	R_1	R_8	开关	A_u	R_i	R_o
									闭合			
									断开			
									闭合			
									断开			

【课堂训练 2】参考图 4.25 的双级反馈放大电路，搭建仿真电路，$\beta = 100$，调整电路参数，最终实现 1000 倍的电压信号放大能力，并将输入级、输出级、放大级的电压放大倍数及相关输入电阻和输出电阻填写下表。

输入级		放大级(共两级)		输出级	
A_u	R_i	A_{u1}	A_{u2}	A_u	R_o

【课后练习】

习题自测

多级放大电路与反馈电路
习题解答

（1）比较阻容耦合放大电路和直接耦合电路放大电路的差异点及各自存在的问题。

（2）负反馈放大器对放大电路有什么影响？

（3）直接耦合放大电路存在哪两大问题？简述解决的办法。

（4）如何改变多级放大电路的输入电阻和输出电阻？

项目 5

蓄电池充放电比较控制电路设计

项目描述

　　在市电互补控制器中，为了实现蓄电池的充电和放电保护，同时为后续逻辑电路进行电位判断，需要用比较器对蓄电池的充电截止电压、充电截止恢复电压、放电截止电压、放电截止恢复电压进行识别和判断。例如，在常温下标称电压为12V的蓄电池，充电截止电压为14.5V，充电截止恢复电压为13.1V，放电截止电压为10.8V，放电截止恢复电压为12.1V。当蓄电池达到充电截止电压时，蓄电池处于充电截止电压和充电截止恢复电压的不容许充电；当蓄电池达到放电截止电压时，蓄电池处于放电截止电压和放电截止恢复电压的不容许放电，以此来实现蓄电池的充放电保护。本项目根据12V蓄电池充放电保护要求，采用迟滞比较器电路实现充放电保护电路设计。图5.1为蓄电池充放电控制电路。

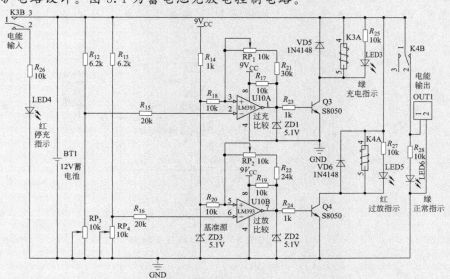

图 5.1　蓄电池充放电控制电路

知识目标

① 掌握集成运算放大器的技术参数指标；掌握 LM358 输出特性；掌握集成运算放大器虚拟短路和虚拟断路的概念。

② 掌握集成运算放大器的同相比例、加法、减法、积分、微分电路分析方法。

③ 掌握单限、双限比较器工作原理。

④ 掌握反相、同相迟滞比较器工作原理。

能力目标

① 能利用虚拟短路和虚拟断路概念分析电路。

② 能利用集成运算放大器搭建同相比例、加法、减法、积分、微分电路。

③ 能利用 LM393 构建单限、双限比较器。

④ 能利用 LM393 搭建同相、反相迟滞比较器，实现蓄电池充放电保护。

任务 5.1　集成运算放大器电路设计

【任务引领】

三极管可以实现小信号的放大，集成运算放大器也可以实现交流小信号、直流信号的放大。利用集成运算放大器及反馈电路特性可以制作基本运算电路，实现加法、减法、比例运算、积分、微分等电路。如图 5.2 所示，该电路通过调整反馈电阻 R_f，可以实现输入信号 V1 的比例放大功能。本任务根据集成运算放大器特性，分析设计基本运算电路。

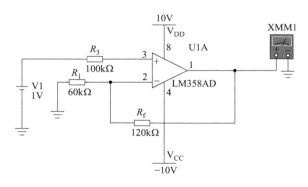

图 5.2　基本运算放大电路

【知识目标】

① 掌握集成运算放大器的组成及工作原理。

② 掌握典型集成运算放大器 LM358 的组成及工作特性。

③ 掌握集成运算放大器电路分析方法。

④ 掌握集成运算放大器的加法、减法、比例运算、积分、微分电路组成和分析方法。

【能力目标】

① 能利用"虚短"和"虚断"分析集成运算电路。

② 能利用集成运算放大器实现基本运算电路的分析与设计。

5.1.1　集成运算放大器认识

（1）集成电路

将晶体管、二极管、电阻等元件及连线全部集中制造在同一块半导体基片上，成为一个完整的固体电路，称为集成电路。

与分立器件相比集成电路具有以下特点：

① 在同一硅片上采用相同的工艺制造，特别适用于制造对称性高的电路（如差分放大器）；

② 电阻元件阻值范围受到局限，制造过高或过低阻值的电阻困难较大，一般采用恒流源代替所需高值电阻；

③ 难于制造几十皮法以上电容，更难于制造电感元件，常常利用直接耦合方式减少或避免使用大电容、电感；

集成运算放大器
基本认识

④ 二极管利用集电极和基极短接的三极管代替，主要是因为与其他三极管温度系数相近，温度补偿性较好。

集成电路的常见外形主要有双列直插式、扁平式和圆壳式三种，如图 5.3 所示。

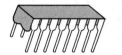

(a) 双列直插式　　　　(b) 扁平式　　　　(c) 圆壳式

图 5.3　集成电路的常见外形

集成电路按功能的不同，可以分为模拟集成电路和数字集成电路。模拟集成电路中集成运算放大器是应用最为广泛的器件，简称集成运放。

（2）集成运放

各种集成运放的基本结构相似，主要都是由差动输入级、中间放大级和输出级以及偏置电路组成，如图 5.4 所示。输入级一般由可以抑制零点漂移的差动放大电路组成；中间级的作用是获得较大的电压放大倍数，可以由共射极电路承担；输出级要求有较强的带负载能力，一般采用射极跟随器；偏置电路的作用是为各级电路供给合理的偏置电流。

集成运放的图形和文字符号如图 5.5 所示。其中，"－"称为反相输入端，即当信号在该端进入时，输出相位与输入相位相反；而"＋"称为同相输入端，输出相位与输入信号相位相同。

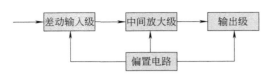

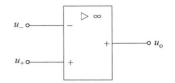

图 5.4   集成运放电路的结构组成　　　　　图 5.5   集成运放的图形和文字符号

（3）集成运放的基本技术指标

① 输入失调电压 U_{os}　实际的集成运放难以做到差动输入级完全对称，当输入电压为零时，输出电压并不为零。规定在室温（25℃）及标准电源电压下，为了使输出电压为零，需在集成运放的两输入端额外附加补偿电压，称之为输入失调电压 U_{os}。U_{os} 越小越好，一般约为 $0.5\sim5\text{mV}$。

② 开环差模电压放大倍数 A_{od}　集成运放开环时（无外加反馈时）输出电压与输入差模信号的电压之比，称为开环差模电压放大倍数 A_{od}。它是决定运放运算精度的重要因素，常用分贝（dB）表示，目前最高值可达 140dB（即开环电压放大倍数达 10^7）。

③ 共模抑制比 K_{CMRR}　K_{CMRR} 是差模电压放大倍数与共模电压放大倍数之比，即 $K_{CMRR}=\left|\dfrac{A_{od}}{A_{oc}}\right|$，其含义与差动放大器中所定义的 K_{CMRR} 相同。高质量的运放 K_{CMRR} 可达 160dB。

④ 差模输入电阻 r_{id}　r_{id} 是集成运放开环时输入电压变化量与由它引起的输入电流的变化量之比，即从输入端看进去的动态电阻，一般为 $M\Omega$ 数量级。以场效应晶体管为输入级的 r_{id} 可达 $10^4 M\Omega$。分析集成运放应用电路时，把集成运放看成理想运算放大器，可以使分析简化。实际集成运放绝大部分接近理想运放。对于理想运放，A_{od}、K_{CMRR}、r_{id} 均趋于无穷大。

⑤ 开环输出电阻 r_o　r_o 是集成运放开环时从输出端向里看进去的等效电阻。其值越小，说明运放的带负载能力越强。理想集成运放 r_o 趋于零。

其他参数包括输入失调电流 I_{os}、输入偏置电流 I_B、输入失调电压温漂 dU_{os}/dt 和输入失调电流温漂 dI_{os}/dt、最大共模输入电压 U_{Icmax}、最大差模输入电压 U_{Idmax} 等，可通过器件手册直接查到参数的定义及各种型号运放的技术指标。

5.1.2　集成运算放大器基本分析方法

（1）LM358 特性

LM358 内部包括两个独立的、高增益、内部频率补偿的双运算放大器，适合于电源电压范围很宽的单电源使用，也适用于双电源工作模式，在推荐的工作条件下，电源电流与电源电压无关。它的使用范围包括传感放大器、直流增益模组、音频放大器、工业控制、DC 增益部件和其他所有可用单电源供电的使用运算放大器的场合。

集成运算放大器
基本分析方法

LM358 的封装形式有塑封 8 引线双列直插式和贴片式。其特性如下：

① 内部设有频率补偿；

② 直流电压增益高（约 100dB）；

③ 单位增益频带宽（约 1MHz）；

④ 电源电压范围宽，单电源为 $3\sim30\text{V}$，双电源为 $\pm1.5\sim\pm15\text{V}$；

⑤ 低功耗电流，适合于电池供电；

⑥ 低输入偏流；

⑦ 低输入失调电压和失调电流；

⑧ 共模输入电压范围宽，包括接地；

⑨ 差模输入电压范围宽，等于电源电压范围；

⑩ 输出电压摆幅大（0 至 $V_{CC}-1.5V$）。

图 5.6 为 LM358 的引脚图。

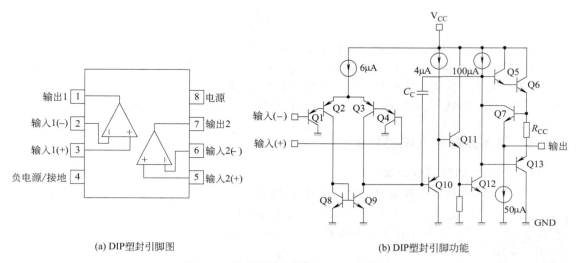

(a) DIP塑封引脚图

(b) DIP塑封引脚功能

图 5.6 集成运算放大器 LM358 引脚图

（2）集成运算放大器电路分析

对于 LM358，A_{od}、K_{CMRR}、r_{id} 均由于参数值比较大，为了方便分析，可视作趋于无穷大。

① 由于集成运放的差模开环输入电阻 $R_{id} \to \infty$，输入偏置电流 $I_B \approx 0$，不向外部索取电流，因此两输入端电流为零，即 $i_- = i_+ = 0$。也就是说，集成运放工作在线性区时，两输入端均无电流，称为"虚断"。

② 由于两输入端无电流，则两输入端电位相同，即 $u_- = u_+$。由此可见，集成运放工作在线性区时，两输入端电位相等，称为"虚短"。

由"虚断"和"虚短"这两个概念，从理论上分析实验电路。

（3）LM358 原理分析

LM358 应用电路如图 5.7 所示。该电路为反相输入式放大电路，输入信号经 R_1 加入反相输入端，R_f 称为反馈电阻。同相输入端电阻 R_2 用于保持运放的静态平衡，要求 $R_2 = R_1 /\!/ R_f$，R_2 称为平衡电阻。

由于集成运放工作在线性区，根据虚断 $i_- = i_+ = 0$，即流过 R_2 的电流为零，则 $u_- = u_+ = 0$，说明反相端虽然没有直接接地，但其电位为地电位，相当于接地，是虚假接地，故简称为"虚地"。虚地是反相输入式放大电路的重要特点。利用基尔霍夫电流定律，有

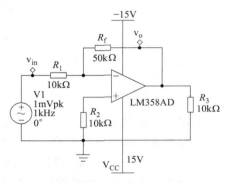

图 5.7 反相输入式放大电路（multisim）

$$i_1 = i_- + i_f \approx i_f$$

$$\frac{u_i - u_-}{R_1} \approx \frac{u_- - u_o}{R_f}$$

则输出电压为：

$$u_o = -\frac{R_f}{R_1} u_i$$

由此得到反相输入运算放大电路的电压放大倍数为

$$A_{uf} = \frac{u_o}{u_i} = -\frac{R_f}{R_1}$$

式中，A_{uf} 是反相输入式放大电路的电压放大倍数。

由上可知，反相输入式放大电路中，输入信号电压 u_i 和输出信号电压 u_o 的相位相反，大小成比例关系，比例系数为 R_f/R_1，可以直接作为比例运算放大器。当 $R_f = R_1$ 时，$A_{uf} = -1$，即输出电压和输入电压的大小相等、相位相反，此电路称为反相器。

5.1.3　基本运算放大电路分析

（1）同相比例运算放大器

图 5.8 为同相比例运算电路，输入信号 u_i 经 R_2 加到同相输入端上，反相输入端经 R_1

集成运算放大器
加法运算电路分析

接地，输出信号 u_o 经过反馈电阻 R_f 接回反相端，形成深度串联电压负反馈，故该电路工作在线性区。R_2 为平衡电阻，$R_2 = R_1 /\!/ R_f$。

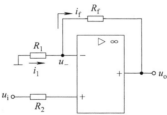

图 5.8　同相比例运算电路

根据分析，集成运放的两个重要依据，有

$$u_i = u_+ = u_-$$
$$i_+ = i_- = 0$$
$$i_1 = i_f$$
$$u_o = -i_f R_f - i_1 R_1 = -i_1(R_f + R_1)$$
$$i_1 = -\frac{u_-}{R_1} = -\frac{u_i}{R_1}$$

所以得：

$$u_o = \left(1 + \frac{R_f}{R_1}\right) u_i$$

上式表明输出电压 u_o 与输入电压 u_i 为比例运算关系，比例系数仅由 R_f 和 R_1 的比值确定，与集成运放的参数无关。式中正号说明 u_o 与 u_i 同相，该电路也称为同相放大器。

当 $R_1 = \infty$ 时，$u_o = u_i$，可得如图 5.9(a) 所示的电压跟随器。当 $R_1 = \infty$ 且 $R_f = R_2 = 0$ 时，可得如图 5.9(b) 所示的电压跟随器。由于集成运放的 A_o 和 R_i 很大，所以用集成运放组成的电压跟随器比分立元件的射极跟随器的跟随精度更高。图 5.9 中的两个电压跟随器，

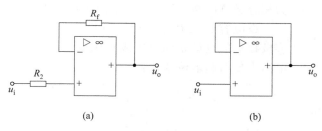

图 5.9　电压跟随器

若采用相同的集成运放，后者比前者的跟随精度高，但前者对于集成运放有一定的限流保护作用。

（2）加法运算电路

加法运算电路是实现若干个输入信号求和功能的电路。在反相比例运算电路中增加若干个输入端，就构成了反相加法运算电路。图 5.10 所示为两个输入端的反相加法电路。

图中 R_p 为平衡电阻，$R_p=R_1//R_2//R_f$。运用虚地概念，有

$$u_o=-i_f R_f$$
$$i_f=i_1+i_2$$
$$i_1=\frac{u_{i1}}{R_1}$$
$$i_2=\frac{u_{i2}}{R_2}$$

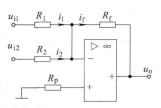

图 5.10　反相加法运算电路

整理得：

$$u_o=-\left(\frac{R_f}{R_1}u_{i1}+\frac{R_f}{R_2}u_{i2}\right)$$

也可运用电工原理中的叠加原理计算得出：

$$u_o=-\left(\frac{R_f}{R_1}u_{i1}+\frac{R_f}{R_2}u_{i2}\right)$$

当 $R_1=R_2=R_f$ 时，则有

$$u_o=-(u_{i1}+u_{i2})$$

（3）减法运算放大器

减法运算电路是实现若干个输入信号相减功能的电路。图 5.11 所示为减法运算电路。运用"虚短"和"虚断"概念，由图 5.11 可知

$$u_-=u_{i1}-i_1 R_1=u_{i1}-\frac{R_1}{R_1+R_f}(u_{i1}-u_o)$$

$$u_+=\frac{R_3}{R_2+R_3}u_{i2}$$

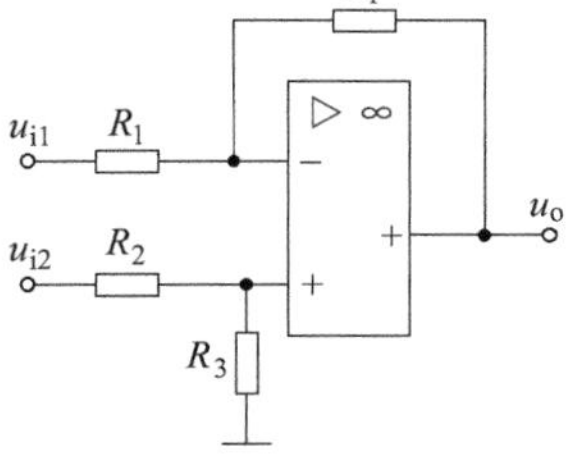

因为 $u_-=u_+$，所以

$$u_o=\left(1+\frac{R_f}{R_1}\right)\frac{R_3}{R_2+R_3}u_{i2}-\frac{R_f}{R_1}u_{i1}$$

当 $R_1=R_2=R_3=R_f$ 时：

$$u_o=u_{i2}-u_{i1}$$

（4）积分运算电路

实现输出信号与输入信号的积分按一定比例运算的电路，称

图 5.11　减法运算电路

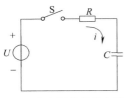

图 5.12 分立元件积分电路

为积分运算电路。图 5.12 所示为简单的分立元件积分电路。

设电容 C 无初始电荷，当开关 S 合上时，电容 C 被充电，电容极板上的电量 q 随电压成正比变化：$q=Cu_C$。电量 q 的变化在电路中要引起电流变化：

$$i=\frac{dq}{dt}=C\frac{du_C}{dt}$$

则
$$u_C=\frac{1}{C}\int i\,dt$$

此电路的缺点是不能实现输出电压随时间线性增长的实际要求。

图 5.13(a) 所示为集成运放积分电路，它是把反相比例运算电路中的反馈电阻 R_f 用电容 C 代替。电路中的有关量有以下关系：

$$u_-=u_+=0$$

$$i_f=i_R=\frac{u_i}{R}$$

则
$$u_o=-u_C=-\frac{1}{C}\int i_f\,dt=-\frac{1}{C}\int\frac{u_i}{R}\,dt=-\frac{1}{RC}\int u_i\,dt$$

即运算电路输出电压是输入电压的积分，电路构成积分器，$\tau=RC$ 称为时间常数。

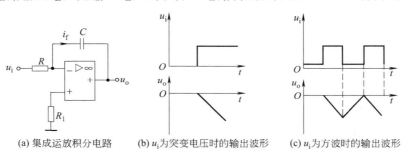

(a) 集成运放积分电路 (b) u_i为突变电压时的输出波形 (c) u_i为方波时的输出波形

图 5.13 积分运算电路及波形

当 u_i 为常量时

$$u_o=-\frac{1}{RC}u_i t$$

可见，只要集成运放工作在线性区，输出电压与时间就呈线性关系。

当 u_i 为突变电压，u_o 随时间线性增加到负饱和值（$-U_{om}$）时，积分运算即停止，如图 5.13（b）所示。

当 u_i 为正负极性的方波时，u_o 为三角波，如图 5.13（c）所示。

在自动控制系统中，积分电路常用于实现延时、定时和产生各种波形。

（5）微分运算电路

微分运算电路如图 5.14（a）所示。

由于反相输入端虚地，且 $i_+=i_-$，由图可得：

$$i_R=i_C$$

$$i_R=-\frac{u_o}{R}\ ,\ i_C=C\frac{du_C}{dt}=C\frac{du_i}{dt}$$

由此可得：

$$u_{\text{o}} = -RC\frac{\mathrm{d}u_{\text{i}}}{\mathrm{d}t}$$

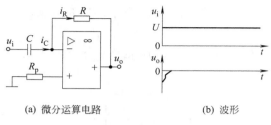

(a) 微分运算电路　　　(b) 波形

图 5.14　微分运算电路

输出电压与输入电压对时间的微分成正比。

若 u_{i} 为恒定电压 U，则在 u_{i} 作用于电路的瞬间，微分电路输出一个尖脉冲电压，波形如图 5.14（b）所示。

【课堂训练】

【课堂训练 1】 参考图 5.7 的反相输入放大电路，利用仿真软件搭建电路。输入电源 V1 设 1V，调整电路参数，使输出 U_{o} 为一固定值（R_3 电阻端电压）。数据记录于下表。

R_1	R_{f}	R_2	U_{o}	R_1	R_{f}	R_2	U_{o}
			-2V				-10V
			-4V				-100V

【课堂训练 2】 参考图 5.8 的同相比例运算电路，利用仿真软件搭建电路。输入电源 u_{i} 设 2V，调整电路参数，使输出 u_{o} 为一固定值。数据记录于下表。

R_1	R_{f}	R_2	u_{o}	R_1	R_{f}	R_2	u_{o}
			2V				10V
			4V				100V

【课堂训练 3】 参考图 5.10 反相加法电路，利用仿真软件搭建电路。电路 u_{i1} 为 1V，u_{i2} 为 2V，调整电路参数，使输出 u_{o} 为一固定值。数据记录于下表。

R_1	R_2	R_{f}	R_{P}	u_{o}	R_1	R_2	R_{f}	R_{P}	u_{o}
				-2V					-4V
				-3V					-5V

【课堂训练 4】 参考图 5.11 减法电路，利用仿真软件搭建电路。u_{i1} 为 2V，u_{i2} 为 3V，调整电路参数，使输出 u_{o} 为一固定值。数据记录于下表。

R_1	R_2	R_{f}	R_3	u_{o}	R_1	R_2	R_{f}	R_3	u_{o}
				-3V					1V
				-1V					3V

【课后练习】

习题自测

集成运算放大器电路设计
习题解答

（1）电路如图 5.15 所示，设 $R_1 = R_2 = R_3 = R_f$，输入 u_{i1} 为 3V，u_{i2} 为 2V，求输出电压 u_o。

（2）试计算图 5.16 电路中输出电压 u_o 的表达式。

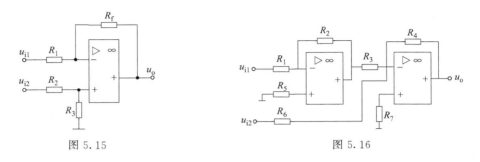

图 5.15　　　　　　　　　　　　　图 5.16

（3）电路如图 5.17 所示，求输出电压与输入电压的关系式。

（4）电路如图 5.18 所示，求电压放大倍数 A_{uf} 的表达式。

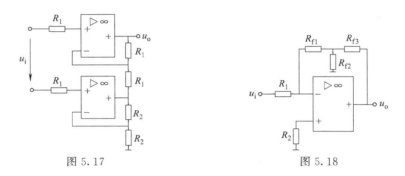

图 5.17　　　　　　　　　　　　图 5.18

任务 5.2　蓄电池电压比较电路设计

【任务引领】

对于一个标称电压为 12V 的铅酸蓄电池，在常温下，当蓄电池充电电压达到 14.5V 时，认为充满；当蓄电池放电，电压降低到 10.8V 时，放电截止。将蓄电池电压小于 12V 时的状态认为是缺电状态，大于 12V 认为是不缺电状态。当蓄电池处于缺电状态时应及时充电，否则将会影响蓄电池的使用寿命。本任务利用单限比较器实现蓄电池缺电状态的识别与判断，电路如图 5.19 所示，当蓄电池电压小于 12V 时，报警指示点亮。

【知识目标】

① 掌握比较器电路的组成及特点。
② 掌握单限电压比较器和双限电压比较器的分析方法。

【能力目标】

① 能分析设计单限、双限比较电路。

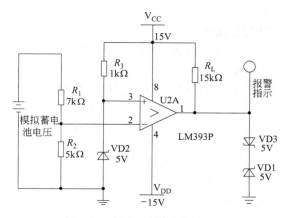

图5.19 蓄电池缺电报警电路

② 能利用比较器进行蓄电池缺电状态识别与报警。

5.2.1 单限电压比较器

电压比较器简称比较器，是一种把输入电压（被测信号）与另一电压信号（参考电压）进行比较的电路。比较器输入的是连续的模拟信号，输出的是以高、低电平为特征的数字信号，即"1"或"0"。因此，比较器可以作为模拟电路与数字电路的接口。

(1) 单限电压比较器电路构成

开环工作的运算放大器是最基本的单限电压比较器。根据输入方式的不同，分为反相输入和同相输入两种。反相输入单限电压比较器电路如图5.20(a)所示，输入信号 u_i 从反相端加入，同相端加参考电压 U_R，输出电压为 u_o。

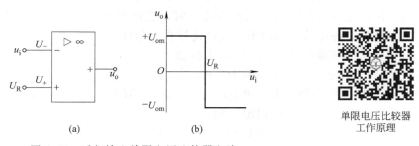

(a)   (b)

单限电压比较器
工作原理

图5.20 反相输入单限电压比较器电路

(2) 工作原理

在电路中，输入信号 u_i 与参考电压 U_R 进行比较，根据集成运放非线性区工作的特点，运放的开环放大倍数很大，只要有一微小的输入电压（$u_i - U_R$），输出电压 u_o 便可达到正向饱和值 $+U_{om}$ 或负向饱和值 $-U_{om}$，即

当 $u_i > U_R$ 时，$u_o = -U_{om}$；
当 $u_i < U_R$ 时，$u_o = +U_{om}$；
当 $u_i = U_R$ 时，u_o 发生跳变。

输出电压与输入电压的关系，称为传输特性，该电路的理想传输特性如图5.20（b）所示。把比较器输出电压发生跳变时所对应的输入电压值，称为阈值电压或门槛电压，用 U_{TH} 表示。U_{TH} 值可以为正，也可以为负。此电路的 $U_{TH} = U_R$。因为这种电路只有一个阈值电压，故称为单门限电压比较器。

（3）电压比较器 LM393/LM339

LM393 是低功耗低失调电压两比较器，LM339 是低功耗低失调电压四比较器。两种比较器原理图一样，功能参数一样。

LM339 集成块采用 C-14 型封装，图 5.21 为其外形及引脚排列图。

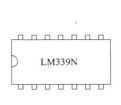
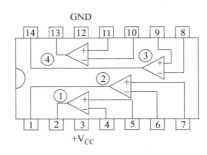

图 5.21　比较器 LM339 外形及引脚排列图

LM339 类似于增益不可调的运算放大器。每个比较器有两个输入端和一个输出端。两个输入端一个称为同相输入端，用"＋"表示，另一个称为反相输入端，用"－"表示。用来比较两个电压时，任意一个输入端加一个固定电压作为参考电压（也称为门限电平，它可选择 LM339 输入共模范围的任何一点），另一端加一个待比较的信号电压。当"＋"端电压高于"－"端时，输出管截止，相当于输出端开路。当"－"端电压高于"＋"端时，输出管饱和，相当于输出端接低电位。两个输入端电压差别大于 10mV，就能确保输出能从一种状态可靠地转换到另一种状态，因此，把 LM339 用在弱信号检测等场合是比较理想的。LM339 的输出端相当于一只不接集电极电阻的晶体三极管，在使用时输出端到正电源一般需接一只电阻（称为上拉电阻，选 3～15kΩ）。选不同阻值的上拉电阻，会影响输出端高电位的值，因为当输出晶体三极管截止时，它的集电极电压基本上取决于上拉电阻与负载的值。另外，各比较器的输出端允许连接在一起使用。

电压比较器 LM393/LM339 特性如下：

① 失调电压小，典型值为 2mV；

② 电源电压范围宽，单电源为 2～36V，双电源电压为 ±1～±18V；

③ 对比较信号源的内阻限制较宽；

④ 共模范围很大，为 0～$(V_{CC}-1.5V)$；

⑤ 差动输入电压范围较大，大到可以等于电源电压；

⑥ 输出端电位可灵活方便地选用。

（4）单限电压比较器典型电路

常用的单限电压比较器的阈值电压 U_T 并不为零，图 5.22 给出了一个 LM393 基本单限比较器电路。输入信号 U_{in}，即待比较电压，加到同相输入端，在反相输入端接一个参考电压（门限电平）U_r。当输入电压 $U_{in} > U_r$ 时，输出为高电平 U_{oH}。

图 5.23 为另一种单限电压比较器电路。

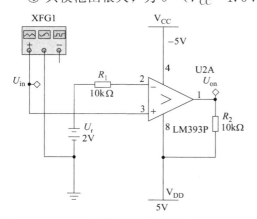

图 5.22　LM393 单限电压比较电路（multisim）

U_{REF} 为外加参考电压，由于输入电压与参考电压接成求和形式，因此称这种电路为求和单限电压比较电路。利用叠加原理可得

$$u_- = \frac{R_1}{R_1+R_2}u_i + \frac{R_2}{R_1+R_2}U_{REF}$$

再根据集成运放的非线性特征和阈值的定义，当 $u_- = u_+ = 0$ 时，输出电压 u_o 跃变，所以阈值电压 U_T 为

$$U_T = -\frac{R_2 U_{REF}}{R_1}$$

当 $u_i < U_T$ 时，有 $u_- < u_+$，输出电压 $u_o = U_{oH} = +U_z$；当 $u_i > U_T$ 时，$u_- > u_+$，输出电压 $u_o = U_{oL} = -U_z$。只要改变参考电压 U_{REF} 的大小和极性，以及电阻 R_1 和 R_2 的阻值，就可以改变阈值电压 U_T 的大小和极性。若想改变 u_i 和 U_T 时输出电压 u_o 的跃变方向，则只需将集成运放的同相输入端和反相输入端所接外电路互换即可。

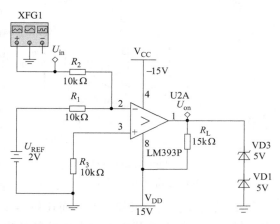

图 5.23 求和单限电压比较电路（multisim）

【例 5-1】 求和单限电压比较电路如图 5.23 所示，已知 $R_1 = 10k\Omega$，$R_2 = 20k\Omega$，稳压管 VD1 和 VD3 的反向击穿电压 $U_z = 5V$，$U_{REF} = 2V$，求阈值电压 U_T。

解 参考电压 U_{REF} 和输入电压 u_i 均由集成运放反相端输入的单限电压比较电路提供。当输入电压 u_i 使得集成运放反相输入端电压 u_i 略大于或小于 0V 时，输出电平就发生跃变。

$$U_T = -\frac{R_2}{R_1}U_{REF}$$

代入数据得：

$$U_T = -\frac{20}{10}\times 2 = -4(V)$$

所以，当 $u_i < U_T = -4V$ 时，有 $u_- < u_+$，集成运放输出电平高，$U_o = U_{oH} = +U_z = 5V$（如果考虑硅二极管导通电压 0.7V，输出为 5.7V）；当 $u_i > U_T = -4V$ 时，有 $u_- > u_+$，集成运放输出电平高，$U_o = U_{oL} = -U_z = -5V$（如果考虑硅二极管导通电压 0.7V，输出为 -5.7V）。

5.2.2 双限电压比较器

（1）双限电压比较器电路

双限比较器又称窗口比较器。仿真测试电路如图 5.24 所示。

由于 LM393 比较器输出为集电极开路门（具有线与功能），当输入信号电压 U_{in} 位于门限电压之间时（$U_{R1} < U_{in} < U_{R2}$），U1A 比较器输出高电平，U3A 比较器输出高电平，所以相与结果为高电平（$U_o = U_{oH}$）；但是当 U_{in} 不在门限电位范围之间时，例如输入 1V 电平时，U1A 比较结果为低电平，U3A 输出为高电平，但两个结果相与为低电平，所以当 $U_{in} > U_{R2}$ 或 $U_{in} < U_{R1}$ 时，输出为低电平（$U_o = U_{oL}$），窗口电压 $\Delta U = U_{R2} - U_{R1}$。它可用来判断输入信号电位是否位于指定门限电位之间。

双限电压比较器
电路分析

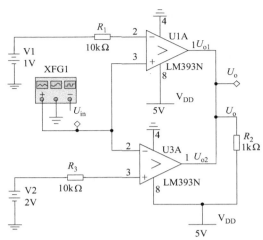

图 5.24　LM393 双限比较器仿真
测试电路（multisim）

（2）LM358 与 LM393 比较电路

从图 5.23 和图 5.24 比较电路可以看出，其作用和 LM358 比较电路功能类似。但是，LM393 是双电压比较器，LM358 是双运算放大器，不能直接代换。在某些要求不是很精密的电路里，运放是可以当作电压比较器来使用的，但是运放不能用比较器来代替，因为没有放大功能，LM358 换 LM393 时应去掉原来 LM393 输出端的上拉电阻。比较器和运放虽然在电路图上符号相同，但这两种器件确有非常大的区别，一般不可以互换，区别如下：

① 比较器的翻转速度快，大约在 ns 数量级，而运放翻转速度一般为 μs 数量级（特殊的高速运放除外）。

② 运放可以接入负反馈电路，而比较器则不能使用负反馈，虽然比较器也有同相和反相两个输入端，但因为其内部没有相位补偿电路，所以如果接入负反馈，电路不能稳定工作。内部无相位补偿电路，这也是比较器比运放速度快很多的主要原因。

③ 运放输出级一般采用推挽电路，双极性输出。而多数比较器输出级为集电极开路结构，所以需要上拉电阻。单极性输出，容易和数字电路连接。

【课堂训练】

【课堂训练 1】 参考图 5.19 蓄电池缺电报警电路，利用仿真软件搭建电路，使标称电压为 9V 的蓄电池，当蓄电池电压小于 9V 时，报警指示点亮。数据记录于下表。

R_1	R_2	模拟电压	报警信号
		大于 9V	
		小于 9V	

【课堂训练 2】 参考图 5.22 LM393 单限电压比较电路，利用仿真软件搭建电路。调整电路参数，要求当模拟信号在 −10V 到 10V 振荡过程中（例如三角波信号），输入信号小于 −6V 时，比较器输出高电平，否则输出低电平。数据记录于下表。

V1 电压							
输入信号值	−10V	−8V	−7V	−6V	−5V	−1V	2V	3V
输出电平							

【课堂训练 3】 参考图 5.23 求和单限电压比较电路，利用仿真软件搭建电路。调整电路基准电位 U_{REF} 和电阻参数，要求当模拟信号在 −10V 到 10V 振荡过程中（例如三角波信号），输入信号小于 −5V 时，比较器输出高电平，否则输出低电平。数据记录于下表。

u_i	R_1	R_2	R_3	U_T	u_i	R_1	R_2	R_3	U_T

【课堂训练4】 参考图5.24 LM393双限比较器仿真测试电路，利用仿真软件搭建电路。调整电路参数，要求当模拟信号在0～5V振荡过程中（例如三角波信号），输入信号在1V到3V之间输出高电平，否则输出低电平。

【课后练习】

习题自测

蓄电池电压比较电路设计
习题解答

（1）图5.25是一个压力（温度、噪声等）比较器监控报警系统，分析电路，说明电路工作过程和原理。

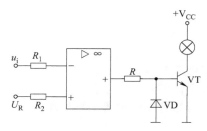

图5.25

（2）已知三个电压比较器的电压传输特性如图5.26（a）、（b）、（c）所示，它们的输入电压波形如图5.26（d）所示，试画出u_{o1}、u_{o2}和u_{o3}的波形。

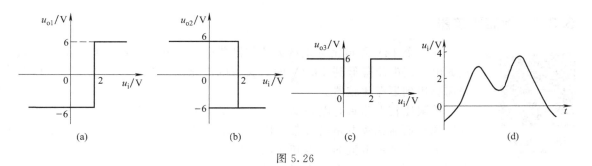

(a)   (b)   (c)   (d)

图5.26

任务5.3 蓄电池迟滞比较器充放电电路设计

【任务引领】

在市电互补控制器中，为了实现蓄电池的充电保护，需要用比较器对蓄电池的充电截止电压、充电截止恢复电压进行识别和判断。例如，在常温下标称电压为12V的蓄电池，放电截止电压为10.8V，放电截止恢复电压为12.1V。如图5.27所示，当蓄电池达到放电

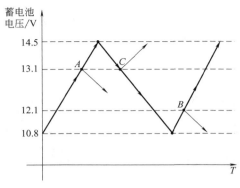

图 5.27　蓄电池放电保护电路

截止电压时，停止放电；当蓄电池电压升高到放电截止恢复电压后，可以继续放电。本任务要求利用迟滞比较器对具有迟滞特性的电压控制电路进行设计，达到蓄电池充电保护要求。

【知识目标】

　　① 掌握蓄电池充放电保护电路的工作原理。
　　② 掌握迟滞比较器基本概念。
　　③ 掌握反相迟滞比较器、同相迟滞比较器工作原理及电路参数分析方法。

【能力目标】

　　① 根据电路参数要求，分析、设计迟滞比较器电路参数。
　　② 能利用反相迟滞比较器设计蓄电池充电、放电保护电路参数。

5.3.1　迟滞比较器

反相迟滞比较器
工作原理

　　在一个 12V 蓄电池充电的光伏控制器中，当电压上升到 14.5V 时要截止充电，当电压降低到 13.1V 时，又可以再充电。在这样的电压比较电路中需要用到迟滞比较器。

　　单限比较电路具有电路简单、灵敏度高等优点，但存在抗干扰能力差的问题。迟滞比较电路具有滞回特性，有一定的抗干扰能力。如图 5.27 所示，为了实现蓄电池的充电和放电控制，需要在一个回路中实现两种电压的识别和判断，因此迟滞比较器将在上述功能电路中得到应用。

（1）反相迟滞比较器

　　如图 5.28 所示，输入信号从比较器的反相端输入，故称为"反相迟滞比较器"。当 u_i 足够小时，比较电路输出高电平，即 $u_o = u_{oH} = +U_z$，此时运放的同相端电压用 U_{TH} 表示，利用叠加定理可得

$$U_{TH} = \frac{R_1}{R_1 + R_2} U_{REF} + \frac{R_2}{R_1 + R_2} U_{oH}$$

　　随着 u_i 不断增大，当 $u_i > U_{TH}$ 时，比较电路的输出由高电平跃变为低电平，即 $u_o = u_{oL} = -U_z$，此时运放的同相端电压用 U_{TL} 表示，其值变为：

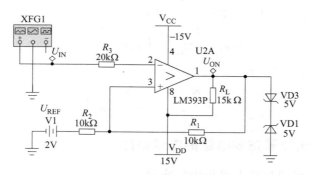

图 5.28　反相迟滞比较器电路

$$U_{TL} = \frac{R_1}{R_1 + R_2} U_{REF} + \frac{R_2}{R_1 + R_2} U_{oL}$$

比较器有两个门限电压 U_{TH} 和 U_{TL}，分别称为下门限电压和上门限电压，两者的差值为"门限电压"或"门限宽度"：

$$\Delta U = U_{TH} - U_{TL} = \frac{R_2}{R_1 + R_2}(U_{oH} - U_{oL})$$

调节 R_1、R_2 便可改变回差电压 ΔU 的大小。

【例 5-2】　在图 5.28 中，已知稳压管的稳定电压为 $\pm U_z = \pm 9V$，$R_1 = 40k\Omega$，$R_2 = 20k\Omega$，基准电压 $U_{REF} = 3V$，求该电路的 U_{TH} 和 U_{TL}。

解　由已知可得，$U_o = U_z = \pm 9V$。

$$U_{TH} = \frac{R_1}{R_1 + R_2} U_{REF} + \frac{R_2}{R_1 + R_2} U_{oH} = \frac{40}{40+20} \times 3 + \frac{20}{40+20} \times 9 = 5(V)$$

$$U_{TL} = \frac{R_1}{R_1 + R_2} U_{REF} + \frac{R_2}{R_1 + R_2} U_{oL} = \frac{40}{40+20} \times 3 - \frac{20}{40+20} \times 9 = -1(V)$$

所以，输入电压 u_i 在增大过程中，当输入 $u_i < +5V$ 时，输出电压为 $+9V$；当输入 $u_i > +5V$ 时，输出电压为 $-9V$；输入电压 u_i 在减小过程中，当输入 $u_i > -1V$ 时，输出电压为 $-9V$；当输入 $u_i < -1V$ 时，输出电压为 $+9V$。

（2）同相迟滞比较器

同相迟滞比较器如图 5.29 所示，其中输入电压 U_{IN} 接到集成运放的同相端，将其反相输入端接地，或接参考电压 U_{REF}。

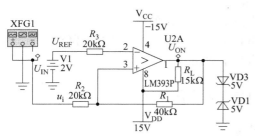

(a) 系统电路

(b) 函数信号发生器信号

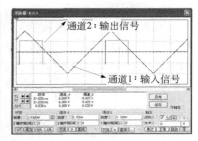

(c) 比较器输出信号

图 5.29　同相迟滞比较器

同理可求得，当 $U_o = -U_z$，即 $U_o = U_{oL}$ 时：

$$U_{TH} = \frac{R_1 + R_2}{R_1} U_{REF} + \frac{R_2}{R_1} U_z$$

当 $U_o = U_z$，即 $U_o = U_{oH}$ 时：

$$U_{TL} = \frac{R_1 + R_2}{R_1} U_{REF} - \frac{R_2}{R_1} U_z$$

5.3.2 反相迟滞比较器充放电保护电路设计

（1）反相迟滞比较器在充电保护中的应用

迟滞比较器在
蓄电池充电控制
电路中的应用

根据图 5.28 反相迟滞比较器电路，由于存在双向稳压管，所以输出高电平为 +5V，低电平为 -5V。在蓄电池充电保护电路设计中，为了和后续组合逻辑电路匹配，必须使其输出高电平为 5V，低电平为 0V，所以输出端用单向稳压管实现输出电压设置，如图 5.30 所示。

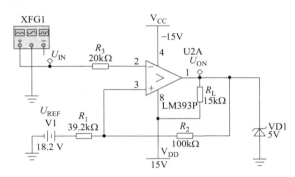

图 5.30　蓄电池充电保护电路

蓄电池的截止充电电压和截止恢复电压与迟滞比较器的上门限电压和下门限电压有如下关系：

$$U_{\text{截止电压}} = U_{TH} = \frac{R_1}{R_1 + R_2} U_{REF} + \frac{R_2}{R_1 + R_2} U_{oH}$$

$$U_{\text{截止恢复电压}} = U_{TL} = \frac{R_1}{R_1 + R_2} U_{REF} + \frac{R_2}{R_1 + R_2} U_{oL}$$

把正 $U_z = 5V$ 和负 $U_z = 0V$，$U_{TH} = 14.5V$ 和 $U_{TL} = 13.1V$ 代入表达式中，就可以得到：R_1 比 R_2 等于 0.392；$U_{REF} = 18.2V$，如图 5.30 所示。

在此电路中参考电位达到了 18.2V，这样势必会给电路所提供的稳压电源或基准电位增加难度。所以利用 5V 稳压二极管为电路提供基准电位为 5V。通过电阻采样，降低实际反相端输入信号电压，使其达到蓄电池充电要求，则有如下表达式：

$$U_{\text{截止电压}}\ X = U_{TH} = \frac{R_1}{R_1 + R_2} U_{REF} + \frac{R_2}{R_1 + R_2} U_{oH}$$

$$U_{\text{截止恢复电压}}\ X = U_{TL} = \frac{R_1}{R_1 + R_2} U_{REF} + \frac{R_2}{R_1 + R_2} U_{oL}$$

上式中，X 为采样电阻率，即反相迟滞比较器上门限电压与实际蓄电池截止电压的比值。

通过上式分析，可得 $X = 0.34$；$R_2 : R_1 = 9.4$，所以可得到反相迟滞比较器在充电保

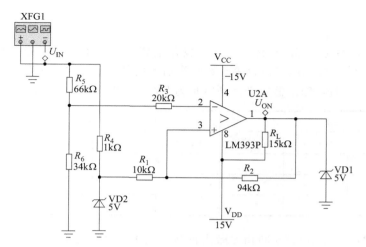

图5.31 蓄电池充电保护电路测试电路

护中的电路参数如图5.31所示。

（2）反相迟滞比较器在放电保护中的应用

蓄电池放电保护电路设计与充电保护电路类似。输出端采用稳压二极管稳定输出高、低电平；采用稳压二极管稳定基准电位；通过采样电阻，降低实际反相端输入信号电压，使其达到蓄电池充电要求。电路如图5.32所示，有如下表达式：

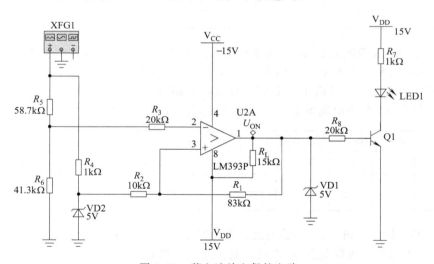

图5.32 蓄电池放电保护电路

$$U_{\text{放电截止电压}} \quad X = U_{\text{TH}} = \frac{R_1}{R_1+R_2}U_{\text{REF}} + \frac{R_2}{R_1+R_2}U_{\text{oH}}$$

$$U_{\text{放电截止恢复电压}} \quad X = U_{\text{TL}} = \frac{R_1}{R_1+R_2}U_{\text{REF}} + \frac{R_2}{R_1+R_2}U_{\text{oL}}$$

上式中，放电截止电压取10.8V，放电截止恢复电压12.1V，X 为采样电阻率。U_{oH} 为5V，U_{oL} 为0V，代入上式可得：

$X=0.413$，所以 R_5 电阻可选58.7kΩ，R_6 电阻可选41.3kΩ。

$R_1 : R_2 = 8.3$，所以 R_1 电阻可选83kΩ，R_2 电阻可选10kΩ。

【课堂训练】

【课堂训练1】 参考图 5.28 反相迟滞比较器电路，利用仿真软件搭建电路，调整电路 U_{REF}、R_1、R_2、输出端稳压二极管等参数。当输入信号大于上限电压 5V 时，输出高电平；当输入信号小于 1V 时，输出低电平。高电平为 5V，低电平为 0V。数据记录于下表。

电路参数				输入信号上升/V			输入信号下降/V	
U_{REF}	R_1	R_2	输出稳压	$U_i<1$	$1<U_i<5$	$U_i>5$	$1<U_i<5$	$U_i<1$

【课堂训练2】 参考图 5.29 同相迟滞比较器，利用仿真软件搭建电路，调整电路 U_{REF}、R_1、R_2、输出端稳压二极管等参数。当输入信号大于上限电压 3V 时，输出低电平；当输入信号小于 1V 时，输出高电平。高电平为 5V，低电平为 −5V。数据记录于下表。

电路参数				输入信号上升/V			输入信号下降/V	
U_{REF}	R_1	R_2	输出稳压	$U_i<1$	$1<U_i<3$	$U_i>3$	$1<U_i<3$	$U_i<3$

【课堂训练3】 参考图 5.30 的蓄电池充电保护电路，调整电路参数，利用仿真软件搭建蓄电池充电保护电路。当蓄电池电压充电到大于 15.1V 时，截止充电；当蓄电池电压下降到 13.6V 时，恢复充电。当截止充电信号有效，电路输出高电平，并指示灯点亮；当截止充电信号无效时，电路输出低电平，并指示灯熄灭。数据记录于下表。

采样电路		迟滞比较器 U_{REF} 基准电位			输入信号上升/V			输入信号下降/V	
R_5	R_6	R_2	R_1	U_{REF}	$U_i<13.6$	$13.6<U_i<15.1$	$U_i>15.1$	$13.6<U_i<15.1$	$U_i<13.6$

【课堂训练4】 参考图 5.32 的蓄电池放电保护电路，利用仿真软件搭建蓄电池放电保护电路。当蓄电池电压放电降低到 11V 时，截止放电；当蓄电池电压上升到 12.5V 时，恢复放电。当截止放电信号有效，电路输出高电平，并指示灯点亮；当截止放电信号无效时，电路输出低电平，并指示灯熄灭。数据记录于下表。

采样电路		迟滞比较器 U_{REF} 基准电位			输入信号下降/V			输入信号上升/V	
R_5	R_6	R_2	R_1	U_{REF}	$U_i>12.5$	$11<U_i<12.5$	$U_i<11$	$11<U_i$	$11<U_i<12.5$

【课堂训练5】 参考图 5.1 蓄电池充放电控制电路，搭建实际硬件电路，并测试电路功能。实际电路如图 5.33 所示。

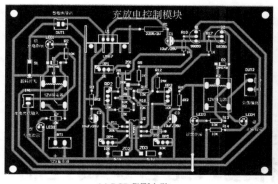
(a) PCB印刷电路

(b) 电子元件

图 5.33 蓄电池充放电保护实际电路

【课后练习】

习题自测

蓄电池迟滞比较器充放电电路设计
习题解答

（1）电路如图 5.34 所示，A 为理想运算放大器，试画出该电路的电压传输特性。

（2）电路如图 5.35 所示，A 为理想运算放大器，试画出该电路的电压传输特性。

图 5.34

图 5.35

（3）在如图 5.36 所示电路中，已知 A 为理想运算放大器，其输出电压的最大值为 $\pm$ 12.7V；二极管 VD 的正向导通电压 $U_D = 0.7V$。试画出该电路的电压传输特性。

（4）在如图 5.37 所示电路中，已知 A 为理想运算放大器，稳压管和二极管的正向导通电压均为 0.7V。试画出该电路的电压传输特性。

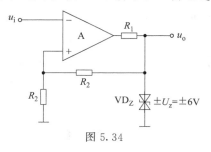

图 5.36

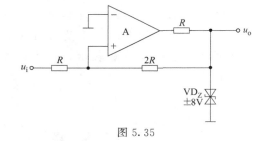

图 5.37

项目 6

互补接入组合逻辑控制
电路设计与制作

项目描述

在市电互补控制器中，为了实现市电互补控制电路设计，采用逻辑门电路控制市电互补控制器的工作模式，由模式触发电路（项目7所述内容）产生 A、B 驱动信号，组成模式"00""01""10""11"，分别实现停机、市电、市电和光伏、光伏供电 4 种模式，即分别产生光伏信号和市电信号控制前述光伏发电和市电导入开关的工作。本项目根据实际电路需求，采用组合逻辑电路，实现市电互补控制电路控制光伏发电和市电电能导入。图 6.1 是由门电路组成的市电互补控制电路，其中 A、B 驱动信号由开关量表示，产生的光伏导入信号和市电导入信号由指示灯表示。

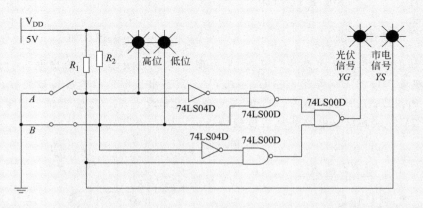

图 6.1　市电互补控制电路

知识目标

① 掌握门电路的基本工作原理。

② 掌握逻辑函数、真值表等逻辑函数表示方法。

③ 掌握卡诺图逻辑函数化简法。

④ 掌握译码器的工作原理及译码器组合逻辑电路分析与设计方法。

⑤ 掌握数据选择器的工作原理及数据选择器组合逻辑电路分析与设计方法。

能力目标

① 能用逻辑函数、真值表表示逻辑事件。

② 能利用卡诺图进行逻辑函数化简。

③ 能对逻辑门逻辑电路进行分析与设计。

④ 能对译码器逻辑电路进行分析与设计。

⑤ 能对数据选择器逻辑电路进行分析与设计。

任务 6.1 互补接入组合逻辑门电路设计

【任务引领】

利用逻辑门电路实现市电互补控制电路设计，如图 6.1 所示。

当 AB 信号为 00 时，系统停机，即光伏 YG、市电 YS 导入控制信号为 00，也就是关闭光伏电能导入，关闭市电电能导入；当 AB 信号为 01 时，光伏、市电导入信号为 10，即关闭市电电能导入，打开光伏电能导入；当 AB 信号为 10 时，光伏和市电导入信号为 11，即打开市电电能导入，打开光伏电能导入；当 AB 信号为 11 时，光伏和市电导入信号为 01，即打开市电电能导入，关闭光伏电能导入。

【知识目标】

① 掌握数制与码制。

② 掌握逻辑门电路的工作原理。

③ 掌握逻辑门电路分析和设计工作原理。

【能力目标】

① 根据实际需求，利用逻辑门电路设计电路图。

② 能利用 multisim 仿真技术搭建、调试仿真电路。

6.1.1 数制转换

(1) 模拟信号与数字信号

① 模拟信号 模拟信号是指在时间和数值上都是连续变化的信号，如温度、速度、压

模拟电路与
数字电路

力等。传输和处理模拟信号的电路称为模拟电路。模拟信号的优点是直观且容易实现，但存在保密性差、抗干扰能力弱、传播距离较短、传递容量小等缺点。常见模拟信号波形如图 6.2（a）所示。

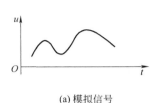

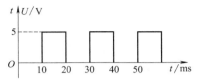

(a) 模拟信号　　　　　　　　(b) 数字信号

图 6.2　模拟信号与数字信号

② 数字信号　数字信号是指在时间和数值上都是不连续的（离散的）信号，如电子表的秒信号等。下面以周期性的矩形波信号为例来介绍数字信号的特性。

a. 数字信号的特点　数字信号在时间上和数值上均是离散的。

数字信号在电路中常表现为突变的电压或电流，由图 6.2（b）可知，数字信号只存在高低量之分。

b. 正逻辑与负逻辑　数字信号是一种二值信号，用两个电平（高电平和低电平）分别表示两个逻辑值（逻辑 1 和逻辑 0）。

描述数字信号有两种逻辑体制。

正逻辑体制规定：高电平为逻辑 1，低电平为逻辑 0。

负逻辑体制规定：低电平为逻辑 1，高电平为逻辑 0。

c. 数字信号的主要参数　图 6.3 为数字信号的波形。

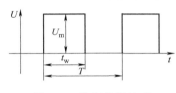

图 6.3　数字信号波形

如图 6.3 所示，一个理想的周期性数字信号可用以下几个参数来描述：

U_m——信号幅度；

T——信号的重复周期；

t_w——脉冲宽度。

q 为占空比，其定义为

$$q(\%) = \frac{t_w}{T} \times 100\%$$

其中，占空比 q 若为 50%，则该矩形波即为方波。

③ 模拟信号与数字信号之间的相互转换　在合适的条件下，实现模拟信号和数字信号的相互转换将要用到 A/D、D/A 转换器，其中 A 代表模拟量，D 代表数字量，其转换原理及应用电路将在后续项目中做详细介绍。

对模拟信号进行传输、处理的电子线路，称为模拟电路。对数字信号进行传输、处理的电子线路，称为数字电路。

（2）集成数字电路

在我国，集成电路发展了 40 多年，目前已经发展到了一定的水平。我国现在主要精力集中在集成电路的设计方面。

世界上集成电路大生产的主流技术正从 2.032mm×102mm、0.25μm 向 3.048mm×102mm、0.18μm 过渡。据预测，集成电路的技术进步还将继续遵循摩尔定律，即每 18 个月集成度提高一倍，而成本降低一半。

① 数字集成电路的发展　20 世纪 70 年代，分立元件集成时代（集成度为数千晶体管）；20 世纪 80 年代，功能电路及模块集成时代（集成度达到数十万晶体管）；20 世纪 90 年代，

进入以片上系统 SOC（System-On-Chip）为代表的包括软件、硬件许多功能全部集成在一个芯片内的系统芯片时代（单片集成度达数百万晶体管以上）。

② 集成数字电路的特点

a. 工作信号是二进制的数字信号，在时间和数值上是离散的（不连续），反映在电路上就是低电平和高电平两种状态（即 0 和 1 两个逻辑值）。

b. 在数字电路中，研究的主要问题是电路的逻辑功能，即输入信号的状态和输出信号的状态之间的关系。

c. 对组成数字电路的元器件的精度要求不高，只要在工作时能够可靠地区分 0 和 1 两种状态即可。

③ 集成数字电路的分类

a. 按集成度分类，数字电路可分为小规模（SSI，每片数十器件）、中规模（MSI，每片数百器件）、大规模（LSI，每片数千器件）和超大规模（VLSI，每片器件数目大于 1 万）。

b. 从应用的角度，又可分为通用型和专用型两大类型。

c. 按所用器件制作工艺的不同，数字电路可分为双极型（TTL 型）和单极型（MOS型）两类。

d. 按照电路的结构和工作原理的不同，数字电路可分为组合逻辑电路和时序逻辑电路两类。组合逻辑电路没有记忆功能，其输出信号只与当时的输入信号有关，而与电路以前的状态无关。时序逻辑电路具有记忆功能，其输出信号不仅和当时的输入信号有关，而且与电路以前的状态有关。

（3）数制

日常生活中最常使用的是十进制数（如 563），但在数字系统中，特别是计算机中，多采用二进制、十六进制，有时也采用八进制的计数方式。无论何种记数体制，任何一个数都是由整数和小数两部分组成的。

数制及转换

① 十进制数（Decimal） 当所表示的数据是十进制时，可以无需加标注，即十进制数 576 可以表示为：$(576)_{10} = 576$。

其特点如下。

a. 由 10 个不同的数码 0、1、2、…、9 和一个小数点组成。

b. 采用"逢十进一"的运算规则。

例如 $312.25 = 3 \times 10^2 + 1 \times 10^1 + 2 \times 10^0 + 2 \times 10^{-1} + 5 \times 10^{-2}$

10^2、10^1、10^0、10^{-1}、10^{-2} 称为权或位权，10 为其计数基数。

在实际的数字电路中采用十进制十分不便，因为十进制有 10 个数码，要想严格地区分开必须有 10 个不同的电路状态与之相对应，这在技术上实现起来比较困难。因此在实际的数字电路中一般是不直接采用十进制的。

② 二进制数（Binary） 二进制的表示方法为：$(101.01)_2$。

其特点如下。

a. 由两个不同的数码 0、1 和一个小数点组成。

b. 采用"逢二进一、借一当二"的运算规则。

③ 八进制（Octal） 八进制的表示方法为：$(106.4)_8$。

其特点如下。

a. 由 8 个不同的数码 0、1、2、3、4、5、6、7 和一个小数点组成。

b. 采用"逢八进一、借一当八"的运算规则。

④ 十六进制（Hexadecimal） 十六进制的表示方法为：$(2A5)_6$。

其特点如下。

a.由 16 个不同的数码 0、1、2、…、9、A、B、C、D、E、F 和一个小数点组成，其中 A～F 分别代表十进制数 10～15。

b.采用"逢十六进一、借一当十六"的运算规则。

（4）数制转换

十进制数符合人们的计数习惯且表示数字的位数也较少；二进制适合计算机和数字系统表示和处理信号；八进制、十六进制表示较简单且容易与二进制转换。在实际工作中，经常会遇到各种计数体制之间的转换问题。

① 各进制转换为十进制

法则   各位乘权求和。

a.二进制转换为十进制   只要写出二进制的按权展开式，然后将各项数值按十进制相加，就可得到等值的十进制数。

【**例 6-1**】 二进制（1011.11)$_2$，转换为十进制数。

解   按权展开式为：
$$1\times 2^3+0\times 2^2+1\times 2^1+1\times 2^0+1\times 2^{-1}+1\times 2^{-2}$$
$$=8+0+2+1+0.5+0.25=11.75$$

b.八进制转换为十进制   只要写出八进制的按权展开式，然后将各项数值按十进制相加，就可得到等值的十进制数。

c.十六进制转换为十进制   只要写出十六进制的按权展开式，然后将各项数值按十进制相加，就可得到等值的十进制数。

② 十进制转换为各进制

法则   整数部分：除基逆序取余。小数部分：乘基顺序取整。

以十进制转换为二进制为例，其他各进制转换方式相同。

十进制转换为二进制分为整数部分转换和小数部分转换，转换后再合并。

【**例 6-2**】 十进制数（26.375)$_{10}$ 转换成二进制数。

解   （1）整数部分转换——除取余法。

基本思想：将整数部分不断地除 2 取余数，直到商为 0。

（2）小数部分转换——乘 2 取整法。

基本思想：将小数部分不断地乘 2 取整数，直到达到一定的精确度。

实现过程如图 6.4 所示。

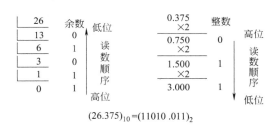

$$(26.375)_{10}=(11010.011)_2$$

图 6.4   十进制转换为二进制

③ 二进制与八进制、十六进制之间的转换

a.二进制与八进制互换   二进制转换成八进制数的方法是从小数点开始，分别向左、向右将二进制数按每 3 位一组分组（不足 3 位的补 0），然后写出每一组二进制数对应的八进制数。

【**例 6-3**】 将（10111.01)$_2$ 转换为八进制数。

解 $(10111.01)_2==(010\ 111.010)_2(27.2)_8$

八进制转换成二进制数的方法是每位八进制数用 3 位二进制数代替，再按原顺序排列。

【**例 6-4**】 将（53.21)$_8$ 转换为二进制数。

解 $(53.21)_8=(101\ 011.010\ 001)_2$

b.二进制与十六进制互换   二进制转换成十六进制数的方法是：从小数点开始，分别向左、向右将二进制数按每 4 位一组分组（不足 4 位的补 0），然后写出每一组二进制数对应的十六进制数。

【**例 6-5**】 将 $(101111.11)_2$ 转换为十六进制数。

    解 $(101111.11)_2 = (0010\ 1111.1100)_2 (2F.C)_{16}$

二进制转换成十六进制数的方法是：每位十六进制数用四位二进制数代替，再按原顺序排列。

【**例 6-6**】 将 $(3E.7D)_{16}$ 转换为二进制数。

    解 $(3E.7D)_{16} = (11\ 1110.0111\ 1101)_2$

八进制与十六进制之间的转换可以通过二进制作中介。

6.1.2 逻辑门电路认识

要把一个事件用逻辑电路来实现，必须把这个事件的表达信息转换成逻辑函数，才可以搭建电路实现该事件的逻辑关系。

（1）基本逻辑函数及运算

基本的逻辑关系有与逻辑、或逻辑、非逻辑，与之对应的逻辑运算为与运算（逻辑乘）、或运算（逻辑加）、非运算（逻辑非）。

逻辑门电路认识

① 与运算　只有当决定一件事情的条件全部具备之后，这件事情才会发生，把这种因果关系称为与逻辑，其电路、真值表及逻辑符号如图 6.5 所示。

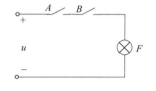

A	B	F
0	0	0
0	1	0
1	0	0
1	1	1

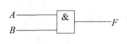

(a) 电路   (b) 真值表   (c) 逻辑符号

图 6.5 　与运算

若用逻辑表达式来描述，则可写为：

$$Y = AB$$

图 6.6 为实现与运算的二极管与门电路。A、B 为输入端，F 为输出端。A、B 输入端中只要有一个为低电平，则与该输入端相连的二极管会反相偏置导通，使输出端为低电平。只有输入端同时为高电平时，二极管会反向偏置截止，输出才是高电平。

② 或运算　当决定一件事情的几个条件中，有一个或一个以上条件具备，这件事情就发生，把这种因果关系称为或逻辑，其电路、真值表及逻辑符号如图 6.7 所示。

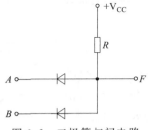

图 6.6 　二极管与门电路

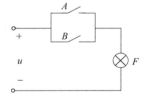

A	B	F
0	0	0
0	1	1
1	0	1
1	1	1

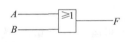

(a) 电路   (b) 真值表   (c) 逻辑符号

图 6.7 　或运算

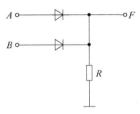

图 6.8　二极管或门电路

若用逻辑表达式来描述，则可写为：

$$Y = A + B$$

图 6.8 为实现或运算的二极管或门电路。A、B 为输入端，F 为输出端。A、B 输入端中只要有一个为高电平，则输出端为高电平。只有当 A、B 同时为低电平时，输出端才会输出低电平。

③ 非运算　某事件发生与否，仅取决于一个条件，而且是对该条件的否定，即条件具备时事情不发生，条件不具备时事情才发生，其电路、真值表及逻辑符号如图 6.9 所示。

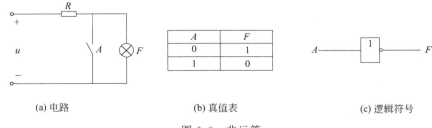

A	F
0	1
1	0

(a) 电路　　　　　　(b) 真值表　　　　　　(c) 逻辑符号

图 6.9　非运算

若用逻辑表达式来描述，则可写为：

$$Y = \overline{A}$$

图 6.10 为晶体管非门电路。当输入为高电平时，晶体管饱和，输出为低电平；当输入为低电平时，晶体管截止，输出为高电平。实现了非门功能。

（2）常用逻辑运算

① 与非运算　图 6.11 为 2 输入与非运算的电路、逻辑符号及真值表。它由二极管与门和晶体管非门串接而成。当输入中至少有一个为低电平，P 点输出为低电平，晶体管截止，F 输出为高电平；当输入全为高电平时，P 点输出为高电平，晶体管饱和，F 输出为低电平。实现了与非的逻辑功能。

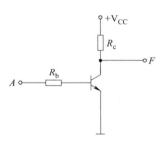

图 6.10　晶体管非门电路

与非关系表达式为：

$$Y = \overline{AB}$$

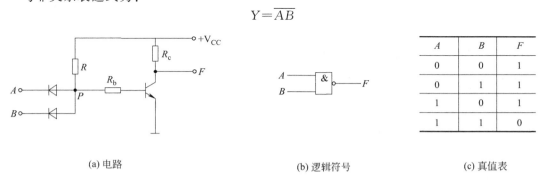

A	B	F
0	0	1
0	1	1
1	0	1
1	1	0

(a) 电路　　　　　　(b) 逻辑符号　　　　　　(c) 真值表

图 6.11　与非运算

② 或非运算　图 6.12 为 2 输入或非运算的电路、逻辑符号及真值表。它由二极管或门和晶体管非门串接而成，当输入中至少有一个为高电平时，P 点输出就为高电平，晶体管饱和，F 输出为低电平；当输入全为低电平时，P 点输出为低电平，晶体管截止，F 输出为高电平，实现了或非的逻辑功能。

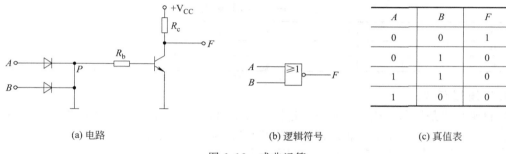

A	B	F
0	0	1
0	1	0
1	1	0
1	0	0

(a) 电路   (b) 逻辑符号   (c) 真值表

图 6.12 　或非运算

③ 与或非门　与或非门电路相当于两个与门、一个或门和一个非门的组合，可完成与或非运算。与或非电路用图 6.13（a）所示的逻辑符号表示，其逻辑表达式为：

$$Y = \overline{AB + CD}$$

(a) 与或非门   (b) 异或门   (c) 同或门

图 6.13 　逻辑符号

由与或非门完成的运算分析可知，与或非门的功能是将两个与门的输出或起来后变反输出。与或非门电路也可以由多个与门和一个或门、一个非门组合而成，具有更强的逻辑运算功能。

④ 异或门　异或是一种二变量逻辑运算。当两个变量取值相同时，逻辑函数值为 0；当两个变量取值不同时，逻辑函数值为 1。其逻辑符号如图 6.13（b）所示。

异或的逻辑表达式为：

$$Y = A \oplus B = \overline{A}B + A\overline{B}$$

⑤ 同或门　同或运算符号是 ⊙。当两个变量取值不同时，逻辑函数值为 0；当两个变量取值相同时，逻辑函数值为 1，即输入相异时为 0。其逻辑符号如图 6.13（c）所示。

同或运算的逻辑表达式为：

$$Y = A \odot B = AB + \overline{A}\,\overline{B}$$

6.1.3 　逻辑函数表示法

表示一个逻辑函数有多种方法，常用的有真值表、逻辑函数式、逻辑图三种。它们各有特点，相互联系，还可以相互转换。

（1）真值表

真值表是根据给定的逻辑问题，把输入逻辑变量各种可能取值的组合和对应的输出函数值排列而成的表格，它表示了逻辑函数与逻辑变量各种取值之间一一的对应关系。逻辑函数的真值表具有唯一性。若两个逻辑函数具有

逻辑函数表示法

相同的真值表，则两个逻辑函数必然相等。当逻辑函数有 n 个变量时，共有 2^n 个不同变量取值组合。在列真值表时，为避免遗漏，变量取值的组合一般按 n 位自然二进制数递增顺序列出。用真值表表示逻辑函数的优点是直观、明了，可直接看出逻辑函数值和变量取值的关系。

【例 6-7】 试列出逻辑函数 $Y = AB + \overline{A}\,\overline{B}$ 的真值表。

解　该逻辑函数有 2 个输入变量，就有 $2^2 = 4$ 种取值。把输入变量 A、B 的每种取值情况分别代入 $Y = AB + \overline{A}\,\overline{B}$ 中，进行逻辑运算，求出逻辑函数值，列入表中，就得到 Y 的真值表，如表 6.1 所示。

表 6.1 $Y＝AB＋\overline{A}\,\overline{B}$ 的真值表

A	B	Y	A	B	Y
0	0	1	1	0	0
0	1	0	1	1	1

（2）逻辑函数式

逻辑函数式是用与、或、非等逻辑运算来表示输入变量和输出函数间因果关系的逻辑函数式。由真值表直接写出的逻辑式是标准的与-或表达式。写标准与-或表达式的方法是：

① 把任意一组变量取值中的 1 代表原变量，0 代表反变量，由此得到一组变量的与组合，如 A、B、C 三个变量的取值为 001，则代换后得到变量与组合为 $\overline{A}\,\overline{B}C$；

② 把逻辑函数值为 1 所对应的各变量的与组合进行逻辑加，便得到标准的与-或逻辑式。

【例 6-8】 由表 6.2 真值表写出逻辑表达式。

表 6.2 真值表

A	B	C	Y	A	B	C	Y
0	0	0	1	1	0	0	0
0	0	1	0	1	0	1	0
0	1	0	0	1	1	0	0
0	1	1	0	1	1	1	1

解 通过观察真值表，可写出逻辑函数式为：

$$Y＝\overline{A}\,\overline{B}\,\overline{C}＋ABC$$

（3）逻辑图

逻辑图是用基本逻辑门和符合逻辑门的逻辑符号组成的对应于某一逻辑功能的电路图。根据逻辑函数式画逻辑图时，只要把逻辑函数式中各逻辑运算用对应门电路的逻辑符号代替，就可以画出和逻辑函数对应的逻辑图。

由逻辑函数式 $Y＝\overline{A}\,\overline{B}\,\overline{C}＋ABC$ 画逻辑电路图，如图 6.14 所示（逻辑符号运算参考表 6.2 所示）。

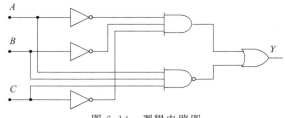

图 6.14 逻辑电路图

6.1.4 逻辑代数运算与代数化简法

根据逻辑变量和逻辑运算的基本定义，可得出逻辑代数的基本定律。

（1）逻辑运算基本公式

① 逻辑常量运算公式

与运算：$0 \cdot 0＝0$　$0 \cdot 1＝0$　$1 \cdot 0＝0$　$1 \cdot 1＝1$

或运算：$0＋0＝0$　$0＋1＝1$　$1＋0＝1$　$1＋1＝1$

非运算：$\overline{1}＝0$　$\overline{0}＝1$

② 逻辑变量、常量运算公式

逻辑函数运算规则

0-1 律：$\begin{cases} A+0=A & A+1=1 \\ A \cdot 1=A & A \cdot 0=0 \end{cases}$

互补律：$A+\overline{A}=1 \quad A \cdot \overline{A}=0$

等幂律：$A+A=A \quad A \cdot A=A$

双重否定律：$\overline{\overline{A}}=A$

③ 逻辑代数的基本定律

a. 与普通代数相似的定律

交换律：$\begin{cases} A \cdot B=B \cdot A \\ A+B=B+A \end{cases}$

结合律：$\begin{cases} (A \cdot B) \cdot C=A \cdot (B \cdot C) \\ (A+B)+C=A+(B+C) \end{cases}$

分配律：$\begin{cases} A \cdot (B+C)=A \cdot B+A \cdot C \\ A+B \cdot C=(A+B) \cdot (A+C) \end{cases}$

利用真值表很容易证明这些公式的正确性。如证明 $A \cdot B=B \cdot A$，可采用表 6.3 真值表验证等式左边等于右边。

表 6.3 验证交换律真值表

A B	$A \cdot B$	$B \cdot A$	A B	$A \cdot B$	$B \cdot A$
0 0	0	0	1 0	0	0
0 1	0	0	1 1	1	1

b. 吸收律

还原律：$\begin{cases} A \cdot B+A \cdot \overline{B}=A \\ (A+B) \cdot (A+\overline{B})=A \end{cases}$

吸收律：$\begin{cases} A+A \cdot B=A & A \cdot (\overline{A}+B)=A \cdot B \\ A \cdot (A+B)=A & A+\overline{A} \cdot B=A+B \end{cases}$

冗余律：$AB+\overline{A}C+BC=AB+\overline{A}C$

c. 摩根定律

反演律（摩根定律）：$\begin{cases} \overline{A \cdot B}=\overline{A}+\overline{B} \\ \overline{A+B}=\overline{A} \cdot \overline{B} \end{cases}$

(2) 逻辑代数的三个重要规则

① 代入规则　任何一个含有变量 A 的等式，如果将所有出现 A 的位置（包括等式两边）都用同一个逻辑函数代替，则等式仍然成立。这个规则称为代入规则。

② 反演规则　对于任何一个逻辑表达式 Y，如果将表达式中的所有"·"换成"+"，"+"换成"·"，"0"换成"1"，"1"换成"0"，原变量换成反变量，反变量换成原变量，那么所得到的表达式就是函数 Y 的反函数 $\overline{Y}$（或称补函数）。这个规则称为反演规则。例如：

$$Y=A \cdot \overline{B}+C \cdot \overline{D} \cdot E \qquad \overline{Y}=(\overline{A}+B)(\overline{C}+D+\overline{E})$$

$$Y=A+\overline{B}+\overline{C}+\overline{D}+\overline{E} \qquad \overline{Y}=\overline{A} \cdot \overline{B} \cdot C \cdot \overline{D} \cdot E$$

③ 对偶规则　对于任何一个逻辑表达式 Y，如果将表达式中的所有"·"换成"+"，"+"换成"·"，"0"换成"1"，"1"换成"0"，而变量保持不变，则可得到的一个新的函数表达式 Y'，Y' 称为函 Y 的对偶函数。这个规则称为对偶规则。例如：

$$Y=A+\overline{B}+\overline{C}+D+\overline{E} \qquad Y'=A \cdot \overline{B} \cdot \overline{C} \cdot D \cdot \overline{E}$$

（3）逻辑函数的代数化简法

逻辑函数代数
化简法

① 化简的意义与标准　在逻辑设计中，逻辑函数最终都要用逻辑电路来实现。逻辑表达式越简单，则实现它的电路越简单，电路工作越稳定可靠。

逻辑函数式的基本形式和变换对于同一个逻辑函数，其逻辑表达式不是唯一的。常见的逻辑形式有 5 种：与或表达式、或与表达式、与非-与非表达式、或非-或非表达式、与或非表达式。

与或表达式：

$$Y=\overline{A}B+AC$$

或与表达式：

$$Y=(A+B)(\overline{A}+C)$$

与非-与非表达式：

$$Y=\overline{\overline{AB}\cdot\overline{AC}}$$

或非-或非表达式：

$$Y=\overline{\overline{A+B}+\overline{\overline{A}+C}}$$

与或非表达式：

$$Y=\overline{\overline{A}\ \overline{B}+\overline{AC}}$$

② 逻辑函数的最简形式　最简与-或表达式要符合如下两个条件：

a. 逻辑函数式中的乘积项（与项）的个数最少；

b. 每个乘积项中的变量数也最少。

③ 逻辑函数的代数化简法　运用逻辑代数的基本公式、定理和规则来化简逻辑函数。

a. 并项法　利用公式 $A+\overline{A}=1$，将两项合并为一项，并消去一个变量。

例：

$$A\overline{B}C+A\overline{B}\ \overline{C}=A\overline{B}(C+\overline{C})=A\overline{B}$$

b. 吸收法　利用公式 $A+AB=A$ 和 $AB+\overline{A}C+BC=AB+\overline{A}C$ 消去多余的项。

例：

$$ABC+\overline{A}D+\overline{C}D+BD=ABC+(\overline{A}+\overline{C})D+BD$$
$$=ABC+\overline{AC}D+BD=ABC+\overline{AC}D=ABC+\overline{A}D+\overline{C}D$$

c. 配项法　利用公式 $A+\overline{A}=1$、$A\overline{A}=0$、$A=A(B+\overline{B})$，为某一项配上其所缺的变量，以便用其他方法进行化简。

例：

$$AB\overline{C}+\overline{ABC}\ \overline{AB}=AB\overline{C}+\overline{ABC}\ \overline{AB}+AB\overline{AB}=AB(\overline{C}+\overline{AB})+\overline{ABC}\ \overline{AB}$$
$$=AB\overline{\overline{ABC}}+\overline{ABC}\ \overline{AB}=\overline{ABC}(AB+\overline{AB})=\overline{ABC}=\overline{A}+\overline{B}+\overline{C}$$

d. 消去法　运用吸收律 $A+\overline{A}B=A+B$，消去多余因子。

例：

$$AB+\overline{A}C+\overline{B}C=AB+(\overline{A}+\overline{B})C$$
$$=AB+\overline{AB}C=AB+C$$

代数法化简逻辑函数的优点是简单方便，对逻辑函数中的变量个数没有限制，适合用于变量较多、较复杂的逻辑函数式的化简。它的缺点是需要熟练掌握和灵活运用逻辑代数的基本定律和公式，而且还需要一定的化简技巧。代数化简法也不易判断所化简的逻辑函数式是否已经达到最简式。只有通过多练习，积累经验，才能做到熟能生巧。

6.1.5　卡诺图化简法

卡诺图及卡诺图函数
表示

从 6.1.4 节可知，代数化简法有其优点，但是它不易判断所化简的逻辑函数式是否已经达到最简式。

（1）最小项的定义

① 最小项　如果一个具有 n 个变量的逻辑函数的"与项"包含全部 n 个变量，每个变量以原变量或反变量的形式出现，且仅出现一次，则

这种"与项"被称为最小项。

对两个变量 A、B 来说，可以构成 4 个最小项：$\overline{A}\,\overline{B}$、$\overline{A}B$、$A\overline{B}$、$AB$；对 3 个变量 A、B、C 来说，可构成 8 个最小项：$\overline{A}\,\overline{B}\,\overline{C}$、$\overline{A}\,\overline{B}C$、$\overline{A}B\overline{C}$、$\overline{A}BC$、$A\overline{B}\,\overline{C}$、$A\overline{B}C$、$AB\overline{C}$ 和 ABC；同理，对 n 个变量来说，可以构成 2^n 个最小项。

② 最小项的编号　最小项通常用符号 m_i 表示，i 是最小项的编号，是一个十进制数。确定 i 的方法是：首先将最小项中的变量按顺序 A、B、C、$D\cdots$ 排列好，然后将最小项中的原变量用 1 表示，反变量用 0 表示，这时最小项表示的二进制数对应的十进制数就是该最小项的编号。例如，对三变量的最小项来说，ABC 的编号是 7，符号用 m_7 表示，$A\overline{B}C$ 的编号是 5 符号用 m_5 表示。表 6.4 为三变量最小项对应表。

表 6.4　三变量最小项对应表

A	B	C	m_0	m_1	m_2	m_3	m_4	m_5	m_6	m_7
0	0	0	1	0	0	0	0	0	0	0
0	0	1	0	1	0	0	0	0	0	0
0	1	0	0	0	1	0	0	0	0	0
0	1	1	0	0	0	1	0	0	0	0
1	0	0	0	0	0	0	1	0	0	0
1	0	1	0	0	0	0	0	1	0	0
1	1	0	0	0	0	0	0	0	1	0
1	1	1	0	0	0	0	0	0	0	1

③ 最小项表达式　如果一个逻辑函数表达式是由最小项构成的与-或式，则这种表达式称为逻辑函数的最小项表达式，也叫标准与-或式。例如：$F=\overline{A}BC\overline{D}+AB\overline{C}\overline{D}+ABCD$ 是一个四变量的最小项表达式。对一个最小项表达式可以采用简写的方式，例如

$$F(A,B,C)=\overline{A}B\overline{C}+A\overline{B}C+ABC=m_2+m_5+m_7=\sum m(2,5,7)$$

要写出一个逻辑函数的最小项表达式，可以有多种方法，但最简单的方法是先给出逻辑函数的真值表，将真值表中能使逻辑函数取值为 1 的各个最小项相或就可以了。

【例 6-9】　已知三变量逻辑函数：$F=AB+BC+AC$，写出 F 的最小项表达式。

解　首先画出 F 的真值表，将表中能使 F 为 1 的最小项相或可得下式：

$$F=\overline{A}BC+A\overline{B}C+AB\overline{C}+ABC=\sum m(3,5,6,7)$$

④ 最小项的性质

a. 任意一个最小项，只有一组变量取值使其值为 1，而其余各项的取值均使它的值为 0。

b. 不同的最小项，使它的值为 1 的那组变量取值也不同。

c. 对于变量的任一取值，任意两个不同的最小项的乘积必为 0。

d. 全部最小项的和必为 1。

（2）表示最小项的卡诺图

逻辑函数的图形化简法是将逻辑函数用卡诺图来表示，利用卡诺图来化简逻辑函数。

① 相邻最小项　如果两个最小项中只有一个变量为互反变量，其余变量均相同，则这样的两个最小项为逻辑相邻，并把它们称为相邻最小项，简称相邻项。

② 最小项的卡诺图表示　将逻辑函数真值表中的最小项重新排列成矩阵形式，并且使矩阵的横方向和纵方向的逻辑变量的取值按照格雷码的顺序排列，这样构成的图形就是卡诺图。图 6.15 为二变量卡诺图，图 6.16 为三变量卡诺图，图 6.17 为四变量卡诺图。

（3）真值表与函数式之间的转换

① 真值表到卡诺图方法

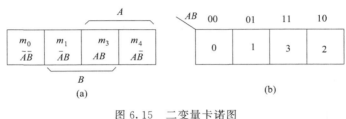

图 6.15　二变量卡诺图

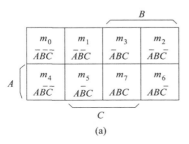

图 6.16　三变量卡诺图

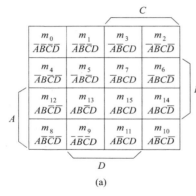

图 6.17　四变量卡诺图

【例 6-10】　某逻辑函数的真值表如表 6.5 所示，用卡诺图表示该逻辑函数。

解　该函数为三变量，先画出三变量卡诺图，然后根据真值表 6.5 将 8 个最小项 L 的取值 0 或者 1 填入卡诺图中对应的 8 个小方格中即可，如图 6.18 所示。

表 6.5　真值表

A B C	L	A B C	L
0　0　0	0	1　0　0	0
0　0　1	0	1　0　1	1
0　1　0	0	1　1　0	1
0　1　1	1	1　1　1	1

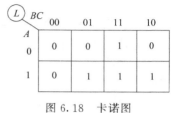

图 6.18　卡诺图

② 从逻辑表达式到卡诺图

a. 如果逻辑表达式为最小项表达式，则只要将函数式中出现的最小项在卡诺图对应的小方格中填入 1，没出现的最小项则在卡诺图对应的小方格中填入 0。

【例6-11】 用卡诺图表示逻辑函数 $F=\overline{A}\ \overline{B}\ \overline{C}+\overline{A}BC$ $+AB\overline{C}+ABC$。

解 该函数为三变量，且为最小项表达式，写成简化形式 $F=m_0+m_3+m_6+m_7$，然后画出三变量卡诺图（图6.19），将卡诺图中 m_0、m_3、m_6、m_7 对应的小方格填1，其他小方格填0。

$\begin{matrix}F&BC\\A&\end{matrix}$	00	01	11	10
0	1	0	1	0
1	0	0	1	1

图6.19 【例6-11】卡诺图

b. 如果逻辑表达式不是最小项表达式，但是"与-或表达式"，可将其先化成最小项表达式，再填入卡诺图。也可直接填入，直接填入的具体方法是：分别找出每一个与项所包含的所有小方格，全部填入1。

【例6-12】 用卡诺图表示逻辑函数 $G=A\overline{B}+B\overline{C}D$。
解 卡诺图如图6.20所示。

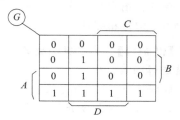

图6.20 【例6-12】卡诺图

c. 如果逻辑表达式不是"与-或表达式"，可先将其化成"与-或表达式"，再填入卡诺图。

（4）逻辑函数的卡诺图化简法
① 卡诺图化简逻辑函数的原理
a. 2个相邻项结合（用一个包围圈表示），可消去1个变量，如图6.21所示。
b. 4个相邻项结合（用一个包围圈表示），可以消去2个变量，如图6.22所示。
c. 8个相邻项结合（用一个包围圈表示），可以消去3个变量，如图6.23所示。

卡诺图化简法

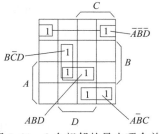

图6.21 2个相邻的最小项合并

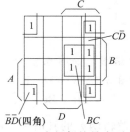

图6.22 4个相邻的最小项合并

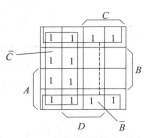

图6.23 8个相邻的最小项合并

总之，2^n 个相邻的最小项结合，可以消去 n 个取值不同的变量而合并为1项。

② 用卡诺图合并最小项的原则 用卡诺图化简逻辑函数，就是在卡诺图中找相邻的最小项，即画圈。为了保证将逻辑函数化到最简，画圈时必须遵循以下原则：

a. 圈要尽可能大，这样消去的变量就多，但每个圈内只能含有 $2n$（$n=0$，1，2，3…）个相邻项，要特别注意对边相邻性和四角相邻性；

b. 圈的个数尽量少，这样化简后的逻辑函数的与项就少；

c. 卡诺图中所有取值为1的方格均要被圈过，即不能漏下取值为1的最小项；

d. 取值为1的方格可以被重复圈在不同的包围圈中，但在新画的包围圈中至少要含有1

个未被圈过的 1 方格，否则该包围圈是多余的。

③ 用卡诺图化简逻辑函数的步骤

a. 画出逻辑函数的卡诺图。

b. 合并相邻的最小项，即根据前述原则画圈。

c. 写出化简后的表达式。每一个圈写一个最简与项，规则是：取值为 1 的变量用原变量表示，取值为 0 的变量用反变量表示，将这些变量相与；然后将所有与项进行逻辑加，即得最简与-或表达式。

【例 6-13】 用卡诺图化简逻辑函数：$F = AD + A\overline{B}\,\overline{D} + \overline{A}\,\overline{B}\,\overline{C}\,\overline{D} + \overline{A}\,BCD$。

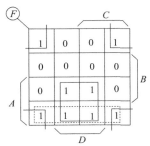

解 （1）由表达式画出卡诺图如图 6.24 所示。

（2）画包围圈合并最小项，得简化的与-或表达式：

$$F = AD + \overline{B}\,\overline{D}。$$

注意：图中的虚线圈是多余的，应去掉；图中的包围圈 $\overline{B}\,\overline{D}$ 是利用了四角相邻性。

【例 6-14】 某逻辑函数的真值表如表 6.6 所示，用卡诺图化简该逻辑函数。

解法 1 （1）由真值表画出卡诺图，如图 6.25 所示。

（2）画包围圈合并最小项，如图 6.25（a）所示。

图 6.24　【例 6-13】卡诺图

得简化的与-或表达式：

$$L = \overline{B}C + \overline{A}B + A\overline{C}$$

表 6.6　【例 6-14】真值表

A	B	C	L
0	0	0	0
0	0	1	1
0	1	0	1
0	1	1	1
1	0	0	1
1	0	1	1
1	1	0	1
1	1	1	0

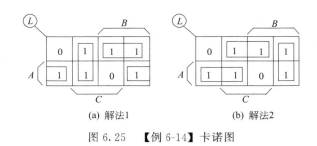

(a) 解法1　　　　(b) 解法2

图 6.25　【例 6-14】卡诺图

解法 2 （1）由表达式画出卡诺图，如图 6.25 所示。

（2）画包围圈合并最小项，如图 6.25（b）所示，得简化的与-或表达式：

$$L = A\overline{B} + B\overline{C} + \overline{A}C$$

通过这个例子可以看出，一个逻辑函数的真值表是唯一的，卡诺图也是唯一的，但化简结果有时不是唯一的。

6.1.6　组合逻辑电路分析与设计方法

组合逻辑电路
分析与设计方法

数字电路根据逻辑功能的不同，可分为组合逻辑电路（简称组合电路）和时序逻辑电路（简称时序电路，项目 7 中介绍）两大类。任一时刻电路的输出仅仅取决于该时刻的输入信号，而与电路原来的状态无关，这种电路称为组合逻辑电路。组合逻辑电路是由门电路组合而成的，可以有一个或多个输入端，也可以有一个或多个输出端。

（1）组合逻辑电路分析方法

所谓组合逻辑电路的分析，就是根据给定的逻辑电路图，确定其逻辑功能。分析组合逻辑电路的目的，是确定已知电路的逻辑功能，或者检查电路设计是否合理。

组合逻辑电路通常采用的分析步骤如下：

a. 根据给定逻辑电路图，写出逻辑函数表达式；

b. 根据逻辑表达式列真值表；

c. 观察真值表中输出与输入的关系，描述电路逻辑功能。

【例 6-15】 试分析图 6.26 所示组合逻辑电路的功能。

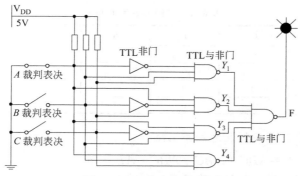

图 6.26　组合逻辑电路图

解 （1）写出逻辑函数表达式：

$$Y_1 = \overline{\overline{A}BC}, \ Y_2 = \overline{A\overline{B}C}, \ Y_3 = \overline{AB\overline{C}}, \ Y_4 = \overline{ABC}$$

所以：

$$F = \overline{\overline{A}BC \cdot A\overline{B}C \cdot AB\overline{C} \cdot ABC}$$
$$= AB\overline{C} + A\overline{B}C + \overline{A}BC + ABC$$

（2）根据逻辑表达式列真值表，见表 6.7。

表 6.7　**【例 6-15】真值表**

A	B	C	F	A	B	C	F
0	0	0	0	1	0	0	0
0	0	1	0	1	0	1	1
0	1	0	0	1	1	0	1
0	1	1	1	1	1	1	1

（3）观察真值表中输出与输入的关系，描述电路逻辑功能。从真值表可见，当输入 A、B、C 中有 2 个或 3 个为 1 时，输出 F 为 1，否则输出 F 为 0。可见，该电路可实现多数表决的逻辑功能，即 3 人表决用逻辑电路只要有 2 票或 3 票同意，表决就通过。该电路实现的是 3 路判决电路。

（2）组合逻辑电路的设计方法

与分析过程相反，组合逻辑电路的设计是根据给定的实际逻辑问题，求出实现其逻辑功能的最简逻辑电路。

组合逻辑电路的设计步骤如下：

① 分析设计要求，设置输入变量和输出变量并逻辑赋值；

② 根据上述分析和赋值情况，将输入变量的所有取值组合和与之相对应的输出函数值列表，即得真值表；

③ 写出逻辑表达式并化简；

④ 画逻辑电路图。

【例 6-16】 设计一个 3 路判决电路，A 裁判具有否决权。

解 （1）分析设计要求，设输入、输出变量并逻辑赋值。

输入变量：A、B、C 分别为 3 个裁判。

输出变量：Y。

逻辑赋值：用 1 表示肯定，0 表示否定。

（2）列真值表，见表 6.8。

表 6.8　【例 6-16】真值表

A	B	C	Y	A	B	C	Y
0	0	0	0	1	0	0	0
0	0	1	0	1	0	1	1
0	1	0	0	1	1	0	1
0	1	1	0	1	1	1	1

（3）由真值表写出逻辑函数表达式并化简：

$$Y = ABC + AB\overline{C} + A\overline{B}C = AB + AC = \overline{\overline{AB} \cdot \overline{AC}}$$

（4）画逻辑电路图。用与非门电路实现，如图 6.27 所示。

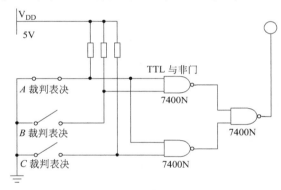

图 6.27　逻辑电路图

【例 6-17】 利用逻辑门电路实现市电互补控制电路设计。市电互补控制器有 4 种工作模式，由模式触发电路产生 A、B 驱动信号，组成模式"00""01""10""11"，分别实现停机、市电、市电和光伏、光伏供电 4 种模式。

① 采用逻辑门电路设计。

② 当 AB 信号为 00，系统停机，即光伏 YG、市电 YS 导入信号为 00；01 时，光伏、市电导入信号为 10；10 时，光伏和市电导入信号为 11；11 时，光伏和市电导入信号为 01。

解 （1）分析设计要求，设输入、输出变量并逻辑赋值。

（2）列真值表，见表 6.9。

表 6.9　【例 6-17】真值表

A	B	YG	YS	A	B	YG	YS
0	0	0	0	1	0	1	1
0	1	1	0	1	1	0	1

（3）由真值表写出逻辑函数表达式并化简：

$$YG = \overline{A}B + A\overline{B} = \overline{\overline{\overline{A}B} \cdot \overline{A\overline{B}}}, YS = A$$

（4）画逻辑电路图，如图6.28所示。

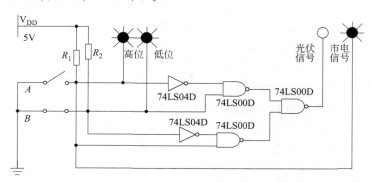

图 6.28 逻辑电路图

利用分立门电路搭接具有一定逻辑功能的组合逻辑电路。需要的组合逻辑电路固然能通过刚才的方法利用门电路进行搭接，但缺点是该种电路所需的硬件多、连线多、电路复杂，从而造成功耗、重量及体积增大，同时特性较差，所以可利用现成的集成数字组合逻辑电路来搭接相应的功能电路。

【课堂训练】

【课堂训练1】参考图6.1市电互补控制电路设计，利用仿真软件搭建电路，并分析电路功能。数据记录于下表。

A	B	光伏信号	市电信号	A	B	光伏信号	市电信号
0	0			1	0		
0	1			1	1		

【课堂训练2】利用仿真软件，使用与非门电路搭建 A、B、C 的 3 路判决电路功能，满足少数服从多数原则，并记录测试结果于下表。

A	B	C	输出 Y	A	B	C	输出 Y
0	0	0		1	0	0	
0	0	1		1	0	1	
0	1	0		1	1	0	
0	1	1		1	1	1	

【课堂训练3】利用仿真软件，使用与非门电路搭建 A 具有否决权的 3 路判决电路，并记录测试结果于下表。

A	B	C	判决 Y	A	B	C	判决 Y
0	0	0		1	0	0	
0	0	1		1	0	1	
0	1	0		1	1	0	
0	1	1		1	1	1	

【课堂训练 4】利用仿真软件，使用与非门电路搭建全加器电路，并记录测试结果。S 表示本位和，C_i 表示本位向高位的进位。

A	B	C_{i-1}	S	C_i	A	B	C_{i-1}	S	C_i
0	0	0			1	0	0		
0	0	1			1	0	1		
0	1	0			1	1	0		
0	1	1			1	1	1		

【课堂训练 5】利用仿真软件，使用与非门电路实现工厂发电机运行控制。设工厂有 A、B、C 等 3 个厂房，用电功率分别为 5kW，工厂有 F_1 和 F_2 两台发电机，发电功率分别为 5kW 和 10kW。数据记录于下表。

A	B	C	F_1	F_2	A	B	C	F_1	F_2
0	0	0			1	0	0		
0	0	1			1	0	1		
0	1	0			1	1	0		
0	1	1			1	1	1		

【课后练习】

习题自测

互补接入门电路
组合控制电路设计
习题解答

（1）一火灾报警系统，设有烟感、温感和紫外光感三种类型的火灾探测器。为了防止误报警，只有当其中两种或两种以上类型的探测器发出火灾检测信号时，报警系统才产生报警控制信号。试设计一个产生报警控制信号的电路。

（2）交叉路口的交通管制灯有三个，分别为红、黄、绿三色。正常工作时，应该只有一盏灯亮，其他情况均属电路故障。试设计故障报警电路。

（3）已知逻辑电路如图 6.29 所示，试分析其逻辑功能。

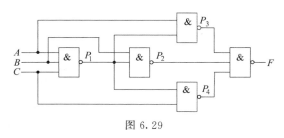

图 6.29

（4）试设计一个全减器组合逻辑电路。全减器是可以计算三个数 X、Y、B_I 的差，即 $D = X - Y - B_I$。当 $X < Y + B_I$ 时，借位输出 BO 置位。

任务 6.2 互补接入译码器组合逻辑电路设计

【任务引领】

利用逻辑门电路实现市电互补控制电路设计，如图 6.30 所示。

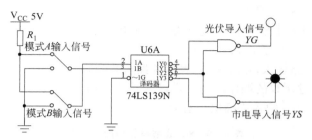

图 6.30　互补接入译码器组合控制电路

① 采用译码器电路设计。

② 当 AB 信号为 00 时，系统停机，即光伏 YG、市电 YS 导入控制信号为 00，也就是关闭光伏电能导入，关闭市电电能导入；当 AB 信号为 01 时，光伏、市电导入信号为 10，即关闭市电电能导入，打开光伏电能导入；当 AB 信号为 10 时，光伏和市电导入信号为 11，即打开市电电能导入，打开光伏电能导入；当 AB 信号为 11 时，光伏和市电导入信号为 01，即打开市电电能导入，关闭光伏电能导入。

【知识目标】

① 掌握编码器的工作原理。
② 掌握译码器电路的工作原理。
③ 掌握译码器电路分析、设计工作原理。

【能力目标】

① 根据实际需求，利用译码器设计电路图。
② 能利用 multisim 仿真技术搭建、调试仿真电路。

6.2.1 编码器及应用

在数字系统中，把二进制码按一定的规律编排，使每组代码具有特定的含义，称为编码。具有编码功能的逻辑电路称为编码器。编码器是一个多输入、多输出的组合逻辑电路。

按照编码方式不同，编码器可分为普通编码器和优先编码器。按照输出代码种类的不同，可分为二进制编码器和非二进制编码器。

编码器及其应用

（1）普通编码器

普通编码器分二进制编码器和非二进制编码器。若输入信号的个数 N 与输出变量的位数 n 满足 $N=2^n$，此电路称为二进制编码器；若输入信号的个数 N 与输出变量的位数 n 不满足 $N=2^n$，此电路称为非二进制编码器。普通编码器任何时刻只能对其中一个输入信息进行编码，即输入的 N 个信号是互相排斥的。若编码器输入为 4 个信号，输出为 2 位代码，则称为 4-2 线编码器（或 4/2 线编码器）。

1 位二进制代码有 0、1 两种状态，n 位二进制代码可以表示 2^n 种不同的状态。用 n 位二进制代码（有 n 个输出）对 $N=2^n$ 个信息（2^n 个输入）进行编码的电路，称为二进制编码器。

由于编码器是一种多输入、多输出的组合逻辑电路，一般在任意时刻编码器只能有一个输入端有效（存在有效输入信号）。例如当确定输入高电平有效时，则应当只有一个输入信号为高电平，其余输入信号均为低电平（无效信号），编码器则对为高电平的输入信号进行编码。这样的编码器为普通编码器。

8-3 线编码器是对 8 个输入信号进行编码，输出 3 位二进制代码，应有 8 个输入端，3 个输出端，所以称为 8-3 线编码器。

用 $I_0 \sim I_7$ 表示 8 路输入，$A_0 \sim A_2$ 表示 3 路输出。原则上编码方式是随意的，比较常见的编码方式是按二进制数的顺序编码。设输入、输出信号均为高电平有效，8-3 线编码器的功能真值表见表 6.10，输入为高电平有效。

表 6.10　8-3 线编码器功能真值表

输　入								输　出		
I_0	I_1	I_2	I_3	I_4	I_5	I_6	I_7	A_2	A_1	A_0
1	0	0	0	0	0	0	0	0	0	0
0	1	0	0	0	0	0	0	0	0	1
0	0	1	0	0	0	0	0	0	1	0
0	0	0	1	0	0	0	0	0	1	1
0	0	0	0	1	0	0	0	1	0	0
0	0	0	0	0	1	0	0	1	0	1
0	0	0	0	0	0	1	0	1	1	0
0	0	0	0	0	0	0	1	1	1	1

由真值表写出各输出的逻辑表达式为：

$$A_2 = \overline{\overline{I_4}\,\overline{I_5}\,\overline{I_6}\,\overline{I_7}}$$
$$A_1 = \overline{\overline{I_2}\,\overline{I_3}\,\overline{I_6}\,\overline{I_7}}$$
$$A_0 = \overline{\overline{I_1}\,\overline{I_3}\,\overline{I_5}\,\overline{I_7}}$$

用门电路实现逻辑电路，如图 6.31 所示。

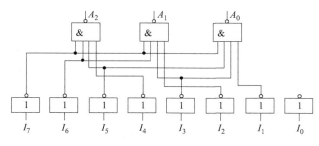

图 6.31　8-3 线编码器逻辑电路

（2）优先编码器

优先编码器是当多个输入端同时有信号时，电路只对其中优先级别最高的信号进行编码的编码器。

普通编码器在工作时仅允许一个输入端输入有效信号，否则编码电路将不能正常工作，使输出发生错误。而优先编码器则不同，它允许几个信号同时加至编码器的输入端，但是由于各个输入端的优先级别不同，编码器只对级别最高的一个输入信号进行编码，而对其他级别低的输入信号不予考虑。优先级别的高低由设计者根据输入信号的轻重缓急情况而定，如根据病情而设定优先权。常用的优先编码器有 10-4 线和 8-3 线两种。

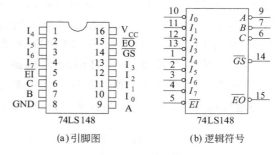

图 6.32　74LS148 编码器引脚图和逻辑符号

74LS148 编码器的引脚图及逻辑符号如图 6.32 所示。

常用的优先编码器集成器件 74LS148 是 8-3 线优先编码器，经常用于优先中断系统和键盘编码。它有 8 个输入信号，3 位输出信号。其功能表如表 6.11 所示。

表 6.11　74LS148 编码器功能表

输入									输出				
$\overline{EI}$	I_7	I_6	I_5	I_4	I_3	I_2	I_1	I_0	C	B	A	$\overline{GS}$	$\overline{EO}$
1	×	×	×	×	×	×	×	×	1	1	1	1	1
0	1	1	1	1	1	1	1	1	1	1	1	1	0
0	0	×	×	×	×	×	×	×	0	0	0	0	1
0	1	0	×	×	×	×	×	×	0	0	1	0	1
0	1	1	0	×	×	×	×	×	0	1	0	0	1
0	1	1	1	0	×	×	×	×	0	1	1	0	1
0	1	1	1	1	0	×	×	×	1	0	0	0	1
0	1	1	1	1	1	0	×	×	1	0	1	0	1
0	1	1	1	1	1	1	0	×	1	1	0	0	1
0	1	1	1	1	1	1	1	0	1	1	1	0	1

$I_7 \sim I_0$ 为低电平有效的状态信号输入端，其中 I_7 状态信号的优先级别最高，I_0 状态信号的优先级别最低。C、B、A 为编码输出端，以反码输出，C 为最高位，A 为最低位。

表 6.11 中，$\overline{I}_0 \sim \overline{I}_7$ 为编码输入端，低电平有效；A、B、C 为编码输出端，也为低电平有效，即反码输出。其他功能如下。

① EI 为使能输入端，低电平有效。

② 优先顺序为 $\overline{I}_0 \rightarrow \overline{I}_7$，即 $\overline{I}_7$ 的优先级最高，然后是 $\overline{I}_6$、$\overline{I}_5$、…、$\overline{I}_0$。

③ GS 为编码器的工作标志，低电平有效。

④ EO 为使能输出端，高电平有效。

6.2.2　译码器及应用

译码是编码的逆过程，即将每一组输入二进制代码"翻译"成为一个特定的输出信号。实现译码功能的数字电路，称为译码器。

集成译码器分为二进制译码器、二-十进制译码器和显示译码器三种。集成二进制译码器由于其输入、输出端的数目满足 $2^N = M$，属完全译码器，故分为双 2-4 线译码器、3-8 线译码器、4-16 线译码器等。非二进制

译码器及译码器
组合逻辑电路设计

译码器的种类很多，其中二-十进制译码器应用较广泛。二-十进制译码器又称 4-10 线译码器，属不完全译码器。二-十进制译码器常用的型号有 TTL 系列的 54/7442、54/74LS42 和 CMOS 系列中的 54/74HC42、54/74HCT42 等。

（1）　二进制译码器——74LS138 译码器

图 6.33 为 3-8 线译码器 74LS138 集成芯片的内部电路及引脚排列图。其中，A_2、A_1、A_0 为地址输入端，$\overline{Y}_0 \sim \overline{Y}_7$ 为译码输出端，S_1、$\overline{S}_2$、$\overline{S}_3$ 为使能端。

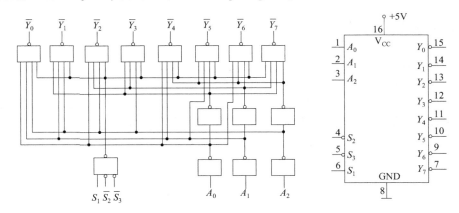

图 6.33　3-8 线译码器内部电路及引脚排列

表 6.12 为 74LS138 输入输出功能表。

表 6.12　74LS138 输入输出功能表

输　　入					输　　出							
S_1	$\overline{S}_2+\overline{S}_3$	A_2	A_1	A_0	$\overline{Y}_0$	$\overline{Y}_1$	$\overline{Y}_2$	$\overline{Y}_3$	$\overline{Y}_4$	$\overline{Y}_5$	$\overline{Y}_6$	$\overline{Y}_7$
1	0	0	0	0	0	1	1	1	1	1	1	1
1	0	0	0	1	1	0	1	1	1	1	1	1
1	0	0	1	0	1	1	0	1	1	1	1	1
1	0	0	1	1	1	1	1	0	1	1	1	1
1	0	1	0	0	1	1	1	1	0	1	1	1
1	0	1	0	1	1	1	1	1	1	0	1	1
1	0	1	1	0	1	1	1	1	1	1	0	1
1	0	1	1	1	1	1	1	1	1	1	1	0
0	×	×	×	×	1	1	1	1	1	1	1	1
×	1	×	×	×	1	1	1	1	1	1	1	1

当 $S_1=0$，$\overline{S}_2+\overline{S}_3=×$ 时，或 $S_1=×$，$\overline{S}_2+\overline{S}_3=1$ 时，译码器被禁止，$\overline{Y}_0\sim\overline{Y}_7$ 所有输出同时为高电平 1。

当 $S_1=1$，$\overline{S}_2+\overline{S}_3=0$ 时，器件使能有效，地址码所指定的输出端有信号（低电平有效）输出，其他所有输出端均无信号（全为 1）输出。74LS138 的输出函数表达式为：

$$\overline{Y}_0=\overline{\overline{A}_2\ \overline{A}_1\ \overline{A}_0}=\overline{m}_0 \qquad \overline{Y}_1=\overline{\overline{A}_2\ \overline{A}_1 A_0}=\overline{m}_1 \qquad \overline{Y}_2=\overline{\overline{A}_2 A_1\overline{A}_0}=\overline{m}_2$$

$$\overline{Y}_3=\overline{\overline{A}_2 A_1 A_0}=\overline{m}_3 \qquad \overline{Y}_4=\overline{A_2\ \overline{A}_1\ \overline{A}_0}=\overline{m}_4 \qquad \overline{Y}_5=\overline{A_2\overline{A}_1 A_0}=\overline{m}_5$$

$$\overline{Y}_6=\overline{A_2 A_1\overline{A}_0}=\overline{m}_6 \qquad \overline{Y}_7=\overline{A_2 A_1 A_0}=\overline{m}_7$$

（2）利用译码器实现组合逻辑电路设计

图 6.34 为一译码器输出电路。根据组合逻辑电路分析方法，该电路的输出函数为：

$$Z=\overline{Y_0}\ \overline{Y_1}\ \overline{Y_2}\ \overline{Y_7}=\overline{\overline{m_0}\ \overline{m_1}\ \overline{m_2}\ \overline{m_7}}$$

$$=\overline{\overline{\overline{A_2}\ \overline{A_1}\ \overline{A_0}}\ \overline{\overline{A_2}\ \overline{A_1}A_0}\ \overline{\overline{A_2}A_1\overline{A_0}}\ \overline{A_2A_1A_0}}=\overline{\overline{m'_0}\ \overline{m'_1}\ \overline{m'_2}\ \overline{m'_7}}$$

式中，m 是关于 A_0、A_1、A_2 的最小项表示形式，m' 是关于 C、B、A 的最小项表示形式。

利用译码器实现组合逻辑电路的解题步骤如下：

① 选择合适的译码器，被表示函数有 n 个变量，选择 n 个地址信号的译码器；

② 将函数表达式转换成标准与-或表达式；

③ 将标准与-或表达式转换成与非-与非表示；

④ 令被表示的函数表达式的变量与译码器地址端 A_2、A_1、A_0 一一对应（高位对高位）；

⑤ 把译码器相关输出通过与非门电路进行连接输出。

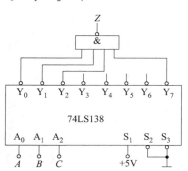

图 6.34 译码器电路

【例 6-18】 试用译码器和门电路实现逻辑函数 $Y=\overline{A}\ \overline{B}C+AB\overline{C}+C$。

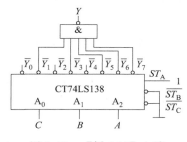

图 6.35 【例 6-18】电路

解 （1）根据逻辑函数选择译码器。选用 3-8 线译码器 CT74LS138，并令 $A_2=A$，$A_1=B$，$A_0=C$。

（2）将函数式变换为标准与-或式

$$Y=\overline{A}\ \overline{B}C+AB\overline{C}+C=\overline{A}\ \overline{B}C+\overline{A}BC+A\overline{B}C+AB\overline{C}+ABC$$

$$=m_1+m_3+m_5+m_6+m_7$$

（3）根据译码器的输出有效电平，确定需用的门电路。CT74LS138 输出低电平有效，因此将 Y 函数式变换为

$$Y=\overline{\overline{m_1}\cdot\overline{m_3}\cdot\overline{m_5}\cdot\overline{m_6}\cdot\overline{m_7}}=\overline{\overline{Y_1}\cdot\overline{Y_3}\cdot\overline{Y_5}\cdot\overline{Y_6}\cdot\overline{Y_7}}$$

（4）画连线图，如图 6.35 所示。

【例 6-19】 利用 74LS138 译码器设计一个 3 路判决电路，A 裁判具有否决权。

解 （1）分析设计要求，设输入、输出变量并逻辑赋值。

输入变量：A、B、C 分别为 3 个裁判。

输出变量：Y。

逻辑赋值：用 1 表示肯定，用 0 表示否定。

（2）列真值表，见表 6.13。

表 6.13 【例 6-19】真值表

A	B	C	Y	A	B	C	Y
0	0	0	0	1	0	0	0
0	0	1	0	1	0	1	1
0	1	0	0	1	1	0	1
0	1	1	0	1	1	1	1

（3）由真值表写出逻辑函数表达式并化简。

$$Y=ABC+AB\overline{C}+A\overline{B}C=\overline{\overline{ABC}\cdot\overline{AB\overline{C}}\cdot\overline{A\overline{B}C}}=\overline{\overline{m_5}\cdot\overline{m_6}\cdot\overline{m_7}}$$

将函数 Y 与 74LS138 的输出表达式进行比较。设 $A=A_2$，$B=A_1$，$C=A_0$，可得：

$$Y=\overline{\overline{m'_5}\ \overline{m'_6}\ \overline{m'_7}}=\overline{\overline{Y_5}\ \overline{Y_6}\ \overline{Y_7}}$$

（4）画逻辑电路，如图 6.36 所示。

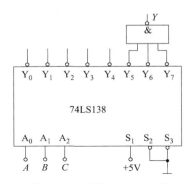
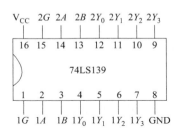

图 6.36　【例 6-19】电路　　　　　　图 6.37　74LS139 逻辑符号

【例 6-20】　市电互补控制器中共有 4 种工作模式，编号 0 为停机，1 为光伏，2 为市电互补，3 为市电模式。当停机模式时，市电和光伏电不导入；当光伏工作模式时，市电不导入，光伏电导入；当市电互补模式时，市电和光伏电都导入；当市电模式时，市电导入，光伏发电不导入。利用译码器实现上述组合逻辑电路功能。

解　（1）采用 74LS139 译码器设计电路，74LS139 为 2-4 线译码器，如图 6.37 所示。

（2）写出函数标准与-或表达式。

假设 A、B 为驱动信号，当 AB 信号为 00 时，系统停机，即光伏 YG、市电 YS 导入信号为 00；01 时，光伏、市电导入信号为 10；10 时，光伏和市电导入信号为 11；11 时，光伏和市电导入信号为 01。

$$YG=\overline{A}B+A\overline{B},\ YS=A\overline{B}+AB$$

（3）画逻辑电路，如图 6.38 所示。

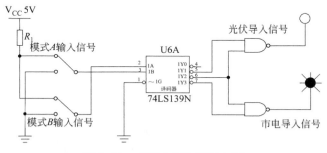

图 6.38　【例 6-20】逻辑电路

(3) 译码器级联

利用使能端能方便地将两个 3-8 线译码器组合成一个 4-16 线译码器，如图 6.39 所示。

数据输入端高位 D_3 连接 74LS138（1）的 S_2、S_3 端及 74LS138（2）的 S_1 端。当 D_3 低电平，即 D_3、D_2、D_1、D_0 所表示的译码结果小于等于 7，用 74LS138（1）的译码输出表示；当 D_3 为高电平，即 D_3、D_2、D_1、D_0 所表示译码结果大于 7，用 74LS138（2）的译码输出表示。例如 D_3、D_2、D_1、$D_0=1001$，即组合译码器的 Y_9 输出有效低电平。因

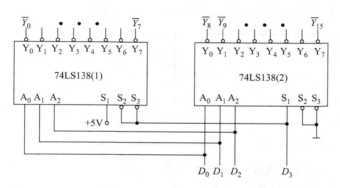

图 6.39 用两片 74LS138 组合成 4/16 译码器

为 D_3 高电平，所以 74LS138（1）的 S_2、S_3 无效，此译码器不工作，但是 74LS138（2）的 S_1、S_2、S_3 满足控制使能要求，所以工作，其按照 D_2、D_1、$D_0 = 001$ 关系，74LS138（2）的 Y_1 输出有效低电平信号，即第 9 个输出有效低电平信号，实现相应的译码功能。

【课堂训练】

【课堂训练1】参考图 6.38【例 6-20】电路，利用仿真软件搭建电路，并分析电路功能。数据记录于下表。

A	B	Y 光伏	Y 市电	A	B	Y 光伏	Y 市电
0	0			1	0		
0	1			1	1		

【课堂训练2】利用仿真软件，使用译码器，搭建 A、B、C 的 3 路判决电路功能，满足少数服从多数原则。数据记录于下表。

A	B	C	Y	A	B	C	Y
0	0	0		1	0	0	
0	0	1		1	0	1	
0	1	0		1	1	0	
0	1	1		1	1	1	

【课堂训练3】利用仿真软件，使用译码器，搭建 A 具有否决权的 3 路判决电路。数据记录于下表。

A	B	C	Y	A	B	C	Y
0	0	0		1	0	0	
0	0	1		1	0	1	
0	1	0		1	1	0	
0	1	1		1	1	1	

【课堂训练 4】利用仿真软件，使用译码器，搭建全加器电路。数据记录于下表。

A	B	C_{i-1}	S	C_i	A	B	C_{i-1}	S	C_i
0	0	0			1	0	0		
0	0	1			1	0	1		
0	1	0			1	1	0		
0	1	1			1	1	1		

【课堂训练 5】利用仿真软件，使用译码器，实现工厂发电机运行控制。设工厂有 A、B、C 三个厂房，用电功率分别为 5kW，工厂有 F_1 和 F_2 两台发电机，发电功率分别为 5kW 和 10kW。数据记录于下表。

A	B	C	F_1	F_2	A	B	C	F_1	F_2
0	0	0			1	0	0		
0	0	1			1	0	1		
0	1	0			1	1	0		
0	1	1			1	1	1		

【课后练习】

（1）用 74LS138 实现逻辑函数 $Y(A、B、C)=m_0+m_2+m_5+m_7$。

（2）写出图 6.40 所示电路的逻辑函数，并化简为最简与-或表达式。

习题自测

互补接入译码器
组合控制电路设计
习题解答

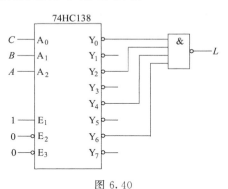
图 6.40

（3）试用一片 3-8 线译码器 74HC138 和最少的门电路设计一个奇偶校验器，要求当输入变量 $ABCD$ 中有偶数个 1 时输出为 1，否则为 0（$ABCD$ 为 0000 时视作偶数个 1）。

任务 6.3　互补接入数据选择器组合逻辑电路设计

【任务引领】

利用逻辑门电路实现市电互补控制电路设计。

① 采用数据选择器电路设计。

② 当 AB 信号为 00，系统停机，即光伏 YG、市电 YS 导入控制信号为 00，即关闭光伏电能导入，关闭市电电能导入；当 AB 信号为 01 时，光伏、市电导入信号为 10，即打开市电电能导入，关闭光伏电能导入；当 AB 信号为 10 时，光伏和市电导入信号为 11，即打开市电电能导入，打开光伏电能导入；当 AB 信号为 11 时，光伏和市电导入信号为 01，即打开市电电能导入，关闭光伏电能导入。

【知识目标】

① 掌握数据选择器的工作原理。
② 掌握数据选择器电路分析、设计工作原理。

【能力目标】

① 根据实际需求，利用数据选择器设计电路图。
② 能利用 multisim 仿真技术搭建、调试仿真电路。

(1) 数据选择器基本工作原理

在多路数据传输过程中，经常需要将其中一路信号挑选出来进行传输，这就需要用到数据选择器。图 6.41 为 4 选 1 数据选择器的示意图。当 A_1A_0 为 00，开关导通 D_0，$Y=D_0$；当 A_1A_0 为 01 时，开关导通 D_1，$Y=D_1$，以此类推。

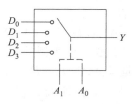

数据选择器及组合逻辑电路设计

图 6.41　4 选 1 数据选择器

在数据选择器中，通常用地址输入信号来完成挑选数据的任务。如一个 4 选 1 的数据选择器，应有两个地址输入端，共有 $2^2=4$ 种不同的组合，每一种组合可选择对应的一路输入数据输出。同理，对一个 8 选 1 的数据选择器，应有 3 个地址输入端。其余类推。

(2) 集成数据选择器

集成数据选择器的种类很多，常见的如下。

① N 位数据选择器　从"N 组"输入数据中"各选"1 路进行传输。例如：2 位（双位）4 选 1 数据选择器（如 CT54LS153），表示从 2 组 4 路输入数据中各选择 1 路数据进行传输；4 位 2 选 1 数据选择器（如 CT54LS157），表示从 4 组 2 路输入数据中各选择 1 路数据进行传输等。

② 1 位数据选择器　从"1 组"输入数据中选择 1 路进行传输。例如 8 选 1（如 CT54LS151）、16 选 1（CT54LS150）等。

下面介绍几种数据选择器。

① 数据选择器 74LS153　图 6.42 为 74LS153 引脚排列示意图。D_3、D_2、D_1、D_0 为数据输入

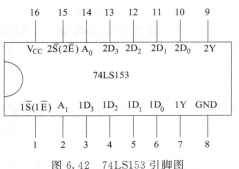

图 6.42　74LS153 引脚图

端，A_1、A_0 为地址信号输入端，Y 为数据输出端，$\overline{S}$ 为使能端，又称选通端，输入低电平有效。该芯片中存在两个 4 选 1 数据选择器。

从功能表（表 6.14）可以看出，74LS153 中的两个 4 选 1 数据选择器共用一个地址输入端（A_1、A_0）、电源和地，其他均各自独立。$\overline{S}$ 为使能端，低电平有效。

表 6.14　74LS153 功能表

输入							输出
$\overline{S}$	A_1	A_0	D_3	D_2	D_1	D_0	Y
1	×	×	×	×	×	×	0
0	0	0	×	×	×	0	D_0
0	0	0	×	×	×	1	
0	0	1	×	×	0	×	D_1
0	0	1	×	×	1	×	
0	1	0	×	0	×	×	D_2
0	1	0	×	1	×	×	
0	1	1	0	×	×	×	D_3
0	1	1	1	×	×	×	

当 $\overline{S}=1$ 时，$Y=0$，数据选择器不工作。

当 $\overline{S}=0$ 时，数据选择器工作，有

$$Y=\overline{A_1}\,\overline{A_0}D_0+\overline{A_1}A_0D_1+A_1\overline{A_0}D_2+A_1A_0D_3$$

② 数据选择器 74LS151　74LS151 是一种典型的集成 8 选 1 数据选择器，其逻辑图和引脚图如图 6.43 所示。它有 8 个数据输入端 $D_0\sim D_7$，3 个地址输入端 A_2、A_1、A_0，2 个互补的输出端 Y 和 $\overline{Y}$，1 个使能输入端 S，使能端 S 仍为低电平有效。

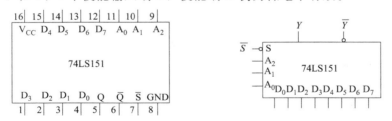

图 6.43　74LS151 引脚和逻辑符号图

当使能端 S 有效时，输出等于地址信号 A_2、A_1、A_0 所选择的数据信号，可得输出函数表达式为：

$$Y=m_0D_0+m_1D_1+m_2D_2+m_3D_3+m_4D_4+m_5D_5+m_6D_6+m_7D_7$$

（3）用数据选择器实现组合逻辑函数

① 实现原理　数据选择器是一个逻辑函数的最小项输出：

$$Y=m_0D_0+\cdots+m_nD_n=\sum_{i=0}^{i=2^n-1}m_0D_i$$

而任何一个 n 位变量的逻辑函数都可变换为最小项之和的标准式。对照函数表达式和相应的数据选择器输出函数表达式，可以实现用数据选择器来表示逻辑函数。

② 实现步骤

a.根据函数变量选择合适的数据选择器，一般变量个数 n 个，选择 2^n 选 1 的数据选

择器。

　　b. 将被表示的函数转换成标准与-或表达式。

　　c. 写出选择的数据选择器的输出函数。

　　d. 对比两函数，使数据选择器的地址端和函数变量一一对应（高位对高位），表达式中出现的最小项相应的输入数据 D 为 1，否则为 0。

　　e. 画逻辑电路图。

　　【例 6-21】　市电互补控制器中共有 4 种工作模式：编号 0 为停机，1 为光伏，2 为市电互补，3 为市电模式。当停机模式时，市电和光伏电不导入；当光伏工作模式，市电不导入，光伏电导入；当市电互补模式，市电和光伏电都导入；当市电模式，市电导入，光伏发电部导入。利用译码器实现上述组合逻辑电路功能。

　　解　（1）采用 74LS153 数据选择器设计电路。

　　（2）写出函数标准与-或表达式。

　　假设 A、B 为驱动信号，当 AB 信号为 00 时，系统停机，即光伏 YG、市电 YS 导入信号为 00；01 时，光伏、市电导入信号为 10；10 时，光伏和市电导入信号为 11；11 时，光伏和市电导入信号为 01。

$$YG = \overline{A}B + A\overline{B}, \quad YS = A$$

　　（3）写出选择的数据选择器的输出函数：

$$Y = m_0 C_0 + m_1 C_1 + m_2 C_2 + m_3 C_3$$

　　对比两函数，将 A 连接 74LS153 的 A 端，B 连接 74LS153 的 B 端。$1C_0$、$1C_3$ 接地（0 信号），$1C_1$、$1C_2$ 接电源（1 信号），则输出 $1Y = YG = \overline{A}B + A\overline{B}$，$2C_0$、$2C_1$ 接地（0 信号），$2C_2$、$2C_3$ 接电源（1 信号），则输出 $2Y = YS = AB + A\overline{B} = A$。

　　（4）画逻辑电路，如图 6.44 所示。

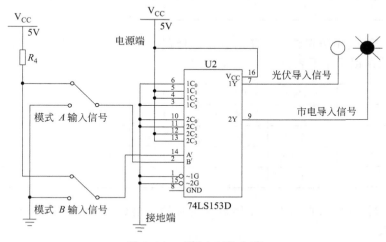

图 6.44　【例 6-21】电路

　　【例 6-22】　用数据选择器和门电路实现 $Y = AB + AC$ 的组合逻辑电路。

　　解　（1）选择数据选择器：8 选 1 数据选择器 74LS151。

　　（2）标准与-或表达式

$$Y' = AB + AC = AB\overline{C} + A\overline{B}C + ABC = m_6' + m_5' + m_7'$$

　　（3）写出数据选择器输出函数：

$$Y = m_0 D_0 + m_1 D_1 + m_2 D_2 + m_3 D_3 + m_4 D_4 + m_5 D_5 + m_6 D_6 + m_7 D_7$$

（4）对照上述两表达式，令 $A = A_2$，$B = A_1$，$C = A_0$，则 $m_n = m'_n$，所以，$D_0 = D_1 = D_2 = D_3 = D_4 = 0$；$D_5 = D_6 = D_7 = 1$。

（5）画逻辑电路，如图 6.45 所示。

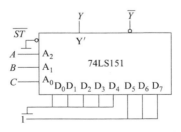

图 6.45　【例 6-22】逻辑电路图

【课堂训练】

【课堂训练 1】利用仿真软件，使用数据选择器，搭建市电互补控制器。当 AB 信号为 00 时，系统停机，即光伏 YG、市电 YS 导入控制信号为 00，也就是关闭光伏电能导入，关闭市电电能导入；当 AB 信号为 01 时，光伏、市电导入信号为 10，即关闭市电电能导入，打开光伏电能导入；当 AB 信号为 10 时，光伏和市电导入信号为 11，即打开市电电能导入，打开光伏电能导入；当 AB 信号为 11 时，光伏和市电导入信号为 01，即打开市电电能导入，关闭光伏电能导入。数据记录于下表。

A	B	YG	YS	A	B	YG	YS
0	0			1	0		
0	1			1	1		

【课堂训练 2】利用仿真软件，使用数据选择器，搭建 3 路判决电路功能，满足少数服从多数原则。数据记录于下表。

A	B	C	Y	A	B	C	Y
0	0	0		1	0	0	
0	0	1		1	0	1	
0	1	0		1	1	0	
0	1	1		1	1	1	

【课堂训练 3】利用仿真软件，使用数据选择器，搭建 A 具有否决权的 3 路判决电路。数据记录于下表。

A	B	C	Y	A	B	C	Y
0	0	0		1	0	0	
0	0	1		1	0	1	
0	1	0		1	1	0	
0	1	1		1	1	1	

【课堂训练 4】 利用仿真软件，使用数据选择器，搭建全加器电路。数据记录于下表。

A	B	C_{i-1}	S	C_i	A	B	C_{i-1}	S	C_i
0	0	0			1	0	0		
0	0	1			1	0	1		
0	1	0			1	1	0		
0	1	1			1	1	1		

【课堂训练 5】 利用仿真软件，使用数据选择器，实现工厂发电机运行控制。设工厂有 A、B、C 三个厂房，用电功率分别为 5kW，工厂有 F_1 和 F_2 两台发电机，发电功率分别为 5kW 和 10kW。

A	B	C	F_1	F_2	A	B	C	F_1	F_2
0	0	0			1	0	0		
0	0	1			1	0	1		
0	1	0			1	1	0		
0	1	1			1	1	1		

【课后练习】

习题自测

互补接入数据
选择器组合控制电
路设计习题解答

（1）试用数据选择器实现函数 $Y = AB + AC + BC$。

（2）用 74LS153 实现逻辑函数 $Z = \overline{A}B + AB$。

（3）已知用 8 选 1 数据选择器 74LS151 构成的逻辑电路如图 6.46 所示，请写出输出 F 的逻辑函数表达式，并将它化成最简与-或表达式。

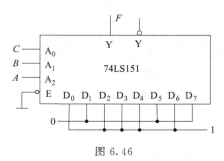

图 6.46

（4）用 8 选 1 数据选择器 74LS151 设计一个组合电路。该电路有 3 个输入 A、B、C 和一个工作模式控制变量 M，当 $M=0$ 时，电路实现"意见一致"功能（A、B、C 状态一致时输出为 1，否则输出为 0），而 $M=1$ 时，电路实现"多数表决"功能，即输出与 A、B、C 中多数的状态一致。

时序逻辑模式控制电路设计与制作

 **项目描述**

　　市电互补控制器中共有 4 种工作模式：编号 0 为停机模式；1 为光伏模式；2 为市电互补模式；3 为市电模式。当控制器处在停机模式时，市电和光伏电不导入；光伏工作模式时，市电不导入，光伏电导入；市电互补模式时，市电和光伏电都导入；市电模式时，市电导入，光伏发电不导入。在实现控制器 4 种工作模式时，主要利用开关或按键来产生数字脉冲信号，再利用触发器进行数字信号的处理，最终用数码显示器件将模式显示出来。时序逻辑模式控制电路就是利用触发器、计数器、译码器、数码管等器件实现 4 种状态的控制，如图 7.1 所示。

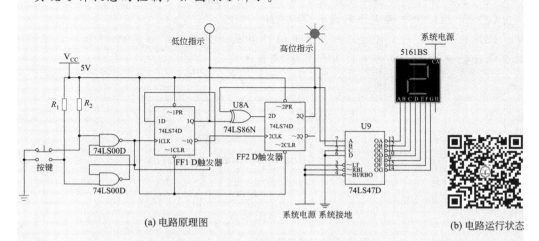

图 7.1　互补模式信号时序发生电路

知识目标

① 掌握时序逻辑电路的设计与分析方法。
② 掌握各种触发器的功能特点及应用。
③ 掌握基本计数器的功能特点及应用。
④ 掌握数码显示器的原理及应用。
⑤ 掌握数码显示译码器的功能及应用。

能力目标

① 能按功能真值表测试各种触发器逻辑功能。
② 能根据触发器的逻辑符号分析其功能，画出其时序图。
③ 能用集成计数器设计任意进制计数器。
④ 能根据实际所需，选择数码显示器和数码显示译码器的类型。

任务7.1 防抖动 RS 触发开关电路设计

【任务引领】

在互补模式时序控制电路中，使用机械式开关进行模式的切换。此时机械式的开关在触点断开、闭合时会产生抖动现象，并由此引起错误信息，因此需要进行去抖处理。可以用最简单的基本 RS 触发器解决这个问题，电路如图 7.2 所示。

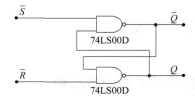

图 7.2 防抖动 RS 触发开关

【知识目标】

① 掌握时序逻辑电路的基本概念。
② 掌握触发器的功能特点及应用。
③ 掌握 RS 触发器的结构、工作原理及逻辑功能。

【能力目标】

① 掌握触发器的应用。
② 掌握触发器电路功能的表示方法。
③ 掌握 RS 触发器在防抖动电路中的应用。

7.1.1 触发器

（1）触发器的概念

组合逻辑电路和时序逻辑电路是数字电路的两大类。

逻辑门电路和组合电路的输出状态时刻随输入状态而变，但在某些电路中，还需要将输出 0、1 的二值信号保存起来，不随输入信号变化，因此要有记忆的功能，触发器就是具有记忆功能的基本逻辑单元电路。

时序逻辑电路逻辑功能的特点是：任一时刻电路的输出状态不仅与该时刻的输入状态有关，而且与电路原来所处的状态有关。

与门电路相比，触发器具有两个稳定的状态：0 状态和 1 状态，属于双稳态电路。任何具有两个稳定状态且可以通过适当的信号注入方式使其从一个稳定状态转换到另一个稳定状态的电路，都称为触发器。

（2）触发器的分类

从结构上看，触发器由逻辑门加反馈电路组成，有一个或几个输入端，两个互补的输出端，通常标记为 Q 和 $\overline{Q}$。以 Q 这个输出端的状态作为触发器的状态，将触发器输出 $Q=0$（$\overline{Q}=1$）的状态称为触发器的 "0" 态，$Q=1$（$\overline{Q}=0$）的状态称为触发器的 "1" 态。

所有触发器都具有两个稳定状态，但使输出状态从一个稳定状态翻转到另一个稳定状态的方法却有多种，由此构成了具有各种功能的触发器。

按照触发信号的控制类型，触发器可分为两种类型：一类是非时钟控制触发器（基本触发器），它的输入信号可在不受其他时钟控制信号的作用下，按某一逻辑关系改变触发器的输出状态；另一类是时钟控制触发器（钟控触发器），它必须在时钟信号的作用下，才能接收输入信号，从而改变触发器的输出状态。时钟控制触发器按时钟类型，又分为电平触发和边沿触发两种类型。

根据逻辑功能的不同，可将触发器分为 RS 触发器、D 触发器、JK 触发器、T 和 T′触发器等。

根据电路结构的不同，可将触发器分为基本触发器、同步触发器、主从触发器、边沿触发器等。

7.1.2 RS 触发器及其机械开关去抖上的应用

（1）基本 RS 触发器

与非门构成的基本触发器又称为置 0 置 1 触发器。它是各种触发器中结构最简单的一种，通常作为构成各种功能触发器的最基本单元，所以也称为基本触发器。

① 电路结构　基本的 RS 触发器由两个与非门的输入端与输出端交叉连接而成。电路结构如图 7.3（a）所示，逻辑符号如图 7.3（b）所示。图中 Q、$\overline{Q}$ 是基本 RS 触发器的两个输出端；$\overline{S}$、$\overline{R}$ 是两个输入端，$\overline{S}$、$\overline{R}$ 上的 "非" 号或 R、S 上的小圆圈都表示输入信号只在低电平时有效。Q 端状态

时序逻辑电路与
触发器

通常定义为触发器的输出状态。当 $Q=0$、$\overline{Q}=1$ 时，称触发器为 0 状态，当 $Q=1$、$\overline{Q}=0$ 时，称触发器为 1 状态。Q、$\overline{Q}$ 状态相反。

② 逻辑功能　$\overline{S}=1$、$\overline{R}=0$ 时，$\overline{Q}=1$，反馈到 G_1 门使 $Q=0$，即不论触发器原态是 0

态还是 1 态，电路的输出一定为 0 态，$\overline{R}$ 为置 0 端。

$\overline{S}=0$、$\overline{R}=1$ 时，$\overline{Q}=1$，反馈到 G_2 门使 $\overline{Q}=0$，即不论触发器原态是 0 态还是 1 态，电路的输出一定为 1 态，$\overline{S}$ 为置 1 端。

$\overline{S}=1$、$\overline{R}=1$ 时，设电路原来状态为 $Q=0$、$\overline{Q}=1$，在 $\overline{S}=1$、$\overline{R}=1$ 作用下，电路的输出仍是 $Q=0$、$\overline{Q}=1$，与原态相同，即触发器的状态保持不变。

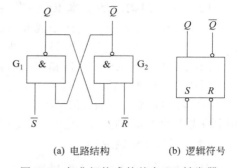

(a) 电路结构　　　(b) 逻辑符号

图 7.3　与非门构成的基本 RS 触发器

$\overline{S}=0$、$\overline{R}=0$ 时，$Q=1$、$\overline{Q}=1$，破坏了输出信号互补的原则，而随后 $\overline{S}=1$、$\overline{R}=1$ 时，输出状态可能是 1 也可能是 0，出现了不定状态，这意味着当输入条件同时消失后，触发器状态不定，这在触发器工作时是不允许出现的，也就是要禁止 $\overline{S}$、$\overline{R}$ 同时为 0 的输入状态出现。

③ 逻辑功能描述　触发器的逻辑功能可用功能表、特征方程、时序图、状态图等方法描述。

a. 功能表（特性表）　与非门构成的基本 RS 触发器的功能表如表 7.1 所示。

表 7.1　与非门构成的基本 RS 触发器的功能表

输 入		输 出		功能说明
$\overline{S}$	$\overline{R}$	Q	$\overline{Q}$	
0	0	不定	不定	禁止
1	0	0	1	置 0
0	1	1	0	置 1
1	1	保持	保持	保持

b. 波形图　设初始状态 Q 为 0，根据给定的输入信号波形，画出相应输出端 Q、$\overline{Q}$ 的波形，称为波形图。

图 7.4 中，根据 $\overline{S}$、$\overline{R}$ 输入信号及真值表逻辑关系，可以画出输出波形，在 $\overline{S}=0$、$\overline{R}=0$ 期间，Q、$\overline{Q}$ 都为 1，但当 $\overline{S}$、$\overline{R}$ 变为 1 时，Q、$\overline{Q}$ 的状态无法确定。

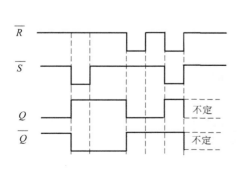

图 7.4　基本 RS 触发器输出波形

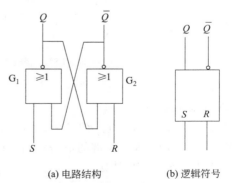

(a) 电路结构　　　(b) 逻辑符号

图 7.5　或非门构成的基本 RS 触发器

（2）或非门构成的基本 RS 触发器

基本 RS 触发器也可由两个或非门的输入端与输出端交叉连接而成。电路结构如图 7.5（a）所示，图 7.5(b)是逻辑符号。或非门构成的基本 RS 触发器的功能表如表 7.2 所示，和与非门构成的基本 RS 触发器相似，但输入信号为高电平有效。

对或非门构成的基本 RS 触发器，不允许出现 $R=S=1$，否则会出现混乱，无法确定输出状态。在实际中，触发器输入信号的变化是需要一定时间的延迟才能引起触发器状态变化，这是使用中应考虑的实际问题。但在以后画波形时，如无特殊说明，均不考虑门电路的传输延迟时间。

（3）时钟 RS 触发器

基本 RS 触发器属于无时钟触发器，触发器状态的变换由 $\overline{S}$、$\overline{R}$ 端输入信号直接控制。在实际工作中，触发器的工作状态不仅由输入决定，而且还要求触发器按一定的节拍翻转，为此需要加入一个时钟控制端 CP，只有在 CP 端出现时钟脉冲时，触发器的状态才能变化。带有时钟信号的触发器叫时钟触发器，又称同步触发器。

表 7.2　或非门构成的基本 RS 触发器的功能表

输入		输出		功能说明
S	R	Q	$\overline{Q}$	
0	0	保持	保持	保持
1	0	1	0	置1
0	1	0	1	置0
1	1	不定	不定	禁止

① 电路结构　同步 RS 触发器是时钟触发器的一种。由与非门构成的时钟 RS 触发器电路结构如图 7.6 所示，CP 为时钟脉冲输入端。

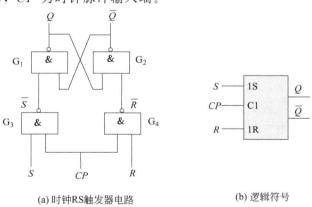

(a)时钟RS触发器电路　　　　　(b) 逻辑符号

图 7.6　时钟 RS 触发器

② 功能分析

当 $CP=0$ 时，G_3、G_4 门关闭，不论 R、S 如何变化，触发器输出保持不变。

而 $CP=1$ 时，R、S 端的信号经与非门反相后引到基本 RS 触发器的输入端，此时触发器输出由 R、S 及 CP 决定。

$S=0$、$R=1$ 时，$\overline{S}=1$，$\overline{R}=0$，$\overline{Q}=1$，反馈到 G_1 门使 $Q=0$，即不论触发器原态是 0 态还是 1 态，电路的输出一定为 0。

$S=1$、$R=0$ 时，$\overline{S}=0$，$\overline{R}=1$，$Q=1$，反馈到 G_2 门使 $\overline{Q}=0$，即不论触发器原态是 0

态还是 1 态，电路的输出一定为 1。

$S=0$、$R=0$ 时，$\overline{S}=1$、$\overline{R}=1$，触发器的状态将保持不变。

$S=1$、$R=1$ 时，$\overline{S}=0$、$\overline{R}=0$，使 $Q=1$、$\overline{Q}=1$，破坏了输出信号互补的原则，而随后 $S=0$、$R=0$ 时，输出状态可能是 1 也可能是 0，出现了不定状态，这在触发器工作时是不允许出现的。

R、S 控制输出状态转换，CP 控制何时发生状态转换。时钟 RS 触发器是在 $CP=1$ 时发生状态转换，称为高电平触发。

③ 功能表示方法

a. 功能表 时钟 RS 触发器的功能表如表 7.3。其功能与基本 RS 触发器功能相似，但在 $CP=1$ 到来时状态才能变化。Q^n 为 CP 脉冲到来前触发器的状态，称为现态，Q^{n+1} 为 CP 脉冲到来后触发器的状态，称为次态。

表 7.3 时钟 RS 触发器的功能表

R	S	Q^n	Q^{n+1}	功能说明
0	0	0	0	保持
0	0	1	1	
0	1	0	1	置 1
0	1	1	1	
1	0	0	0	置 0
1	0	1	0	
1	1	0	不定	禁止
1	1	1	不定	

b. 特征方程 表示触发器次态与触发器输入及现态的逻辑关系式，称为触发器的特征方程。

根据功能表画出卡诺图，如图 7.7 所示，经过化简，得到时钟 RS 触发器在 $CP=1$ 时的特征方程：

$$Q^{n+1}=S+\overline{R}Q^n \quad RS=0$$

$RS=0$ 为约束条件，表示 S、R 不能同时为 1。

c. 状态转换图 用两个圆表示触发器的两种稳态 0 和 1。箭头表示由现态到次态的转换方向，箭尾表示原态，箭头线上的数字标注出了原态转换成次态所需的触发条件。如图 7.8 所示。

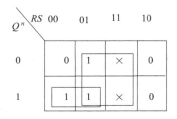

图 7.7 时钟 RS 触发器卡诺图

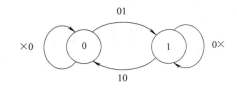

图 7.8 时钟 RS 触发器状态转换图

d. 波形图 触发器的功能可以通过输入输出波形表示。图 7.9 为时钟 RS 触发器的波形图。

(4) RS 触发器机械开关去抖分析

通常按键开关为机械弹性开关，当机械触点断开、闭合时，电压信号波形如图 7.10 所示。由于机械触点的弹性作用，一个按键开关在闭合时

RS触发器及其应用

不会马上稳定地接通，在断开时也不会一下子断开，因而在闭合及断开的瞬间均伴随有一连串的抖动，如图 7.10 所示。抖动时间的长短由按键的机械特性决定，一般为 5～10ms。这是一个很重要的时间参数，在很多场合都会用到。

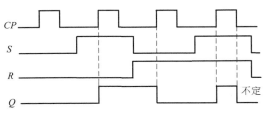

图 7.9 时钟 RS 触发器的波形图

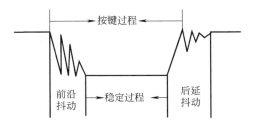

图 7.10 机械触点波形

键抖动会引起一次按键被误读多次。为确保按键一次操作仅做一次处理，必须去除键抖动，在键闭合稳定时读取键的状态，并且必须判别到按键释放稳定后再做处理。按键去抖的硬件电路如图 7.11 所示。

在图 7.11 中，设开关 S 的初始位置打在 B 点，此时，触发器被置 0，输出端 $Q=0$，$\overline{Q}=1$；当开关 S 由 B 点打到 A 点后，触发器被置 1，输出端 $Q=1$，$\overline{Q}=0$；当开关 S 由 A 点再打回到 B 点后，触发器的输出又变回原来的状态 $Q=0$，$\overline{Q}=1$。在触发器的 Q 端产生一个正脉冲。虽然在开关 S 由 B 到 A 或由 A 到 B 的运动过程中会出现与 A、B 两点都不接触的中间状态，但此时触发器输入端均为高电平状态，根据基本 RS 触发器的特性可知，触发器的输出状态将继续保持原来状态不变，直到开关 S 到达 A 或 B 点为止。同理，当开关 S 在 A 点附近或 B 点附近发生抖动时，也不会影响触发器的输出状态，即触发器同样会保持原状态不变。

由此可见，该电路能在输入开关的作用下产生一个理想的单脉冲信号，消除了抖动现象。其脉冲波形如图 7.11(b) 所示。图中，t_{A1} 为 S 第一次打到 A 的时刻，t_{B1} 为 S 第一次打到 B 的时刻，t_{A2} 为 S 第二次打到 A 的时刻，t_{B2} 为 S 第二次打到 B 的时刻。

图 7.12 是由 RS 触发器组成的防抖动仿真电路。

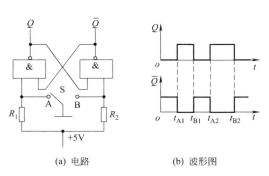

(a) 电路　　(b) 波形图

图 7.11 按键去抖电路

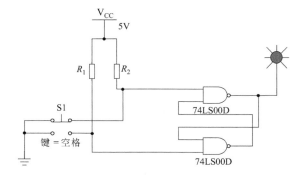

图 7.12 RS 触发器防抖动电路

【课堂训练】

【课堂训练 1】 参考图 7.3 与非门构成的基本 RS 触发器，利用仿真软件搭建电路，分析输入与输出的变换的关系。数据记录于下表。

输入		输出		输入		输出	
$\overline{S}$	$\overline{R}$	Q	$\overline{Q}$	$\overline{S}$	$\overline{R}$	Q	$\overline{Q}$
0	0			0	1		
1	0			1	1		

【课堂训练2】 参考图7.5或非门构成的基本RS触发器，利用仿真软件搭建电路，分析输入与输出的变换的关系。数据记录于下表。

输入		输出		输入		输出	
$\overline{S}$	$\overline{R}$	Q	$\overline{Q}$	$\overline{S}$	$\overline{R}$	Q	$\overline{Q}$
0	0			0	1		
1	0			1	1		

【课堂训练3】 参考图7.6时钟RS触发器，利用仿真软件搭建电路，分析输入与输出的变换的关系。数据记录于下表。

输入			中间状态		输出	
CP	S	R	$\overline{S}$	$\overline{R}$	Q	$\overline{Q}$

【课堂训练4】 参考图7.12按键去抖电路，利用仿真软件搭建电路，分析输入与输出的变换的关系。

【课后练习】

习题自测

防抖动RS触发开关电路设计
习题解答

(1) 由与非门组成的基本RS触发器和输入端S、R信号如图7.13所示，根据R、S波形画出输出端Q、$\overline{Q}$的波形。

(2) 由或非门组成的触发器和输入端信号如图7.14所示，请写出触发器输出Q的特征方程。设触发器的初始状态为1，画出输出端Q的波形。

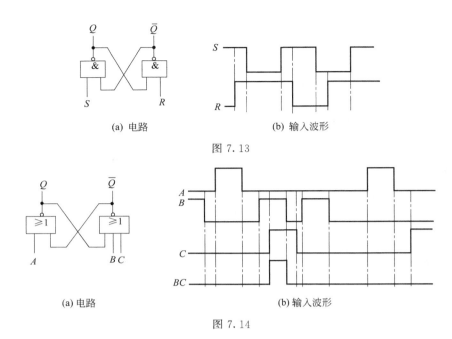

图 7.13

图 7.14

(3) 时钟控制的 RS 触发器如图 7.15 所示。设触发器的初始状态为 0，画出输出端 Q 的波形。

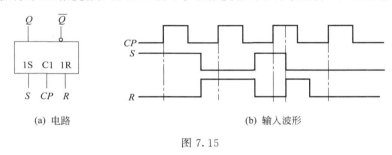

图 7.15

任务 7.2　触发器模式控制电路设计

【任务引领】

市电互补控制器中共有四种工作模式：编号 0 为停机，1 为光伏，2 为市电互补，3 为市电模式。需要进行模式切换时，点击开关就行了，开关将产生数字脉冲信号。如何将这些信号转换成模式控制所需的信号呢？可以通过两个触发器的组合，将数字脉冲信号按照脉冲的个数转换成 00、01、10、11 四种状态，四种状态分别对应一种模式。电路如图 7.16 所示。

【知识目标】

① 掌握各类触发器的特点及功能。
② 掌握时序逻辑电路的分析方法。
③ 掌握 JK 和 D 触发器的特点及逻辑功能。

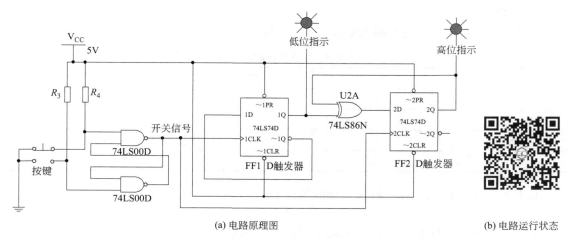

(a) 电路原理图   (b) 电路运行状态

图 7.16 触发器模式控制电路设计

【能力目标】

① 掌握时序逻辑电路的分析步骤。

② 掌握 JK、D 触发器的功能和使用方法。

7.2.1 D 触发器

(1) 同步 D 触发器

由任务 7.1 得知，同步 RS 触发器有约束条件 $RS=0$。为了避免这种情况，在同步 RS 触发器前加一个非门，使 $S=\bar{R}$，便构成了同步 D 触发器，而原来的 S 端改称为 D 端。如图 7.17 所示。

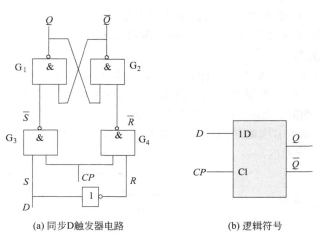

D 触发器及其应用

(a) 同步D触发器电路   (b) 逻辑符号

图 7.17 同步 D 触发器

① 功能分析

当 $CP=0$ 时，D 触发器保持原状态不变。

当 $CP=1$ 时，如果 $D=0$，无论原状态为 0 或为 1，D 触发器均输出 0；如果 $D=1$，无论原状态为 0 或为 1，D 触发器均输出 1。

② 功能表示方法

a. 功能表　D 触发器的功能表如表 7.4。

表 7.4　D 触发器的功能表

D	Q^n	Q^{n+1}	功能说明
1	0	1	置 1
1	1	1	
0	0	0	置 0
0	1	0	

b. 特征方程　由功能表可得到 D 触发器在 $CP=1$ 时的特征方程：

$$Q^{n+1}=D$$

c. 状态转换图　D 触发器状态转换图如图 7.18 所示。

d. 波形图　如果已知 CP 和 D 的波形，则可画出 D 触发器的波形图。图 7.19 为 D 触发器的波形图。设触发器初始状态为 0。

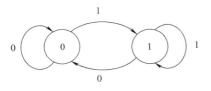

图 7.18　D 触发器状态转换图

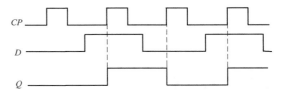

图 7.19　D 触发器的波形图

（2）带有异步控制端的同步触发器

同步 D 触发器在 CP 有效电平期间，输出会随输入变化而变化。在实际应用中，同步触发器的输入端存在异步控制输入端，即异步输入端 R 有效，输出立刻变成低电平，不受 CP 时钟的影响；当异步输入端 S 有效，输出立刻变成高电平，也不受 CP 时钟的影响。图 7.20 为具有异步控制端的同步 D 触发器，异步端低电平有效。

（3）边沿 D 触发器

同步 D 触发器为电平触发方式，即在 CP 为高电平（低电平）期间，输出端的状态与输入信号有关。如果是低电平触发，则在逻辑符号的 CP 端加一小圆圈表示。电平触发的触发器在整个有效电平期间，如果输入信号发生了变化，输出状态也可能发生变化，有可能出现在一个 CP 作用下发生多次翻转的现象（称为空翻），其 CP 及 D 的波形如图 7.21 所示，输出端 Q 的波形可分析画出。

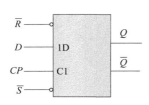

图 7.20　具有异步控制端的同步 D 触发器

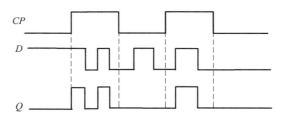

图 7.21　边沿 D 触发器的空翻波形图

在图中第一个 $CP=1$ 期间，D 信号变化 3 次导致输出信号变化 4 次，在第二个 $CP=1$ 期间，D 信号变化 2 次导致输出信号变化 2 次。电平触发方式的时钟触发器都可能存在这种空翻现象。为克服这种现象，应改变触发方式。

边沿触发器只能在时钟脉冲 CP 上升沿（或下降沿）时刻接收输入信号，因此，电路状态只能在 CP 上升沿（或下降沿）时刻翻转。在 CP 的其他时间内，电路状态不会发生变化，这样就提高了触发器工作的可靠性和抗干扰能力。

边沿 D 触发器也叫维持阻塞 D 触发器。

① 电路结构　电路图 7.22 由六个与非门组成。其中，G_1、G_2 组成基本 RS 触发器，G_3、G_6 组成控制门。引入置 1 维持线 L_1，置 0 维持线 L_3，置 1 阻塞线 L_4，置 0 阻塞线 L_2。D 为输入信号。

② 功能分析　在 $CP=0$ 时，G_3、G_4 门被封锁，输入信号 D 的状态虽然能反映到 G_5、G_6 门的输出端，但不能作用到 G_3、G_4 门上，触发器状态保持不变。

若在 CP 上升沿到来前 $D=0$，因 G_3、G_4 门被封锁，使 $Q_3=1$、$Q_4=1$、$Q_6=1$、$Q_5=0$，此时 D 不能通过 G_3、G_4 门反映到触发器上而是在此等待。当 CP 上升沿到来，$Q_5=0$ 作用到 G_3 门上，使 G_3 门被封锁，Q_3 保持不变；$Q_6=1$ 作用到 G_4 门上，使 G_4 门打开，Q_4 翻转为 0，使触发器输出 $Q=0$、$\overline{Q}=1$。无论 CP 上升沿到来前触发器状态如何，只要 $D=0$，CP 上升沿到来后，触发器状态就变为 0。同时 $Q_4=0$ 通过置 0 维持线 L_3 反馈到 G_6 门的输

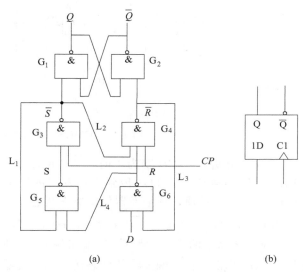

图 7.22　维持阻塞 D 触发器

入端，将 G_6 门封锁，即在 $CP=1$ 期间，无论 D 如何变化，触发器状态保持 0 不变。

若在 CP 上升沿到来前 $D=1$，因 G_3、G_4 门被封锁，使 $Q_3=1$、$Q_4=1$、$Q_6=0$、$Q_5=1$。此时 Q_6、Q_5 的状态不能通过 G_3、G_4 门反映到触发器上，触发器保持原状态。当 CP 上升沿到来，Q_6、Q_5 的状态反映到触发器上，$Q_6=0$，G_4 门被封锁，使 Q_4 保持不变，Q_3 翻转为 0，使触发器输出 $Q=1$、$\overline{Q}=0$。无论 CP 上升沿到来前触发器状态如何，只要 $D=1$，CP 上升沿到来后，触发器状态变为 1。同时 $Q_3=0$ 通过置 0 阻塞线 L_2 反馈到 G_4 门的输入端，将 G_4 门封锁，通过置 1 维持线 L_1 反馈到 G_5 门的输入端，将 G_5 门封锁，即在 $CP=1$ 期间，无论 D 如何变化，触发器状态保持 1 不变。

【例 7-1】　如图 7.23 所示，已知维持阻塞 D 触发器的 CP 和 D 波形，画出触发器 Q 的波形。初始状态为 0。

解　触发器 Q 的波形如图 7.23 所示。

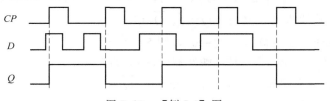

图 7.23　【例 7-1】图

（4）CMOS 主从结构的边沿 D 触发器

主从触发器由两级触发器构成，其中一级直接接收信号，称为主触发器，另一级接收主触发器的输出信号，称为从触发器。用两个触发器时钟信号互补，克服空翻现象。

① 电路结构　图 7.24 为 CMOS 主从结构的边沿 D 触发器，传输门 TG_1、TG_2 和非门 G_1、G_2 组成主触发器，传输门 TG_3、TG_4 和非门 G_3、G_4 组成从触发器，传输门的控制端由一对互补的时钟脉冲控制。该触发器具有边沿触发器的特性。

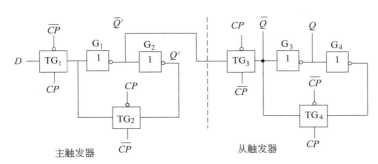

图 7.24　CMOS 主从结构的边沿 D 触发器

② 功能分析　在 CP 变为 1 时，$\overline{CP}$ 变为 0。这时 TG_1 导通，TG_2 截止。主触发器接收输入端 D 的信号，经 TG_1 传到主触发器的输出端。同时 TG_3 关闭，切断了两个触发器间的联系。TG_4 导通，从触发器保持原来状态。

当 CP 由 1 变为 0 时，$\overline{CP}$ 变为 1，这时 TG_1 截止，切断主触发器与输入端 D 的联系，TG_2 导通，将 G_1 的输入端与 G_2 的输出端连通，使主触发器保持原来状态不变。同时 TG_3 导通，TG_4 截止，将主触发器的状态送入从触发器，使 $Q^{n+1}=D$。

这是一个 CP 下降沿触发的边沿触发器。若将 CP 和 $\overline{CP}$ 互换，可使触发器变为上升沿触发。

7.2.2　JK 触发器

JK触发器及其应用

RS 触发器的特征方程中有一约束条件 $RS=0$，这一条件使得 RS 触发器在应用时不方便，JK 触发器克服了 RS 触发器的禁用状态，并且具有保持功能、置位功能和复位功能、翻转功能，是一种使用灵活、功能强、性能好的触发器。

（1）同步 JK 触发器

JK 触发器是由时钟 RS 触发器电路增加两条交叉反馈线得到的，即将触发器输出端 Q、$\overline{Q}$ 分别反馈到时钟控制门输入端。电路结构如图 7.25 所示。

① 功能分析　当 $CP=0$ 时，J、K 的变化对输出端状态没有影响，JK 触发器保持原状态不变。

当 $CP=1$ 时，如果 J、K 输入端为 0、0 时，$\overline{S}=\overline{R}=1$，触发器状态保持不变。当 J、K 为 0、1 时，若触发器原来处于 0 态（$Q=0$、$\overline{Q}=1$），则 $\overline{S}=1$、$\overline{R}=0$，触发器的次态仍为 0，若触发器原来处于 1 态（$Q=1$、$\overline{Q}=0$），则 $\overline{S}=1$、$\overline{R}=0$，触发器的次态为 0，与输入端 J 的状态一致。当 J、K 为 1、0 时，触发器的次态与输入端 J 的状态一致，为 1 态。而当 J、K 均为 1 时，若触发器原来处于 0 态（$Q=0$、$\overline{Q}=1$），则 $\overline{S}=0$、$\overline{R}=1$，触发器的次态为 1；若触发器原来处于 1 态（$Q=1$、$\overline{Q}=0$），则 $\overline{S}=1$、$\overline{R}=0$，触发器的次态为 0。即 J、

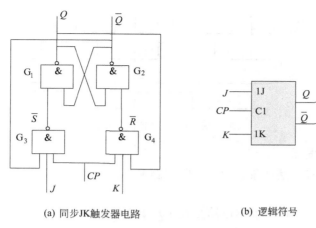

(a) 同步JK触发器电路　　　　　(b) 逻辑符号

图 7.25　同步 JK 触发器

K 均为 1 时触发器的状态将发生翻转。

② 功能表示方法

a. 功能表　根据电路结构及功能分析，得出 $CP=1$ 时 JK 触发器功能表，如表 7.5 所示。

表 7.5　JK 触发器功能表

J	K	Q^n	Q^{n+1}	功能说明
0	0	0	0	保持
0	1	0	1	
0	1	0	0	置0
0	1	1	0	
1	0	0	1	置1
1	0	1	1	
1	1	0	1	翻转
1	1	1	0	

b. 特征方程　当 $CP=1$ 时，由功能表画出卡诺图，如图 7.26 所示，进行化简得到 JK 触发器在 $CP=1$ 时的特征方程：

$$Q^{n+1}=J\overline{Q}^n+\overline{K}Q^n$$

c. 状态转换图　JK 触发器状态转换图如图 7.27 所示。

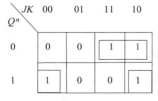

图 7.26　JK 触发器卡诺图

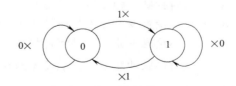

图 7.27　JK 触发器状态转换图

d. 波形图　图 7.28 为 JK 触发器的波形图。设触发器初始状态为 0。

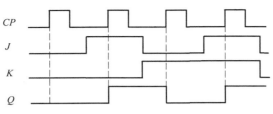

图 7.28　JK 触发器的波形图

（2）主从 JK 触发器

同步触发器都具有空翻现象。为了克服空翻现象，实现触发器状态的可靠翻转，可用主从触发器电路。

① 电路结构　主从 JK 触发器电路是在主从 RS 触发器基础上引两条反馈线：Q 反馈到 R 端，$\overline{Q}$ 反馈到 S 端，外加信号从 J、K 输入。如图 7.29(a) 所示。

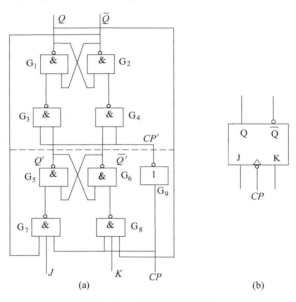

图 7.29　主从 JK 触发器

② 工作原理　当 $CP=1$ 时，$CP'=0$，从触发器被封锁，保持原状态不变。主触发器的状态由输入端 J、K 的信号和从触发器的状态来决定。

当 CP 从 1 跃变为 0 时，即 $CP=0$，主触发器被封锁，但由于 $CP'=1$，从触发器接收主触发器输出端的状态。主从 JK 触发器的状态变化是在 CP 从 1 变为 0 时发生的。

主从 JK 触发器的逻辑功能和前面的时钟 JK 触发器相同。

$J=0$、$K=0$，时钟脉冲触发后，触发器的状态保持不变，即 $Q^{n+1}=Q^n$。

$J=0$、$K=1$，不论触发器原来是何种状态，时钟脉冲触发后，触发器的输出为 0 态。

$J=1$、$K=0$，不论触发器原来是何种状态，时钟脉冲触发后，触发器的输出为 1 态。

$J=1$、$K=1$，时钟脉冲触发后，触发器的新状态总与原来状态相反，即 $Q^{n+1}=\overline{Q^n}$。

【例 7-2】 主从 JK 触发器的输入信号如图 7.30 所示，设触发器的初始状态为 0。试画出触发器输出的波形图。

解 触发器输出的波形图如图 7.30 所示。

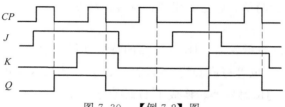

图 7.30 【例 7-2】图

主从 JK 触发器克服了空翻，但却存在一次变化问题，也就是在 $CP=1$ 时，J、K 中有一端引入干扰信号，主触发器接收时其状态只能变化一次，而干扰信号消失后，触发器无法恢复到干扰前的正常状态，导致输出状态错误，如图 7.31 所示。触发器的初始状态为 $Q'=0$、$\overline{Q'}=1$，$Q=0$、$\overline{Q}=1$。在 $CP=1$ 期间，J 信号变为 1，使 G_7 的三个输入端都为 1，输出为 0，而 G_8 门输入端有 0，输出为 1，所以主触发器状态翻转为 $Q'=1$、$\overline{Q'}=0$；当 J 信号再变为 0 时，由于从触发器的状态没有变化，Q 仍为 0，通过反馈线封锁了 G_8 门。当 J 信号再变为 0 时，G_7、G_8 的输出都为 1，主触发器不再翻转。所以当 CP 下降沿到来时，从触发器翻转为 $Q=1$、$\overline{Q}=0$。

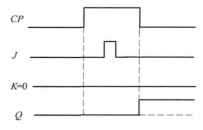

图 7.31 主从 JK 触发器的一次变化波形

为避免发生一次变化现象，可从电路结构入手，让触发器只接收 CP 触发沿到来前一瞬间的输入信号，即边沿触发器。

（3）边沿 JK 触发器

边沿触发器只是在 CP 的某一边沿（上升沿或下降沿）时刻才能对所作用的输入信号产生响应，即只有在 CP 边沿时输入信号才有效（输出状态与输入有关），而其他时间触发器都处于保持状态。边沿触发器有上升沿触发和下降沿触发两种。

图 7.32（a）为边沿 JK 触发器的逻辑符号，在 C1 的一端加动态符号"＞"，表示为边沿触发器，并且为上升沿触发，如果在"＞"处又带小圆圈"○"，则表示为下降沿触发。图 7.32（b）为上升沿 JK 触发器时序图。

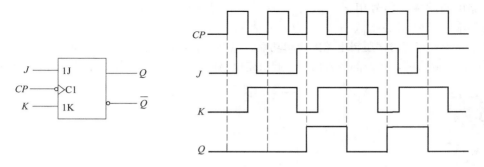

(a) 逻辑符号　　　　　　　　(b) 上升沿触发的 JK 触发器时序图

图 7.32 边沿 JK 触发器逻辑符号及上升沿触发的 JK 触发器时序图

（4）不同触发器的相互转换

由于市售的大多为 D 或 JK 功能的触发器，当需要其他类型触发器时，需要将某种触发器通过改接或增加一些电路后转换为另一种功能的触发器，因此要学会不同触发器逻辑功能的转换。转换的方法较为简单，就是利用两种待转换触发器的特征方程进行联立比较，求其转换逻辑。

① JK 触发器转换为 D 触发器　JK 触发器的特征方程为 $Q^{n+1}=J\overline{Q}^n+\overline{K}Q^n$，D 触发器的特征方程为 $Q^{n+1}=D$，也可写成 $Q^{n+1}=DQ^n+D\overline{Q}^n$，比较这两式可知：$J=D$，$\overline{K}=D$，即 $J=D$，$K=\overline{D}$，就把 JK 触发器转换成了 D 触发器。如图 7.33 所示。

② D 触发器转换为 JK 触发器　D 触发器只有一个信号输入端，特征方程为 $Q^{n+1}=D$，将 JK 触发器的输入端经转换后变成 D 信号即可。取 $D=J\overline{Q}^n+\overline{K}Q^n$ 时，D 触发器就变成了 JK 触发器，电路连接如图 7.34 所示。

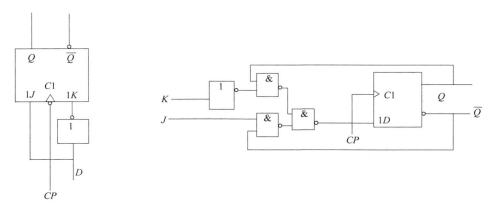

图 7.33　JK 触发器转换成
　　　　D 触发器的电路图

图 7.34　D 触发器转换为 JK 触发器的电路图

7.2.3　时序逻辑电路分析方法

（1）时序逻辑电路的组成

时序逻辑电路由组合逻辑电路和存储电路两部分组成，结构框图如图 7.35 所示。图中外部输入信号用 $X(x_1，x_2，\cdots，x_n)$ 表示；电路的输出信号用 $Y(y_1，y_2，\cdots，y_m)$ 表示；存储电路的输入信号用 $Z(z_1，z_2，\cdots，z_k)$ 表示；存储电路的输出信号和组合逻辑电路的内部输入信号用 $Q(q_1，q_2，\cdots，q_j)$ 表示。

可见，为了实现时序逻辑电路的逻辑功能，电路中必须包含存储电路，而且存储电路的输出还必须反馈到输入端，与外部输入信号一起决定电路的输出状态。存储电路通常由触发器组成。

时序逻辑电路
分析方法

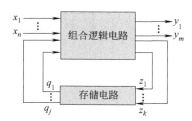

图 7.35　时序逻辑电路的结构框图

（2）时序逻辑电路逻辑功能的描述方法

用于描述触发器逻辑功能的各种方法，一般也适用于描述时序逻辑电路的逻辑功能，主要有以下几种。

① 逻辑表达式　图 7.35 中的几种信号之间的逻辑关系可用下列逻辑表达式来描述：

$$Y = F(X, Q^n)$$
$$Z = G(X, Q^n)$$
$$Q^{n+1} = H(Z, Q^n)$$

它们依次为输出方程、状态方程和存储电路的驱动方程。由逻辑表达式可见，电路的输出 Y 不仅与当时的输入 X 有关，而且与存储电路的状态 Q^n 有关。

② 状态转换真值表　状态转换真值表反映了时序逻辑电路的输出 Y、次态 Q^{n+1} 与其输入 X、现态 Q^n 的对应关系，又称状态转换表。状态转换表可由逻辑表达式获得。

③ 状态转换图　状态转换图又称状态图，是状态转换表的图形表示，它反映了时序逻辑电路状态的转换与输入、输出取值的规律。

④ 波形图　波形图又称为时序图，是电路在时钟脉冲序列 CP 的作用下，电路的状态以及输出随时间变化的波形。应用波形图，便于通过实验的方法检查时序逻辑电路的逻辑功能。

（3）时序逻辑电路的分类

时序逻辑电路按存储电路中的触发器是否同时动作，分为同步时序逻辑电路和异步时序逻辑电路两种。在同步时序逻辑电路中，所有的触发器都由同一个时钟脉冲 CP 控制，状态变化同时进行。而在异步时序逻辑电路中，各触发器没有统一的时钟脉冲信号，状态变化不是同时发生的，而是有先有后。

（4）时序逻辑电路的分析步骤

分析时序逻辑电路就是找出给定时序逻辑电路的逻辑功能和工作特点。分析步骤如下：

a. 分析逻辑电路的组成；

b. 根据给定电路的连线，写出各触发器的时钟方程、驱动方程和输出方程；

c. 求状态方程，将各触发器的驱动方程代入特性方程得到；

d. 进行状态计算，把电路的输入和现态各种可能取值组合代入状态方程和输出方程进行计算，得到相应的次态和输出；

e. 列状态转换表，画状态图或时序图；

f. 用文字描述电路的逻辑功能。

【例 7-3】　图 7.36 为一 multisim 仿真的异步时序逻辑电路，试调试电路，分析该电路

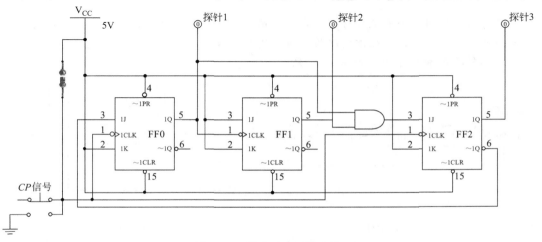

图 7.36　异步时序逻辑电路

的功能。

解 由图 7.36 可知，FF1 的时钟信号输入端是与 FF0 的输出相连，所以该电路为异步时序逻辑电路。具体分析方法如下。

a. 写方程式

时钟方程　FF0 和 FF2 由 CP 的下降沿触发，$CP_0=CP_2=CP$

　　　　　FF1 由 Q_0 的下降沿触发，$CP_1=Q_0$

输出方程　$Y=Q_2^n$

驱动方程　$J_0=\overline{Q_2^n}$，$K_0=1$；$J_1=1$，$K_1=1$；$J_2=Q_1^n Q_0^n$，$K_2=1$

状态方程　$Q_0^{n+1}=J_0\overline{Q_0^n}+\overline{K_0}Q_0^n=\overline{Q_2^n}\ \overline{Q_0^n}$，$CP$ 下降沿有效

　　　　　$Q_1^{n+1}=J_1\overline{Q_1^n}+\overline{K_1}Q_1^n=\overline{Q_1^n}$，$Q_0$ 下降沿有效

　　　　　$Q_2^{n+1}=J_2\overline{Q_2^n}+\overline{K_2}Q_2^n=Q_1^n Q_0^n \overline{Q_2^n}$，$CP$ 下降沿有效

b. 列状态转换真值表　上述状态方程只有在满足时钟条件后，将现态的各种取值代入计算才是有效的。设现态为 $Q_2^n Q_1^n Q_0^n=000$，代入状态方程，可得表 7.6 所示的状态转换真值表。表中第一行取值，在现态 $Q_2^n Q_1^n Q_0^n=000$ 时，先计算 Q_2 和 Q_0 的次态为 $Q_2^{n+1}Q_0^{n+1}=01$，由于 $CP_1=Q_0$，其由 0 跃变为 1 是正跃变（上升沿），故 FF1 保持 0 态不变，这时 $Q_2^{n+1}Q_1^{n+1}Q_0^{n+1}=001$。表中第二行取值，在现态为 $Q_2^n Q_1^n Q_0^n=001$ 时，得 $Q_2^{n+1}Q_0^{n+1}=00$，故此时 $CP_1=Q_0$，信号由 1 变成 0，为负跃变（下降沿），使 FF1 由 0 态翻转为 1 态，这时 $Q_2^{n+1}Q_1^{n+1}Q_0^{n+1}=010$。其余以此类推。

表 7.6　状态转换真值表

现态			次态			输出	时钟信号		
Q_2^n	Q_1^n	Q_0^n	Q_2^{n+1}	Q_1^{n+1}	Q_0^{n+1}	Y	CP_2	CP_1	CP_0
0	0	0	0	0	1	0	↓	↑	↓
0	0	1	0	1	0	0	↓	↓	↓
0	1	0	0	1	1	0	↓	↑	↓
0	1	1	1	0	0	0	↓	↓	↓
1	0	0	0	0	0	1	↓		↓

c. 逻辑功能说明　由表 7.6 可知，在输入第 5 个计数脉冲时，返回初始 000 状态，同时 Y 输出一个负跃变信号，因此该电路为异步五进制计数器。

d. 状态转换图和时序图　如图 7.37 所示。

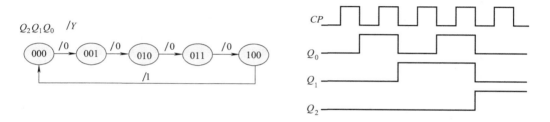

(a) 状态转换图　　　　　　　　　　　　　　(b) 时序图

图 7.37　状态转换图和时序图

7.2.4 同步时序逻辑电路设计方法

（1）同步时序逻辑电路的设计方法
① 根据设计要求设定状态，画出状态转换图。
② 状态化简。
③ 状态分配，列出状态转换编码表。
④ 选择触发器的类型，求出状态方程、驱动方程、输出方程。
⑤ 根据驱动方程和输出方程画逻辑图。
⑥ 检查电路有无自启动能力。

（2）JK 触发器同步时序逻辑电路设计

同步时序逻辑电路
设计方法

【例 7-4】 设计一个脉冲序列为 10100 的序列脉冲发生器。

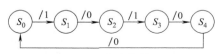

图 7.38 状态转换图

解 ①根据设计要求设定状态，画状态转换图。

由于串行输出脉冲序列为 10100，故电路应有 5 种工作状态，将它们分别用 S_0、S_1、…、S_4 表示。将串行输出信号用 Y 表示，则可列出图 7.38 所示的状态转换图。

由于上述 5 个状态中无重复状态，因此不需要进行状态化简。

② 状态分配，列出状态转换编码表。

由于电路有 5 个状态，因此宜采用 3 位二进制代码。现采用自然二进制码进行如下编码：$S_0=000$，$S_1=001$，…，$S_4=100$，由此可列出电路状态转换编码表如表 7.7 所示。

表 7.7 电路状态转换编码表

状态转换顺序	现态			次态			输出
	Q_2^n	Q_1^n	Q_0^n	Q_2^{n+1}	Q_1^{n+1}	Q_0^{n+1}	Y
S_0	0	0	0	0	0	1	1
S_1	0	0	1	0	1	0	0
S_2	0	1	0	0	1	1	1
S_3	0	1	1	1	0	0	0
S_4	1	0	0	0	0	0	0

③ 根据状态转换编码表求输出方程和状态方程。

Q_2^{n+1} 卡诺图、Q_1^{n+1} 卡诺图、Q_0^{n+1} 卡诺图、Y 卡诺图分别如图 7.39 所示。

输出方程为：
$$Y=\overline{Q_2^n}\,\overline{Q_0^n}$$

状态方程为：
$$Q_2^{n+1}=Q_0^n Q_1^n \overline{Q_2^n}$$
$$Q_1^{n+1}=Q_0^n \overline{Q_1^n}+\overline{Q_0^n}Q_1^n$$
$$Q_0^{n+1}=\overline{Q_2^n}\,\overline{Q_0^n}$$

④ 选择触发器类型，并求驱动方程。

选用 JK 触发器。其特性方程为
$$Q^{n+1}=J\overline{Q^n}+\overline{K}Q^n$$

将它与状态方程进行比较，可得驱动方程

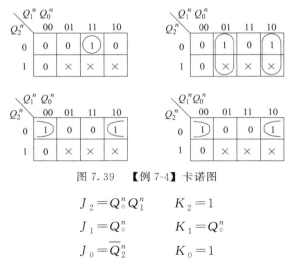

图 7.39　【例 7-4】卡诺图

$$J_2 = Q_0^n Q_1^n \qquad K_2 = 1$$
$$J_1 = Q_0^n \qquad K_1 = Q_0^n$$
$$J_0 = \overline{Q_2^n} \qquad K_0 = 1$$

⑤ 根据驱动方程和输出方程画逻辑图，如图 7.40 所示。

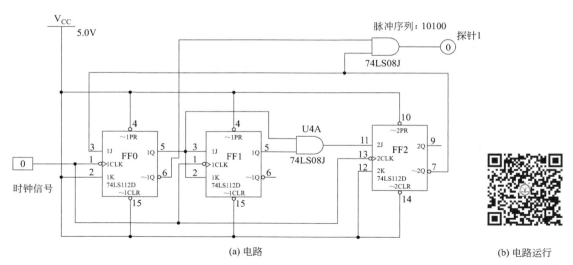

图 7.40　脉冲序列同步时序逻辑电路

⑥ 检查电路有无自启动能力。

将 3 个无效状态 101、110、111 代入状态方程计算后，获得的次态 010、010、000 均为有效状态。因此，该电路能自启动。

（3）D 触发器构成同步时序模式控制电路

前述市电互补控制器有 4 种工作模式，那么就用两个 D 触发器产生的 4 种数字状态与之对应，其中，00 状态为编号 0 停机模式，01 状态为编号 1 光伏模式，10 状态为编号 2 市电互补模式，11 状态为编号 3 市电模式。利用按动开关产生的脉冲信号，可以使两个 D 触发器按照 00、01、10、11、00 的顺序进行模式之间的转换。

① 根据设计要求设定状态，画状态转换图，如图 7.41 所示。

② 列出状态卡诺图。由于电路有 4 个状态，因此宜采用 2 位二进制代码。现采用自然二进制码进行如下编码：$S_0 = 00$，$S_1 = 01$，$S_2 = 10$，$S_3 = 11$，由此可列出电路状态转换编

码表如表 7.8 所示。

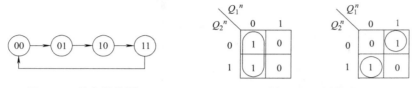

图 7.41 状态转换图　　　　图 7.42 卡诺图

表 7.8　电路状态转换编码表

状态转换顺序	现态		次态	
	Q_1^n	Q_0^n	Q_1^{n+1}	Q_0^{n+1}
S_0	0	0	0	1
S_1	0	1	1	0
S_2	1	0	1	1
S_3	1	1	0	0

③ 根据状态转换编码表求输出方程和状态方程。

Q_2^{n+1} 卡诺图、Q_1^{n+1} 卡诺图如图 7.42 所示。

$$Q_1^{n+1} = \overline{Q_1^n}$$
$$Q_2^{n+1} = Q_2^n \overline{Q_1^n} + \overline{Q_2^n} Q_1^n = Q_2^n \oplus Q_1^n$$

④ 检查能否自启动。所有状态都被使用，不存在自启动问题。

⑤ 写出驱动方程

$$D_1 = Q_1^{n+1} = \overline{Q_1^n}$$
$$D_2 = Q_2^{n+1} = Q_2^n \overline{Q_1^n} + \overline{Q_2^n} Q_1^n = Q_2^n \oplus Q_1^n$$

⑥ 由驱动方程和输出方程画出逻辑图，如图 7.43 所示。

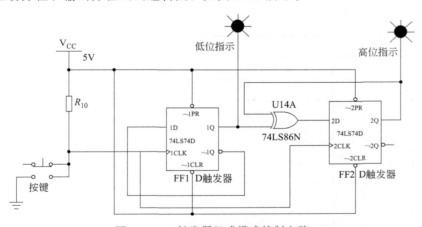

图 7.43　D 触发器组成模式控制电路

图 7.44 也是由 D 触发器组成的互补模式控制电路（4 进制计数器），但是两个 D 触发器的时钟信号不是同一个信号，低位触发器的输出端信号为高位触发器的时钟信号，构成了异步时序逻辑电路。

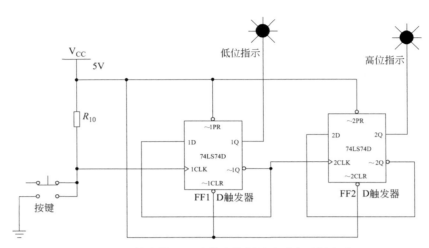

图 7.44　触发器 D 组成模式控制异步时序逻辑电路

【课堂训练】

【课堂训练 1】　参考图 7.17 同步 D 触发器，利用仿真软件搭建电路。分析电路输入与输出关系。数据记录于下表。

输入	中间状态				输出	
D	S	R	$\overline{S}$	$\overline{R}$	Q	$\overline{Q}$
0						
1						
0						

【课堂训练 2】　参考图 7.25 同步 JK 触发器，利用仿真软件搭建电路。分析电路输入与输出关系。数据记录于下表。

输入			中间状态		输出	
CP	J	K	$\overline{S}$	$\overline{R}$	Q	$\overline{Q}$
0	0	0				
0	0	1				
0	1	0				
0	1	1				
1	0	0				
1	0	1				
1	1	0				
1	1	1				

【课堂训练 3】　参考脉冲序列发生电路，利用 JK 触发器设计一个脉冲序列为 10110 的序列脉冲发生器。方程记录于下表。

触发器编号	J端驱动方程	K端驱动方程	状态方程	时钟方程

【课堂训练 4】 利用 D 触发器设计一个同步六进制计数器，并搭建仿真电路，测试电路运行情况。方程记录于下表。

触发器编号	驱动方程	状态方程	时钟方程

【课堂训练 5】 利用 JK 触发器设计一个同步七进制计数器，并搭建仿真电路，测试电路运行情况。方程记录于下表。

触发器编号	J驱动方程	K驱动方程	状态方程	时钟方程

【课后练习】

习题自测

触发器模式控制电路设计
习题解答

（1）分析图 7.45 时序电路的逻辑功能，写出电路的驱动方程、状态方程和输出方程，画出电路的状态转换图，说明电路能否自启动。

（2）试分析图 7.46 时序电路的逻辑功能，写出电路的驱动方程、状态方程和输出方程，画出电路的状态转换图。A 为输入逻辑变量。

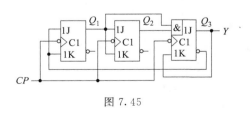

图 7.45

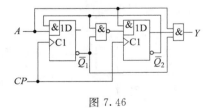

图 7.46

（3）试分析图 7.47 时序电路的逻辑功能，写出电路的驱动方程、状态方程和输出方程，画出电路的状态转换图，检查电路能否自启动。

（4）分析图 7.48 给出的时序电路，画出电路的状态转换图，检查电路能否自启动，说明电路实现的功能。A 为输入变量。

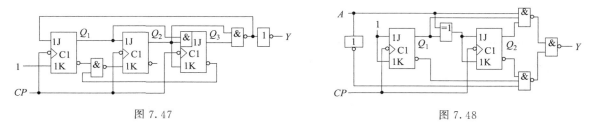

图 7.47　　　　　　　　　　　　　图 7.48

（5）分析图 7.49 时序逻辑电路，写出电路的驱动方程、状态方程和输出方程，画出电路的状态转换图，说明电路能否自启动。

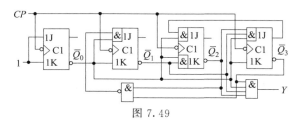

图 7.49

任务 7.3　计数器模式控制电路设计

【任务引领】

市电互补控制器中共有 4 种工作模式：编号 0 为停机，1 为光伏，2 为市电互补，3 为市电模式。任务 7.2 中利用触发器实现了 4 种模式的控制，而利用计数器电路能更方便地进行模式控制。利用二进制计数器的计数功能，将按动开关所产生的脉冲信号经过四进制计数器就可以产生 0、1、2、3 这 4 种输出状态，正好与工作模式编号相对应。电路如图 7.50 所示。

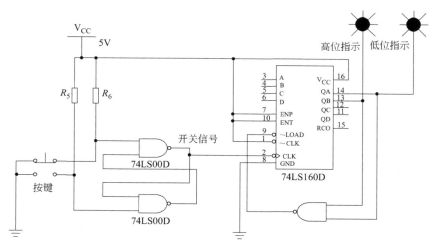

图 7.50　利用计数器构成模式控制电路

【知识目标】

① 了解计数器的功能和分类。
② 了解二进制计数器的应用。
③ 掌握计数器的分析方法。
④ 了解集成计数器的功能。

【能力目标】

① 掌握中规模集成计数器的使用方法。
② 掌握任意进制计数器的构成方法。

7.3.1 同步与异步计数器

(1) 计数器的功能和分类

① 计数器的功能　用以统计输入计数脉冲 CP 个数的电路，称为计数器。它主要由触发器组成，其基本功能就是对输入脉冲的个数进行计数。计数器是数字系统中应用最广泛的时序逻辑部件之一，除了计数功能以外，还可以用作定时、分频、信号产生和执行数字运算等，是数字设备和数字系统中不可缺少的组成部分。

计数器模式控制
电路

② 计数器的分类　计数器种类很多，分类方法也不相同。

根据计数脉冲的输入方式不同，可把计数器分为同步计数器和异步计数器。计数器是由若干个基本逻辑单元——触发器和相应的逻辑门组成的。如果计数器的全部触发器共用同一个时钟脉冲，而且这个脉冲就是计数输入脉冲时，这种计数器就是同步计数器。如果计数器中只有部分触发器的时钟脉冲是计数输入脉冲，另一部分触发器的时钟脉冲是由其他触发器的输出信号提供时，这种计数器就是异步计数器。

根据计数进制的不同，计数器又可分为二进制、十进制和任意进制计数器。各计数器按其各自计数进位规律进行计数。其中：按二进制运算规律进行计数的电路称为二进制计数器；按十进制运算规律进行计数的电路称为十进制计数器；其他进制的计数器统称为任意进制计数器。

根据计数过程中计数的增减不同，计数器又分为加法计数器、减法计数器和可逆计数器。对输入脉冲进行递增计数的计数器叫做加法计数器，进行递减计数的计数器叫做减法计数器。如果在控制信号作用下，既可以进行加法计数，又可以进行减法计数，则叫做可逆计数器。

(2) 异步二进制计数器

① 异步二进制加法计数器　图 7.51 是用四个主从 JK 触发器组成的 4 位二进制加法计数器逻辑图。

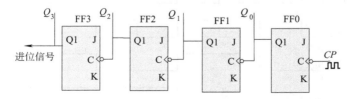

图 7.51　主从 JK 触发器组成的 4 位二进制加法计数器逻辑图

图中各触发器的 J 端和 K 端都悬空，相当于置 1。由 JK 触发器的真值表知，只要有时钟信号输入，触发器的状态一定发生翻转。图中，低位触发器的 Q 接至高位触发器的 C 端，当低位触发器由 1 态变为 0 态时，Q 就输出一个下降沿信号，这个信号正好作为进位输出。

计数器在工作之前，一般通过各触发器的置零端 $\overline{R}_d$ 加入负脉冲，使计数器清 0。当计数脉冲 CP 输入后，计数器就从 $Q_3Q_2Q_1Q_0 = 0000$ 状态开始计数。

当第 1 个 CP 脉冲下降沿到达时，FF0 由 0 态变为 1 态，Q_0 由 0 变 1，Q_1、Q_2、Q_3 因没有触发脉冲输入，均保持 0 态；当第 2 个 CP 脉冲下降沿到达时，FF0 由 1 态变为 0 态，即 Q_0 由 1 变 0，所产生的脉冲负跳变使 FF1 随之翻转，Q_1 由 0 变 1。但 Q_1 端由 0 变为 1 的正跳变无法使 FF2 翻转，故 Q_2、Q_3 均保持 0 态。

依此类推，每输入 1 个计数脉冲，FF0 翻转一次；每输入 2 个计数脉冲，FF1 翻转一次；每输入 15 个计数脉冲后，计数器的状态为 "1111"。显然，计数器所累计的输入脉冲数可用下式表示：

$$N = Q_3 \times 2^3 + Q_2 \times 2^2 + Q_1 \times 2^1 + Q_0 \times 2^0$$

第 16 个脉冲作用后，四个触发器均复位到 0 态。从第 17 个 CP 脉冲开始，计数器又进入新的计数周期。可见一个 4 位二进制计数器共有 $2^4 = 16$ 个状态，所以 4 位二进制计数器可组成 1 位十六进制计数器。由于各触发器的翻转时刻不同，所以这种计数器又称为异步计数器。各触发器状态的变化及计数情况如表 7.9 所示。

表 7.9　4 位二进制加法计数器状态表

输入脉冲序号	Q_3	Q_2	Q_1	Q_0	输入脉冲序号	Q_3	Q_2	Q_1	Q_0
0	0	0	0	0	8	1	0	0	0
1	0	0	0	1	9	1	0	0	1
2	0	0	1	0	10	1	0	1	0
3	0	0	1	1	11	1	0	1	1
4	0	1	0	0	12	1	1	0	0
5	0	1	0	1	13	1	1	0	1
6	0	1	1	0	14	1	1	1	0
7	0	1	1	1	15	1	1	1	1

各级触发器的状态可用如图 7.52 所示的波形图表示。由图示波形可以看出，每个触发器状态波形的频率为其相邻低位触发器状态波形频率的 $1/2$，即对输入脉冲进行二分频。所以，相对于计数输入脉冲而言，FF0、FF1、FF2、FF3 的输出脉冲分别是二分频、四分频、

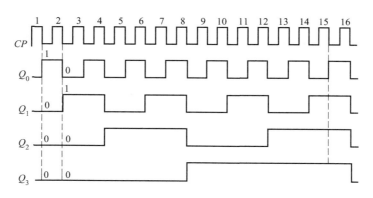

图 7.52　各级触发器的波形图

八分频、十六频。由此可见，N 位二进制计数器具有 2^N 分频功能，可作分频器使用。

用 D 触发器也可以组成异步二进制加法计数器。图 7.53 就是用维持阻塞 D 触发器组成的异步 4 位二进制加法计数器。

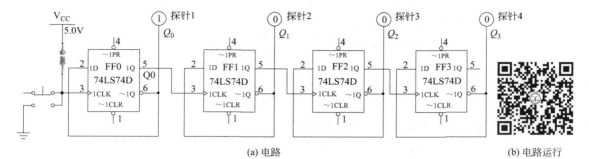

(a) 电路   (b) 电路运行

图 7.53 用 D 触发器组成的异步 4 位二进制加法计数器

② 异步二进制减法计数器 减法计数器按照二进制减法规则进行计数。4 位二进制减法计数规则如表 7.10 所示。

构成减法计数器要满足下列条件：

a. 每来一个计数脉冲，最低位的触发器要翻转一次；

b. 低位触发器由 0 变为 1 时，要向相邻高位触发器产生一个阶跃脉冲作为借位信号。该阶跃脉冲可作为高位触发器的计数脉冲 CP 的信号。

用 JK 触发器组成的二进制减法计数器及工作波形如图 7.54 所示。除最低位触发器由计数脉冲触发外，其他各级触发器均由相邻低位的触发器输出信号触发。当计数脉冲输入时，计数器里所存的数依次减小。

表 7.10 4 位二进制减法计数规则

输入脉冲序号	Q_3	Q_2	Q_1	Q_0	输入脉冲序号	Q_3	Q_2	Q_1	Q_0
0	0	0	0	0	8	1	0	0	0
1	1	1	1	1	9	0	1	1	1
2	1	1	1	0	10	0	1	1	0
3	1	1	0	1	11	0	1	0	1
4	1	1	0	0	12	0	1	0	0
5	1	0	1	1	13	0	0	1	1
6	1	0	1	0	14	0	0	1	0
7	1	0	0	1	15	0	0	0	1

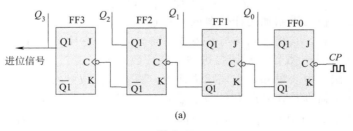

(a)

图 7.54

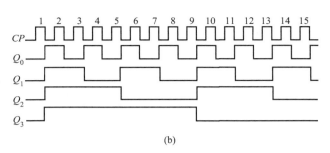

(b)

图 7.54 JK 触发器组成的 4 位二进制减法计数器和工作波形

用 D 触发器也可以组成异步二进减法计数器。其逻辑电路及功能如图 7.55 所示。

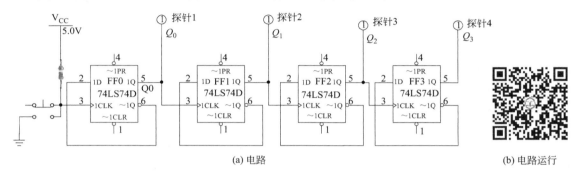

(a) 电路   (b) 电路运行

图 7.55 D 触发器组成的异步 4 位二进制减法计数器

（3）同步二进制计数器

① 同步二进制加法计数器　异步二进制计数器结构简单，但由于触发器的翻转逐级进行，因而计数速度较低。若使计数器状态转换时，将所有需要翻转的触发器同时翻转，则可以提高计数速度。下面以同步 4 位二进制加法计数器为例说明其计数原理。

利用 4 位二进制加法计数器状态表（表 7.9），可以找到构成同步二进制加法计数器的方法。由表可知，最低位触发器每输入一个计数脉冲翻转一次，其他各触发器都是在其所有低位触发器输出端 Q 全为 1 时，在下一计数脉冲触发沿到来时翻转。若采用主从 JK 触发器，则可得到 4 个触发器 JK 端的逻辑表达式为：

$$J_0 = K_0 = 1$$
$$J_1 = K_1 = Q_0$$
$$J_2 = K_2 = Q_1 Q_0$$
$$J_3 = K_3 = Q_2 Q_1 Q_0$$

以上讨论的是 4 位，如果位数更多，控制进位的规律可以依次类推。第 n 位触发器的 JK 端逻辑表达式应为：

$$J_n = K_n = Q_{n-1} \cdots Q_1 Q_0$$

由此得到同步 4 位二进制加法计数器的一种连接方式，如图 7.56 所示。各触发器受同一计数脉冲 CP 的控制，其状态翻转与 CP 脉冲同步，显然它比异步计数器的计数速度高。

② 同步二进制减法计数器　利用二进制减法计数规则（表 7.10），可得到构成同步二进制减法计数器的方法。由表可知，实现减法计数，要求最低位触发器每输入一个计数脉冲翻转一次，其他各触发器都是在其所有低位触发器输出端 Q 全为 0 时，在下一计数脉冲触发沿到来时翻转。因此，只要将图 7.56 所示的 4 位二进制加法计数器的输出由 Q 端改为 $\overline{Q}$ 端，便构成了同步 4 位二进制减法计数器。逻辑电路如图 7.57 所示。

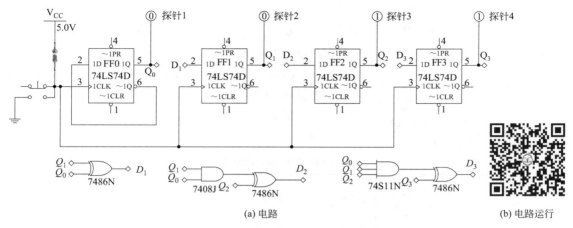

图 7.56 同步 4 位二进制加法计数器

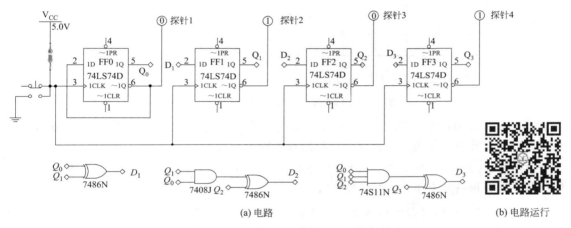

图 7.57 同步 4 位二进制减法计数器

③ 同步二进制可逆计数器 同步二进制可逆计数器是在加法计数器和减法计数器的基础上，再设置一些控制电路而组成的，它兼有加、减两种功能。

7.3.2 集成计数器

集成计数器具有功能完善、通用性强、功耗低、工作速度快、功能可扩展等许多优点，应用非常广泛。目前用得最多、性能较好的是高速 CMOS 集成计数器，其次是 TTL 计数器。在集成计数器中，只有二进制和十进制计数两大系列，因此，学习集成计数器，必须掌握用已有的计数器芯片构成其他任意进制计数器的连接方法。

(1) 集成同步计数器

同步计数器电路复杂，但计数速度快，多用在计算机电路中。目前生产的同步计数器芯片分为二进制和十进制两种。

① 集成同步二进制计数器 二进制计数器就是按二进制计数进位规律进行计数的计数器。由 n 个触发器组成的二进制计数器称为 n 位二进制计数器，它可以累计 $2^n = N$ 个有效状态。N 称为计数器的模或计数容量。若 $n=1, 2, 3\cdots$，则 $N=2, 4, 8\cdots$，相应的计数器称为模 2 计数器、模 4 计数器和模 8 计数器等。

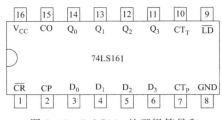

图 7.58 74LS161 的逻辑符号和引脚排列图

中规模同步 4 位二进制加法计数器 74LS161 具有计数、保持、预置、清零功能。图 7.58 所示是它的逻辑符号和引脚排列图。

图中，$\overline{LD}$ 为同步置数控制端，$\overline{CR}$ 为异步置 0 控制端，CT_T 和 CT_P 为计数控制端，$D_0 \sim D_3$ 为并行数据输入端，$Q_0 \sim Q_3$ 为输出端，CO 为进位输出端。表 7.11 为 74LS161 的功能表。

表 7.11　74LS161 功能表

| 输　入 | | | | | | | | | 输　出 | | | | 说　明 |
$\overline{CR}$	$\overline{LD}$	CT_P	CT_T	CP	D_3	D_2	D_1	D_0	Q_3	Q_2	Q_1	Q_0	
0	×	×	×	×	×	×	×	×	0	0	0	0	异步置 0
1	0	×	×	↑	A	B	C	D	A	B	C	D	并行置数(同步)
1	1	1	1	↑	×	×	×	×					计数
1	1	0	×	×	×	×	×	×	Q_3	Q_2	Q_1	Q_0	保持
1	1	×	0	×	×	×	×	×	Q_3	Q_2	Q_1	Q_0	保持

由表 7.11 可知 74LS161 有如下功能。

a. 异步清 0　当 $\overline{CR}=0$ 时，输出端清 0，与 CP 无关。

b. 同步并行预置数　$\overline{CR}=1$，当 $\overline{LD}=0$ 时，在输入端 $D_3D_2D_1D_0$ 预置某个数据，则在 CP 脉冲上升沿的作用下，就将输入端的数据置入计数器。

c. 保持　$\overline{CR}=1$，当 $\overline{LD}=1$ 时，只要 CT_P 和 CT_T 中有一个为低电平，计数器就处于保持状态。在保持状态下，CP 不起作用。

d. 计数　$\overline{CR}=1$，$\overline{LD}=1$，$CT_T=CT_P=1$ 时，电路为 4 位二进制加法计数器。当计到 1111 时，进位输出端 CO 送出进位信号（高电平有效），即 $C=1$。

图 7.59 是 74LS161 计数器基本应用电路。

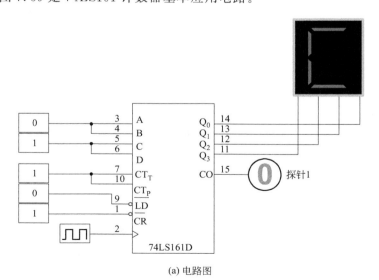

(a) 电路图

(b) 电路运行

图 7.59　74LS161 计数器基本应用电路

② 集成同步十进制计数器　集成同步十进制加法计数器 74LS160 的引脚图和功能表与 74LS161 基本相同，唯一不同的是 74LS160 是十进制计数器，而 74LS161 是二进制计数器。

（2）集成异步计数器

异步计数电路简单，但计数速度慢，多用于仪器、仪表中。

图 7.60 是二-五-十进制集成计数器 74LS290 的逻辑结构图，它兼有二进制、五进制和十进制三种计数功能。当十进制计数时，又有 8421BCD 和 5421BCD 码选用功能，表 7.12 是它的功能表。

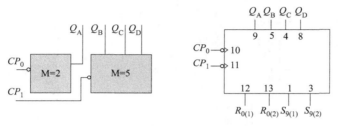

图 7.60　74LS290 的逻辑结构图

表 7.12　74LS290 的功能表

输入				输出			
$R_{0(1)}$	$R_{0(2)}$	$S_{9(1)}$	$S_{9(2)}$	Q_A	Q_B	Q_C	Q_D
1	1	0	×	0	0	0	0
1	1	×	0	0	0	0	0
×	×	1	1	1	0	0	1
×	0	×	0				
0	×	0	×		计　数		
0	×	×	0				
×	0	0	×				
外部接线	①将 Q_A 接 CP_2，执行 8421BCD 码 ②将 Q_D 接 CP_1，执行 5421BCD 码						

由表可知，74LS290 具有如下功能。

a. 异步置 0　当 $R_{0(1)}=R_{0(2)}=1$ 且 $S_{9(1)}$ 或 $S_{9(2)}$ 中任一端为 0 时，计数器清零，即 $Q_DQ_CQ_BQ_A=0000$。

b. 异步置 9　当 $S_{9(1)}=S_{9(2)}=1$ 时，计数器置 9，即 $Q_DQ_CQ_BQ_A=1001$。

c. 计数　当 $R_{0(1)}$、$R_{0(2)}$ 和 $S_{9(1)}$、$S_{9(2)}$ 至少有一个为低电平时，计数器处于计数工作状态。计数时有以下四种情况：

若计数脉冲由 CP_1 输入，从 Q_A 输出，则构成 1 位二进制计数器；

若计数脉冲由 CP_2 输入，从 $Q_DQ_CQ_B$ 输出，则构成五进制计数器；

若将 Q_A 接 CP_2，计数脉冲由 CP_1 输入，输出为 $Q_DQ_CQ_BQ_A$ 时，则构成 8421BCD 码十进制计数器；

若将 Q_D 接 CP_1，计数脉冲由 CP_2 输入，输出从高位到低位为 $Q_AQ_DQ_CQ_B$ 时，则构成 5421BCD 码十进制计数器。

在二、五、十进制的基础上，利用反馈控制置 0 或置 9 的方法，将 Q_D、Q_C、Q_B、Q_A 与 $R_{0(1)}$、$R_{0(2)}$ 及 $S_{9(1)}$、$S_{9(2)}$ 做适当连接，可得到二～十等 9 种进制的计数中的任一种。

74LS290 功能特性如图 7.61 所示。74LS290 的输出依次与数码管（4 位输入）输入进行连接。

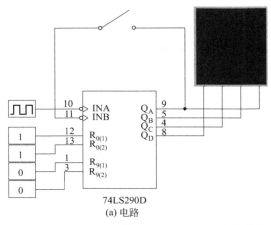

(a) 电路

(b) 电路运行

图 7.61　74LS290 功能特性

7.3.3　N 进制计数器

N 进制计数器也称为任意进制计数器。获得 N 进制计数器的常用方法是利用现成的集成二进制或十进制计数器，配合相应的门电路，通过反馈线进行不同的连接。

假设已有 M 进制计数器，要构成 N 进制计数器，有 $M>N$ 和 $M<N$ 两种可能。下面首先讨论 $N>M$ 时的情况。

在 N 进制计数器的计数过程当中，设法跳过$(M-N)$个状态，就可得到 N 进制计数器。实现跳跃的方法有置数法和清零法两种。

（1）同步置数法

置数法适用于有预置数端的集成计数器。通过预置数功能让计数器从某个预置状态开始计数，计满 N 个状态后产生置数信号，使计数器又进入预置数状态，然后重复上述过程。图 7.62 为由 74LS161 用同步置数法构成的十五进制计数器。

图中置数输入端 A、B、C、D 分别为低电平 0，故发生同步置数时（LD 低电平有效），

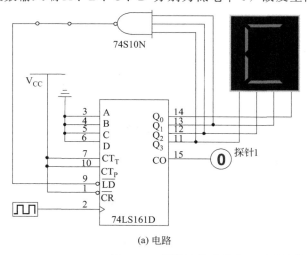

(a) 电路

(b) 电路运行

图 7.62　置数法构成的十五进制计数器

将输出 Q_0、Q_1、Q_2、Q_3 置为 0。另外，74LS161 的置数端是同步功能，当电路的 Q_3、Q_2、Q_1、Q_0 分别为 1、1、1、0 时（即数码管显示"E"状态），LD 置数功能有效，电路将在下一个 CP 有效时进行置数功能。所以电路实际运行了从"0000"到"1110"共 15 个状态，所以该电路构成了十五进制计数器。

（2）异步清零法

在异步清零端有效时，不受时钟脉冲及任何信号影响，直接使计数器清零，因而可使计数器从全"0"状态开始计数，计满 N 个状态后产生清零信号，此清零信号为瞬间过渡状态，立刻使计数器回到初态。图 7.63 为由 74LS161 用异步清零法构成的十二进制计数器。

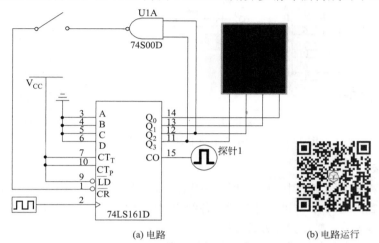

(a) 电路   (b) 电路运行

图 7.63 异步清零法构成的十二进制计数器

由于 74LS161 的置数端是异步功能，从图中可知，当电路的 Q_3、Q_2、Q_1、Q_0 分别为 1、1、0、0 时，CR 异步清零功能有效，电路将在瞬间被清零，即电路输出的"1100"状态实际是不存在的，在数码管上实际可显示出的是前一个"1011"状态，即数码管为"b"。所以电路实际运行了从"0000"到"1011"共 12 个状态，所以该电路构成了十二进制计数器。

【例 7-5】 试用 74LS160 的同步置数和异步清零功能构成七进制计数器。

解 因为 74LS160 置数功能为同步，所以要实现七进制计数器，输出状态 $SN=N-1$，其中 N 表示进制数。故 $SN=6=$"0110"，即计数器输出端 Q_2、Q_1 通过与非门与置数端 LD 进行连接，其电路连接效果如图 7.64 所示。

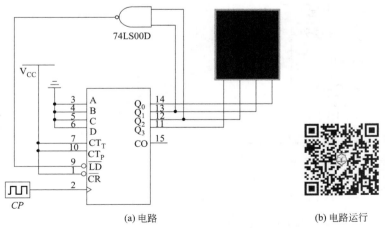

(a) 电路   (b) 电路运行

图 7.64 74LS160 七进制计数器置数法

同时 74LS160 的清零端为异步功能，所以要实现七进制计数器，输出状态 $SN=N$，其中 N 表示进制数。故 $SN=7=$ "0111"，即计数器输出端 Q_2、Q_1、Q_0 通过与非门与置数端 LD 进行连接，其电路连接效果如图 7.65 所示。

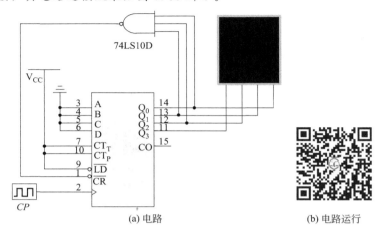

(a) 电路　　　　　　　　　　(b) 电路运行

图 7.65　74LS160 七进制计数器清零法电路连接

（3）级联法

当需要构建 N 进制计数器中 $M<N$ 时，一片计数器容量不够用，可以多个集成计数器串接起来，以获得计数容量更大的 N 进制计数器。各级之间的连接方式可分为串行进位方式、并行进位方式、整体置零方式和整体置数方式几种。

① 串行进位方式和并行进位方式　若 M 可以分解为两个小于 N 的因数相乘，即 $M=N_1 \times N_2$，则可采用串行进位方式或并行进位方式将一个 N_1 进制计数器和一个 N_2 进制计数器连接起来，构成 M 进制计数器。

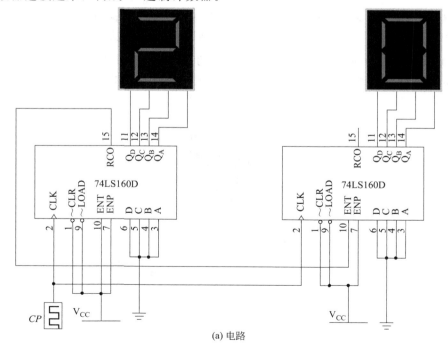

(a) 电路　　　　　　　　　　(b) 电路运行

图 7.66　由两片 CT74LS160 级联成的 100 进制同步加法计数器

由图 7.66 可看出，低位片 CT74LS160（1）在计到 9 以前，其进位输出 $CO = Q_3 Q_0 = 0$，高位 CT74LS160（2）的 $CT_T = 0$，保持原状态不变。当低位片计到 9 时，其输出 $CO = 1$，即高位片的 $CT_T = 1$，这时，高位片才能接收 CP 端输入的计数脉冲。所以，输入第 10 个计数脉冲时，低位片回到 0 状态，同时使高位片加 1。

② 整体置零方式和整体置数方式　当 M 为大于 N 的素数时，不能分解成 N_1 和 N_2，则必须采取整体置零方式或整体置数方式构成 M 进制计数器。

所谓整体置零方式，是首先将两片 N 进制计数器按最简单的方式接成一个大于 M 进制的计数器，然后在计数器计为 M 状态时译出异步置零信号 $\overline{CR} = 0$，将两片 N 进制计数器同时置零。而整体置数方式，则首先需将两片 N 进制计数器用最简单的连接方式接成一个大于 M 进制的计数器，然后在选定的某一状态下译出 $\overline{LD} = 0$ 信号，将两个 N 进制计数器同时置入适当的数据跳过多余的状态，获得 M 进制计数器。

图 7.67 和图 7.68 所示为由两片同步十进制加法计数器级联成的六十进制计数器。十进制数 60 对应的 8421BCD 为 01100000，所以，当计数器计到 60 时，计数器的状态为 01100000，其反馈归零函数为 $\overline{Q'_1 Q'_2}$，这时，与非门输出低电平 0，使两片 CT74LS160 同时被置 0，从而实现六十进制计数。

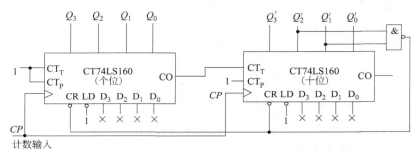

图 7.67　由两片 CT74LS160 同步十进制加法计数器级联成的六十进制计数器

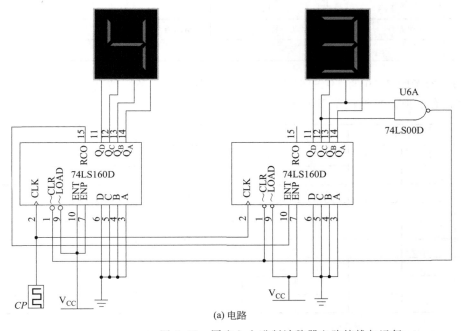

(a) 电路　　　　　　　　　　　　　　(b) 电路运行

图 7.68　同步六十进制计数器电路接线与运行

【课堂训练】

【课堂训练 1】 参考图 7.53 D 触发器组成的异步 4 位二进制加法计数器，利用仿真软件搭建电路。分析电路工作状态，并记录于下表。

FF0		FF1		FF2		FF3		状态变化
驱动方程	CP	驱动方程	CP	驱动方程	CP	驱动方程	CP	

【课堂训练 2】 参考图 7.55 D 触发器组成的异步 4 位二进制减法计数器，利用仿真软件搭建电路。分析电路工作状态，并记录于下表。

FF0		FF1		FF2		FF3		状态变化
驱动方程	CP	驱动方程	CP	驱动方程	CP	驱动方程	CP	

【课堂训练 3】 参考图 7.56 同步 4 位二进制加法计数器，利用仿真软件搭建电路。分析电路工作状态，并记录于下表。

FF0		FF1		FF2		FF3		状态变化
驱动方程	CP	驱动方程	CP	驱动方程	CP	驱动方程	CP	

【课堂训练 4】 参考图 7.57 同步 4 位二进制减法计数器，利用仿真软件搭建电路。分析电路工作状态，并记录于下表。

FF0		FF1		FF2		FF3		状态变化
驱动方程	CP	驱动方程	CP	驱动方程	CP	驱动方程	CP	

【课堂训练 5】 参考图 7.59 的 74LS161 计数器基本应用电路，利用仿真软件搭建电路，实现 0～7 的 8 个状态变换。数据记录于下表。

输入值				控制端				输出字符
A	B	C	D	CT_T	CT_P	$\overline{LD}$	$\overline{CR}$	

【课堂训练 6】 参考图 7.62 的 74LS161 置数法构成的十五进制计数器电路，利用仿真

软件搭建电路。分析电路工作过程，数据记录于下表。

输入值				控制端			
A	B	C	D	CT_T	CT_P	$\overline{LD}$	$\overline{CR}$

【课堂训练7】 利用 74LS160 计数器的清零或置数功能，实现 $0\sim3$ 的 4 个状态变换。数据记录于下表。

输入值				控制端			
A	B	C	D	CT_T	CT_P	$\overline{LD}$	$\overline{CR}$

【课后练习】

习题自测

计数器模式控制电路设计
习题解答

（1）由 4 位二进制计数器 74 LS161 及门电路组成的时序电路如图 7.69 所示。要求：①分别列出 $X=0$ 和 $X=1$ 时的状态图；②指出该电路的功能。

（2）由 4 位二进制计数器 74 LS161 组成的时序电路如图 7.70 所示。列出电路的状态表，假设 CP 信号频率为 5kHz，求出输出端 Y 的频率。

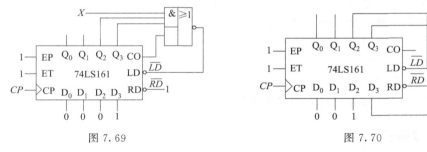

图 7.69　　　　　　　　　　　　　图 7.70

（3）试分析图 7.71 十进制同步加法计数器 74LS160 电路的逻辑功能。

（4）试用 74LS160 的同步置数和异步清零功能构成六进制计数器。

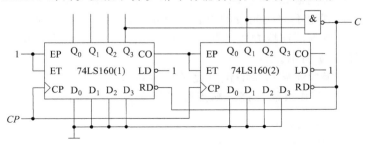

图 7.71

任务 7.4　模式状态显示电路设计

【任务引领】

当模式状态发生了变化，如何能够得知现在模式状态呢？可以通过电子器件进行直观的显示。在实际应用中，通常利用七段数字显示器进行阿拉伯数字的显示。如图 7.72 所示。

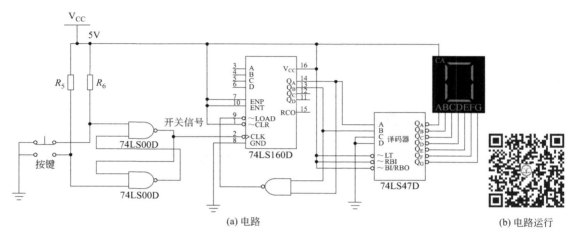

(a) 电路　　　　　　　　　　　　　　　　　(b) 电路运行

图 7.72　模式显示电路

【知识目标】

① 了解七段数字显示器的基本结构和工作原理。
② 了解数字显示译码的工作原理。

【能力目标】

① 掌握七段数码管的使用方法。
② 掌握数字显示译码器的选择和使用方法。

7.4.1　七段数码管

模式显示电路设计

七段数字显示器就是将 7 个发光二极管（加小数点为 8 个）按一定的方式排列起来，a、b、c、d、e、f、g（小数点 DP）各对应一个发光二极管，利用不同发光段的组合，显示不同的阿拉伯数字，如图 7.73 所示。

按内部连接方式不同，七段数字显示器分为共阴极和共阳极两种，如图 7.74 所示。

半导体显示器的优点是工作电压较低（1.5～3V），体积小，寿命长，亮度高，响应速度快，工作可靠性高，缺点是工作电流大，每个字段的工作电流为 10mA 左右。

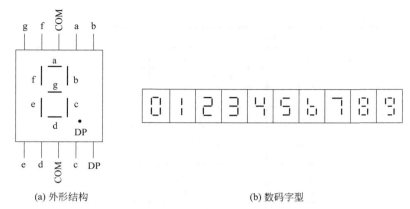

(a) 外形结构　　　　　　　　　　　(b) 数码字型

图 7.73　七段数字显示器及发光段组合图

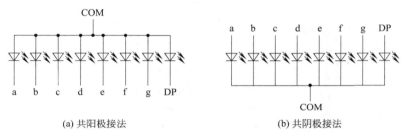

(a) 共阳极接法　　　　　　　　　　(b) 共阴极接法

图 7.74　七段数字显示器的内部接法

7.4.2　数字显示译码器

(1) 七段数码管译码器

配合各种七段显示器有许多专用的七段译码器，如常用的 74LS48、74LS47。74LS47 与 74LS48 的主要区别是输出有效电平不同，74LS47 是输出低电平有效，可驱动共阳极 LED 数码管；74LS48 是输出高电平有效，可驱动共阴极 LED 数码管。74LS48 功能表如表 7.13 所示，其逻辑符号及外引线图如图 7.75 所示。

表 7.13　74LS48 功能表

功能或十进制数	输入			输出	
	$\overline{LT}$　$\overline{RBI}$	$A_3 A_2 A_1 A_0$	$\overline{BI}/\overline{RBO}$	$a\ b\ c\ d\ e\ f\ g$
$\overline{BI}/\overline{RBO}$(灭灯)	×　×	××××	0(输入)	0　0　0　0　0　0　0
$\overline{LT}$(试灯)	0　×	××××	1	1　1　1　1　1　1　1
$\overline{RBI}$(动态灭零)	1　0	0　0　0　0	0	0　0　0　0　0　0　0
0	1　1	0　0　0　0	1	1　1　1　1　1　1　0
1	1　×	0　0　0　1	1	0　1　1　0　0　0　0
2	1　×	0　0　1　0	1	1　1　0　1　1　0　1
3	1　×	0　0　1　1	1	1　1　1　1　0　0　1
4	1　×	0　1　0　0	1	0　1　1　0　0　1　1
5	1　×	0　1　0　1	1	1　0　1　1　0　1　1
6	1　×	0　1　1　0	1	0　0　1　1　1　1　1
7	1　×	0　1　1　1	1	1　1　1　0　0　0　0

续表

功能或十进制数	输入			输出	
	$\overline{LT}$ $\overline{RBI}$	$A_3A_2A_1A_0$	$\overline{BI/RBO}$	$a\ b\ c\ d\ e\ f\ g$	
8	1 ×	1 0 0 0	1	1 1 1 1 1 1 1	
9	1 ×	1 0 0 1	1	1 1 1 0 0 1 1	
10	1 ×	1 0 1 0	1	0 0 0 1 1 0 1	
11	1 ×	1 0 1 1	1	0 0 1 1 0 0 1	
12	1 ×	1 1 0 0	1	0 1 0 0 0 1 1	
13	1 ×	1 1 0 1	1	1 0 0 1 0 1 1	
14	1 ×	1 1 1 0	1	0 0 0 1 1 1 1	
15	1 ×	1 1 1 1	1	0 0 0 0 0 0 0	

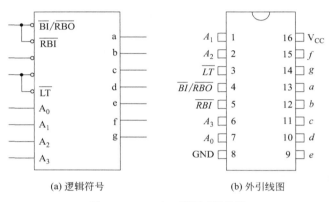

(a) 逻辑符号　　　　　(b) 外引线图

图 7.75　74LS48 译码/驱动器

$A_3A_2A_1A_0$ 为 BCD 码输入端，A_3 为最高位，$a\sim g$ 为输出端，分别驱动七段显示器的 $a\sim g$ 输入端，其他端为使能端。分析功能表 7.13 与七段显示器的关系可知，只有输入的二进制码是 8421BCD 码时，才能显示 0～9 的十进制数字。当输入的四位码不在 8421BCD 码内，显示的字型就不是十进制数。

74LS48 的使能端的功能如下。

① 消隐输入 $\overline{BI}/\overline{RBO}$　这个端子是个特殊控制端，既可作输入端子，也可作输出端子。作输入端子用时，它是消隐输入 $\overline{BI}$；作输出端子用时，它是灭零输出 $\overline{RBO}$。当 $\overline{BI}=0$ 时，不论其他各使能端和输入端处于何种状态，$a\sim g$ 均输出低电平，显示器的七个字段全熄灭。

② 动态灭零输出 $\overline{BI}/\overline{RBO}$　此时 $\overline{RBO}$ 作为输出使用。当 $\overline{LT}=1$，$\overline{RBI}=0$，若输入 $A_3A_2A_1A_0=0000$ 时，输出全为"0"，显示灯熄灭，不显示这个零；若输入 $A_3A_2A_1A_0\neq 0000$，则对显示无影响。该功能主要用于多个 7 段显示器同时显示时熄灭多位的零。

③ 试灯 $\overline{LT}$　当 $\overline{LT}=0$，$\overline{BI}/\overline{RBO}=1$ 时，$a\sim g$ 输出电平全高，七段显示器全亮，用来测试各发光段能否正常显示。

图 7.76 是共阳极 LED 数码管与 74LS47 显示译码器功能图。

（2）七段数码管显示电路设计

有了七段数字显示器和其配套的数字显示译码器，就能很方便地知道当前市电互补控制器的工作模式了。只需要将市电互补控制器产生的数字信号经过译码器进行译码后，直接驱动数字显示器显示。电路如图 7.1 所示。

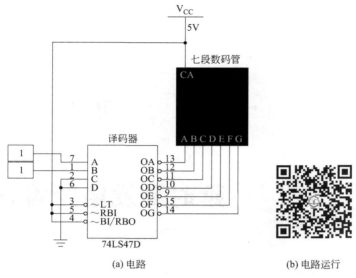

(a) 电路   (b) 电路运行

图 7.76 共阳极 LED 数码管

【课堂训练】

【课堂训练 1】 参考图 7.76 共阳极 LED 数码管，利用仿真软件搭建电路，分析电路工作情况。数据记录于下表。

数码显示	控制端			输入			
1	LT	RBI	BI/RBO	D	C	B	A
2							
3							
4							

【课堂训练 2】 参考图 7.1 互补模式时序控制电路，利用 D 触发器、显示译码器、数码管，搭建互补模式时序显示控制电路。

【课堂训练 3】 利用 JK 触发器、显示译码器、数码管，搭建互补模式时序显示控制电路。

【课堂训练 4】 利用 74LS160 计数器、显示译码器、数码管，搭建互补模式时序显示控制电路。

【课后练习】

习题自测

模式状态显示电路设计
习题解答

(1) 利用 D 触发器设计一个四进制计数器，并通过译码器和共阳接法的数码管来显示计数状态。

(2) 利用 74LS160 计数器设计一个四进制计数器，并通过译码器和数码管来显示计数状态。

项 目 8

延时触发电路设计与制作

延时触发电路由定时器555单稳态触发电路和锁存电路组成。从项目7的时序逻辑模式控制电路中可以知道，模式控制的脉冲信号只能使模式控制信号按照00、01、10、11再到00的顺序连续变换，这就意味着如果要从模式0状态转换到模式2状态，需要连续点击开关两次，中间产生的过渡模式1状态为无效状态，为了让这个无效状态不引起后续继电器的误操作，需将模式控制信号通过数据锁存器后再输出，并设置一个延时电路（图8.1），在

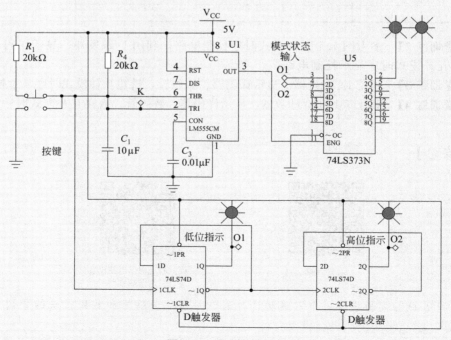

图 8.1　延时触发电路

开关点击时将产生一个 2s 的延时电平信号,利用此电平信号将锁存器中的信号进行锁存,在此期间输出信号不发生改变,这样就不会使后续继电器进行模式切换动作,直到延时时间到达。

知识目标

① 掌握 555 定时器的结构及工作原理。
② 掌握 555 定时器的基本应用。
③ 掌握寄存器的工作原理。
④ 掌握锁存器的工作原理。

能力目标

① 能利用 555 定时器组成单稳态触发器、多谐振荡器和施密特触发器。
② 能利用数据寄存器和数据锁存器设计锁存电路。

任务 8.1 定时器 555 单稳态触发电路设计

【任务引领】

在模式选择中,为了不让过渡的无效状态引起后续继电器的误操作,需要加一个延时电路将开关信号延时 2s,给操作者足够的时间进行模式的转换。555 定时器结构简单,功能强大,利用 555 定时器可以构建单稳态触发器,实现定时延时功能。555 定时器单稳态触发电路如图 8.2 所示。

【知识目标】

① 了解 555 定时器的结构和工作原理。
② 掌握 555 定时器单稳态触发器电路的工作原理和参数设置方法。
③ 掌握 555 定时器多谐振荡器电路的工作原理和参数设置方法。
④ 掌握 555 定时器施密特触发器的工作原理和参数设置方法。

【能力目标】

① 能利用 555 定时器组成单稳态触发器。
② 能利用 555 定时器组成多谐振荡器。
③ 能利用 555 定时器组成施密特触发器。

8.1.1 定时器 555 工作原理

555 定时器是一种用途广泛的数字、模拟混合的中规模集成电路,通过外接少量元件,它可方便地构成施密特触发器、单稳态触发器和多谐振荡器,用于信号的产生、变换、控制

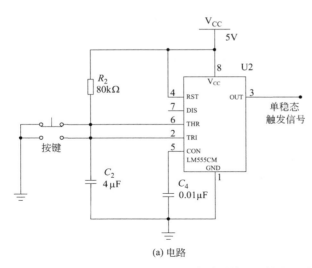

(a) 电路　　　　　　　(b) 电路运行

图 8.2　555 定时器单稳态触发电路

定时器 555
工作原理

与检测。常用的 555 定时器有 TTL 和 CMOS 两类，它们的引脚编号和功能都是一致的。

（1）电路内部结构

图 8.3 是 555 定时器结构的简化原理图和引脚编号。由图 8.3 可见，该集成电路由以下几个部分组成：三个 $5k\Omega$ 电阻组成的电阻分压电路、两个电压比较器 C_1 和 C_2、一个由与非门组成的基本 RS 触发器和一个放电三极管 VT。比较器 C_1 的参考电压为 $\frac{2}{3}V_{CC}$（同相端），比较器 C_2 的参考电压为 $\frac{1}{3}V_{CC}$（反相端）。编号 555 的来历是因该集成电路的基准电压由三个 $5k\Omega$ 电阻分压产生。

（2）电路工作原理

555 定时器的功能主要取决于比较器，比较器的输出控制着 RS 触发器和三极管 VT 的状态。

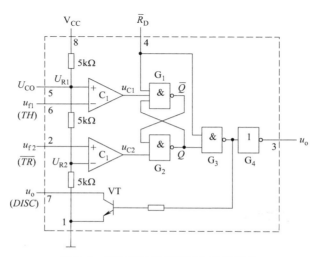

图 8.3　555 定时器原理图和引脚编号

$\overline{R_D}$ 为复位端。当 $\overline{R_D}=0$ 时，输出 $u_o=0$，VT 管饱和导通，此时其他输入端的状态对电路无影响。正常工作时，应将 R_D 接高电平。

5 脚为控制电压输入端。当 5 脚悬空时，比较器 C_1、C_2 的基准电压分别是 $\frac{2}{3}V_{CC}$ 和 $\frac{1}{3}V_{CC}$。这时，为了滤除高频干扰，提高比较器参考电压的稳定性，通常将 5 脚通过 $0.01\mu F$ 电容接地。如果 5 脚外接固定电压 u_{IC}，则比较器 C_1、C_2 的基准电压为 u_{IC} 和 $\frac{1}{2}u_{IC}$。

由图 8.3 可知，若 5 脚悬空，则工作原理如下。

a. 当 $u_{I6}<\frac{2}{3}V_{CC}$，$u_{I2}<\frac{1}{3}V_{CC}$ 时，比较器 C_1、C_2 分别输出高电平和低电平，即 $R=1$，$S=0$，使基本 RS 触发器置 1，放电三极管 VT 截止，输出 $u_o=1$。

b. 当 $u_{I6}<\frac{2}{3}V_{CC}$，$u_{I2}>\frac{1}{3}V_{CC}$ 时，比较器 C_1、C_2 的输出均为高电平，即 $R=1$，$S=1$。RS 触发器维持原状态，使输出 u_o 保持不变。

c. 当 $u_{I6}>\frac{2}{3}V_{CC}$，$u_{I2}>\frac{1}{3}V_{CC}$ 时，比较器 C_1 输出低电平，比较器 C_2 输出高电平，即 $R=0$，$S=1$，基本 RS 触发器置 0，放电三极管 VT 导通，输出 $u_o=0$。

d. 当 $u_{I6}>\frac{2}{3}V_{CC}$，$u_{I2}<\frac{1}{3}V_{CC}$ 时，比较器 C_1、C_2 均输出低电平，即 $R=0$，$S=0$。这种情况对于基本 RS 触发器属于禁止输入状态。

综合上述分析，可得 555 定时器功能表如表 8.1 所示。

表 8.1 555 定时器功能表

R_D	u_{I6}	u_{I2}	u_o	VT 状态
0	X	X	0	导通
1	$<\frac{2}{3}V_{CC}$	$<\frac{1}{3}V_{CC}$	1	截止
1	$>\frac{2}{3}V_{CC}$	$>\frac{1}{3}V_{CC}$	0	导通
1	$<\frac{2}{3}V_{CC}$	$>\frac{1}{3}V_{CC}$	不变	不变

555 定时器能在很宽的电源电压范围内工作。例如 TTL555 定时器的电源电压范围为 $5\sim18V$。此外，555 定时器的驱动能力较强，可以吸收和输出 $200mA$ 电流，因此它可直接用于驱动继电器、发光二极管、扬声器、指示灯等。

8.1.2 定时器 555 构成单稳态触发器

(1) 单稳态触发器

单稳态触发器又称为单稳态电路，它是只有一种稳定状态的电路。如果没有外界信号触发，它就始终保持在稳定状态（简称为稳态）不变；当有外界信号触发时，它将由稳定状态转变成另外一种状态，但这种状态经过一段时间（时间长短由定时元件确定）后会自动返回到稳定状态，它是不稳定状态，故称为暂稳态，暂稳态的维持时间用于信号的延时。

定时器 555 构成
单稳态触发器

单稳态触发器的特点：

① 它有稳态和暂稳态两个不同的工作状态；

② 在外界触发信号作用下，电路能由稳态翻转到暂稳态，在暂稳态维持一段时间以后，电路会自动返回到稳态；

③ 暂稳态持续时间的长短取决于电路本身的参数，与触发脉冲无关。

单稳态触发器的电路形式很多，既有分立元件组成的，也有专用的集成芯片组成的。

（2）由 555 定时器构成的单稳态触发器

图 8.4 所示是由 555 定时器及外接元件 R、C 构成的单稳态触发器。根据 555 定时器的功能表 8.1，可分析其工作原理如下。

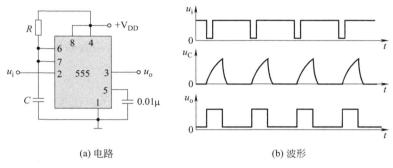

(a) 电路   (b) 波形

图 8.4 555 定时器构成的单稳态触发器

① 稳定状态 0 接通电源瞬间，电路有一个稳定的过程，即电源通过电阻 R 向电容 C 充电，使 u_C（即 u_{I6}）上升。当 u_C 上升到 $\frac{2}{3}V_{CC}$ 且 2 脚为高电平（$u_{I2} > \frac{1}{3}V_{CC}$）时，其输出为低电平 0。此时，放电三极管 VT 导通，电容 C 又通过三极管 VT 迅速放电，使 u_C 急剧下降，直到 u_C 为 0，输出保持低电平 0。如果没有外加触发脉冲到来，则该输出状态一直保持不变。

② 暂稳态 1 当外加负触发脉冲（$u_{I2} < \frac{1}{3}V_{CC}$）作用时，触发器发生翻转，使输出 u_o 为 1，电路进入暂稳态。这时，三极管 VT 截止，电源可通过 R 给 C 充电，u_C 逐渐上升。当负触发脉冲撤销（$u_{I2} > \frac{1}{3}V_{CC}$）后，输出状态保持暂稳态 1 不变。当电容 C 继续充电到大于 $\frac{2}{3}V_{CC}$ 时，电路又发生翻转，输出 u_o 回到 0，VT 导通，电容 C 放电，电路自动恢复至稳态。可见，暂稳态时间由 R、C 参数决定。若忽略 VT 的饱和压降，则电容 C 上电压从 0 上升到 $\frac{2}{3}V_{CC}$ 的时间，就是暂稳态的持续时间。通过计算可得输出脉冲的宽度为：

$$t_w = RC\ln3 \approx 1.1RC$$

通常 R 取值在几百欧到几兆欧，电容取值在几百皮法到几百微法。因此，电路产生的脉冲宽度可从几微秒到数分钟，精度可达 0.1%。这种单稳态触发器的工作波形如图 8.5 所示。

通过上述分析可以看出，它要求触发脉冲的宽度要小于 t_w，并且其周期要大于 t_w。如果触发脉冲的宽度大于 t_w，可通过 RC 微分电路变窄后再输入到 555 定时器的 2 脚上。

（3）定时器 555 单稳态触发电路设计

在模式选择中，为了不让过渡的无效状态引起后续继电器的误操作，需要加一个延时电路，将开关信号延时 2s。根据单稳态触发电路参数设计，R_1 电阻取 10kΩ，电容 C_1 取 200μF，输出脉冲的宽度约等于 2s。电路设计如图 8.6 所示。

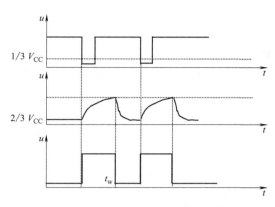

图 8.5 单稳态触发器工作波形

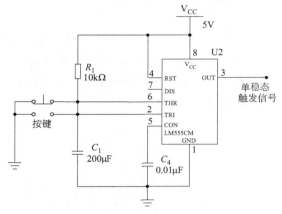

图 8.6 单稳态触发电路设计

8.1.3 定时器 555 构成多谐振荡器

（1）多谐振荡器

多谐振荡器是产生矩形脉冲信号的自激振荡器。它不需要输入信号，接通电源就可以自动输出矩形脉冲信号。由于矩形脉冲是很多谐波分量叠加的结果，所以矩形波振荡器又称为多谐振荡器。

定时器 555 构成
多谐振荡器

多谐振荡器的特点是：

① 没有稳定状态，只有两个暂稳态；

② 电路通过电容的充电和放电，使这两个暂稳态相互转换，从而产生自激振荡；

③ 电路无需外加触发信号；

④ 能输出周期性的矩形脉冲信号。

（2）555 定时器构成的多谐振荡器

如图 8.7 所示。根据 555 定时器的功能表 8.1，可分析其工作原理。

当接通电源后，电容 C 上的初始电压为 0V，使电路输出为 1，放电管 VT 截止，电源通过 R_1、R_2 向 C 充电。当 u_C 上升到 $\frac{1}{3}V_{CC}$ 时，电路状态保持不变，当 u_C 继续充电到 $\frac{2}{3}V_{CC}$ 时，电路发生翻转，输出变为 0。这时 VT 导通，电容 C 通过 R_2、VT 到地放电，u_C 开始下降。当降到 $\frac{1}{3}V_{CC}$ 时，输出又翻回到 1 状态，放电管 VT 截止，电容 C 又开始充电。如此周而复始，就可在 3 脚输出连续的矩形波信号，工作波形如图 8.7（c）所示。

由图 8.7（c）可见，u_C 将在 $\frac{1}{3}V_{CC}$ 与 $\frac{2}{3}V_{CC}$ 之间变化，因而可求得电容 C 上的充电时间 T_1 和放电时间 T_2：

$$T_1 = (R_1 + R_2)C\ln 2 \approx 0.7(R_1 + R_2)C$$
$$T_2 = R_2 C\ln 2 \approx 0.7 R_2 C$$

所以输出波形的周期为：

$$T = T_1 + T_2 = (R_1 + 2R_2)C\ln 2 \approx 0.7(R_1 + 2R_2)C$$

振荡频率为：

$$f = \frac{1}{T} \approx \frac{1.44}{(R_1 + 2R_2)C}$$

输出波形的占空比为：

$$q = \frac{T_1}{T} \approx \frac{R_1 + R_2}{R_1 + 2R_2} > 50\%$$

为了实现占空比小于 50%，可以对图 8.7 中的电路稍加修改，使得电容 C 只从 R_1 充电，从 R_2 放电。这可将一个二极管 VD 并联在 R_2 两端来实现，并让 R_1 小于 R_2，就可以实现占空比小于 50%。

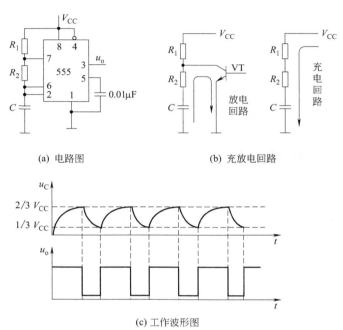

(a) 电路图　　　　　　　　　　　(b) 充放电回路

(c) 工作波形图

图 8.7　555 定时器构成多谐振荡器

例如，555 定时器构建多谐振荡电路如图 8.8 所示，R_1 和 R_2 电阻取 $3.3\text{k}\Omega$，充放电容 C 取 $100\mu\text{F}$，根据上述周期分析方法可得 T 约等于 0.7s。

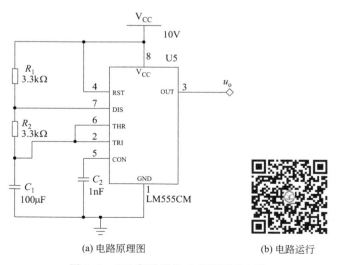

(a) 电路原理图　　　　　　　　　(b) 电路运行

图 8.8　555 定时器构成多谐振荡电路

需要说明的是，在包含电容器的振荡电路中，如果电路发生故障，如输出信号的频率时快时慢，则大多数情况下故障是由于电容的泄漏造成的。严重的电容泄漏将使信号频率产生漂移，甚至导致电路停止工作。

定时器 555 构成
施密特触发器

例如，有一个 555 定时器构成的多谐振荡器电路，其故障现象为 555 定时器工作频率较正常时高。查找故障的方法如下：用示波器测量 555 定时器引脚 2 的波形，观察电容充放电变化情况。其波形与正常充放电波形相似，但上、下限触发电平不是 $2/3V_{CC}$ 和 $1/3V_{CC}$，而是有所降低。原因：引脚 5 上的电容发生泄漏，使触发电平降低，从而导致工作频率升高。

8.1.4 555 定时器构成施密特触发器

（1）施密特触发器

施密特触发器是一种受输入信号电平直接控制的双稳态触发器。它有两个稳定状态。在外加输入信号的作用下，只要输入信号变化到正向阈值电压 U_{T+}，电路就从一个稳定状态转换到另一个稳定状态，当输入信号下降到负向阈值电压 U_{T-} 时，电路又会自动翻转回到原来的状态。图 8.9 所示为施密特触发器的输入和输出波形。施密特触发器的正向阈值电压和负向阈值电压是不相等的，把两者之差定义为回差电压，即 $\Delta U_T = U_{T+} - U_{T-}$。

施密特触发器主要用途是把变化缓慢的信号波形变换为边沿陡峭的矩形波。

施密特触发器特点：

① 电路有两个稳定状态；

② 触发方式为电平触发；

③ 电压传输特性特殊，电路有两个转换电平（正向阈值电压 U_{T+} 和负向阈值电压 U_{T-}）；

④ 状态翻转时有正反馈过程，从而输出边沿陡峭的矩形脉冲。

施密特触发器的电压传输特性可分为反向传输特性和同向传输特性，如图 8.10 所示。

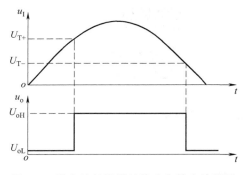

图 8.9 施密特触发器的输入和输出波形图

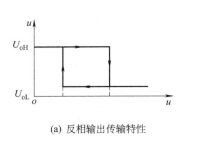

(a) 反相输出传输特性

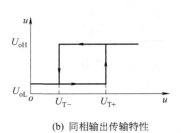

(b) 同相输出传输特性

图 8.10 施密特触发器的电压传输特性

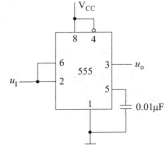

图 8.11 555 定时器构成
施密特触发器

（2）555 定时器构成施密特触发器

将 555 定时器的 u_{I6} 和 u_{I2} 输入端连在一起作为信号的输入端，即可组成施密特触发器。如图 8.11 所示。

由 555 定时器构成的施密特触发电路如图 8.12 所示。假设输入信号是一个三角波，根据 555 定时器的功能表 8.1 可知，当输入 u_1 从 0 逐渐增大时，若 $u_1 < \frac{1}{3}\mathrm{V_{CC}}$，则 555 定时器输出高电平；若 u_1 增加到 $u_1 > \frac{2}{3}\mathrm{V_{CC}}$ 时，则 555 定时器输出低电平。当 u_1 从 $u_1 > \frac{2}{3}\mathrm{V_{CC}}$ 逐渐下降到 $\frac{1}{3}\mathrm{V_{CC}} < u_1 < \frac{2}{3}\mathrm{V_{CC}}$ 时，555 定时器输出仍保持低电平不变；若继续减小到 $u_1 < \frac{1}{3}\mathrm{V_{CC}}$ 时，555 定时器输出又变为高电平。如此连续变化，则在输出端可得到一个矩形波。

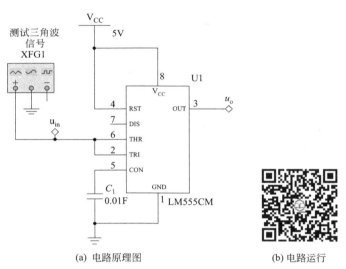

(a) 电路原理图　　　　　　　(b) 电路运行

图 8.12　555 定时器构成施密特触发器电路

【课堂训练】

【课堂训练 1】　参考图 8.6 的单稳态触发电路，利用仿真软件搭建电路，分析电路工作状态，并记录于下表。

R	C	T/ms	R	C	T/ms
		10			50
		20			100

【课堂训练 2】　参考图 8.8 的 555 定时器构成的多谐振荡电路，利用仿真软件搭建电路，分析电路工作状态，并记录于下表。

参数			输出		参数			输出/ms	
R_1	R_2	C_1	T 周期	占空	R_1	R_2	C_1	T 周期	占空

【课堂训练 3】　参考图 8.12 的 555 定时器构成施密特触发器电路，利用仿真软件搭建电路，分析电路工作状态。

【课后练习】

习题自测

定时器 555 延时电路设计
习题解答

（1）图 8.13 是由 555 构成的多谐振荡器电路中，已知 $R_1 = 1\text{k}\Omega$，$R_2 = 8.2\text{k}\Omega$，$C = 0.4\mu\text{F}$。试求振荡周期 T、振荡频率 f 和占空比 q。

（2）图 8.14 为一通过可变电阻 R_W 实现占空比调节的多谐振荡器，$R_W = R_{W1} + R_{W2}$，试分析电路的工作原理，求振荡频率 f 和占空比 q 的表达式。

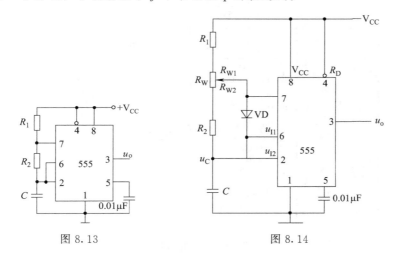

图 8.13   图 8.14

（3）用 555 定时器构成的单稳态电路如图 8.15 所示，①计算暂稳态时间，确定（b）图中哪个适合作输入触发信号，并画出与其对应的 u_C、u_o 的波形；②确定该电路的稳态持续时间为多少？

（4）图 8.16 是由 555 定时器组成的多谐振荡器电路，若 $R_1 = R_2 = 5.1\text{k}\Omega$，$C = 0.01\mu\text{F}$，$V_{CC} = 12\text{V}$，试计算电路的振荡频率。

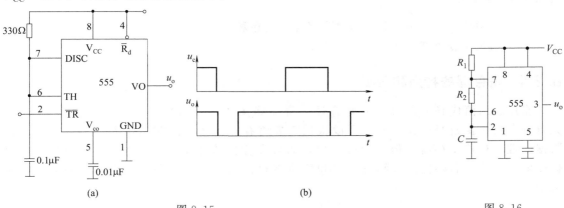

(a)   (b)

图 8.15   图 8.16

任务 8.2 模式锁存触发电路设计

【任务引领】

任务 8.1 中产生了一个 2s 的延时信号，模式触发信号发生变化时，要求过渡模式状态不能引起后续继电器的动作，就必须要求在模式输出控制中添加数据锁存器。其中锁存器工作的触发信号就是 2s 的延时信号。当模式按键开始操作时，模式状态（隐形工作模式）会发生改变，同时模式按键的操作也触发定时器 555 单稳态触发电路工作，产生一个 2s 的定时信号脉冲，驱动锁存器对模式状态进行延时输出。电路如图 8.17 所示。

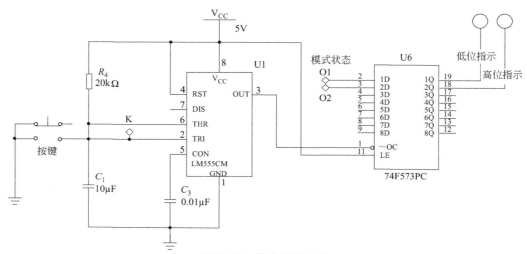

图 8.17 模式锁存电路

【知识目标】

① 掌握寄存器的工作原理及分类。
② 掌握锁存器的工作原理。

【能力目标】

① 能正确使用数据寄存器、移位寄存器和锁存器。
② 能利用锁存器实现数据锁存电路设计。

8.2.1 寄存器的特点和分类

能存放二值代码的部件叫做寄存器。寄存器按功能分为数码寄存器和移位寄存器。数码寄存器只供暂时存放数码，可以根据需要将存放的数码随时取出参加运算或者进行数据处理。移位寄存器不但可存放数码，而且在移位脉冲作用下，寄存器中的数码可根据需要向左或向右移位。数码寄存器和移位寄存器被广泛用于各种数字系统和数字计算机中。

寄存器存入数码的方式有并行输入和串行输入两种。并行输入方式是将各位数码从对应位同时输入到寄存器中；串行输入方式是将数码从一个输入端逐位输入到寄存器中。从寄存器取出数码的方式也有并行输出和串行输出两种。在并行输出方式中，被取出的数码在对应的输出端同时出现；在串行输出方式中，被取出的数码在一个输出端逐位输出。

并行方式与串行方式比较，并行存取方式的速度比串行存取方式快得多，但所用的数据线要比串行方式多。

构成寄存器的核心器件是触发器。对寄存器中的触发器只要求具有置0、置1的功能即可，所以无论何种结构的触发器，只要具有该功能，就可以构成寄存器了。

8.2.2 数码寄存器与移位寄存器

数码寄存器与
移位寄存器

(1) 数码寄存器

图8.18是用四个维持阻塞D触发器组成的4位数码寄存器的逻辑图。当置零端 $\overline{CR}=0$ 时，触发器FF0～FF3同时被置0。寄存器工作时， $\overline{CR}$ 为高电平1。D_0～D_3 分别为FF0～FF3四个D触发器 D 端的输入数码，当时钟脉冲 CP 上升沿到达时，D_0～D_3 被并行置入到四个触发器中，这时 $Q_3Q_2Q_1Q_0=D_3D_2D_1D_0$。在 $\overline{CR}=1$、$CP=0$ 时，寄存器中寄存的数码保持不变，即FF0～FF3的状态保持不变。

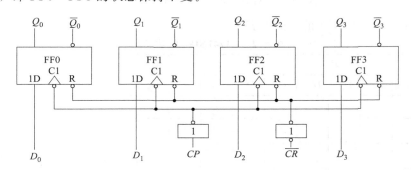

图8.18 4位数码寄存器的逻辑图

(2) 移位寄存器

移位寄存器是一类应用很广的时序逻辑电路。移位寄存器不仅能寄存数码，而且还能根据需要，在移位时钟脉冲作用下，将数码逐位左移或右移。

移位寄存器的移位方向分为单向移位和双向移位。单向移位寄存器有左移移位寄存器和右移移位寄存器之分。双向移位寄存器又称为可逆移位寄存器，在门电路的控制下，既可左移又可右移。

① 单向移位寄存器 图8.19电路是由四个下降沿触发的D触发器构成的可实现右移操作的4位移位寄存器的逻辑图。D_I 为右移串行数据输入端，CP 接受移位脉冲命令。移位寄存器不仅可以用于寄存代码，还可以实现数据的串行-并行转换、数值的运算和数据的处理等。

② 双向移位寄存器

a. CT74LS194的逻辑功能 图8.20给出的是4位双向移位寄存器的逻辑功能示意图。图中，$\overline{CR}$ 为置零端，D_0～D_3 为并行数码输入端，D_{SR} 为右移串行数码输入端，D_{SL} 为左移串行数码输入端，M_0 和 M_1 为工作方式控制端，Q_0～Q_3 为并行数码输出端，CP 为移

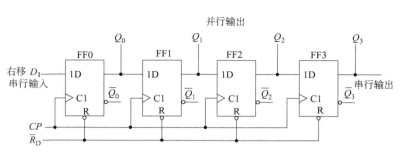

图 8.19　由 D 触发器构成右移移位寄存器

双向移位寄存器
CT74LS194 及其
应用

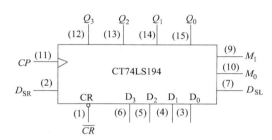

图 8.20　CT74LS194 的逻辑功能示意图

位脉冲输入端。CT74LS194 的功能见表 8.2。

表 8.2　CT74LS194 的功能表

输入										输出				说明
$\overline{CR}$	M_1	M_0	CP	D_{SL}	D_{SR}	D_0	D_1	D_2	D_3	Q_0	Q_1	Q_2	Q_3	
0	×	×	×	×	×	×	×	×	×	0	0	0	0	置零
1	×	×	0	×	×	d_0	d_1	d_2	d_3	保持				保持
1	1	1	↑	×	×	×	×	×	×	d_0	d_1	d_2	d_3	并行置数
1	0	1	↑	×	1	×	×	×	×	1	Q_0	Q_1	Q_2	右移输入 1
1	0	1	↑	×	0	×	×	×	×	0	Q_0	Q_1	Q_2	右移输入 0
1	1	0	↑	1	×	×	×	×	×	Q_1	Q_2	Q_3	1	左移输入 1
1	1	0	↑	0	×	×	×	×	×	Q_1	Q_2	Q_3	0	左移输入 0
1	0	0	×	×	×	×	×	×	×	保持				保持

由表 8.2 可知它有如下主要功能。

（a）置 0 功能。当 $\overline{CR}=0$ 时，$Q_0 \sim Q_3$ 都为 0 状态。

（b）保持功能。当 $\overline{CR}=1$、$CP=0$ 或 $\overline{CR}=1$、$M_1 M_0=00$ 时，双向移位寄存器保持原状态不变。

（c）并行送数功能。当 $\overline{CR}=1$、$M_1 M_0=11$ 时，在上升沿作用下，$D_0 \sim D_3$ 端输入的数码 $d_0 \sim d_3$ 并行送入寄存器。

（d）右移串行送数功能。当 $\overline{CR}=1$、$M_1 M_0=01$ 时，在上升沿作用下，D_{SR} 端输入的数码依次送入寄存器。

（e）左移串行送数功能。当 $\overline{CR}=1$、$M_1M_0=10$ 时，在上升沿作用下，D_{SL} 端输入的数码依次送入寄存器。

b. CT74LS194 的基本应用

（a）寄存器的扩展。由 CT74LS194 构成 8 位双向移位寄存器，需两片 CT74LS194，其连线图如图 8.21 所示。

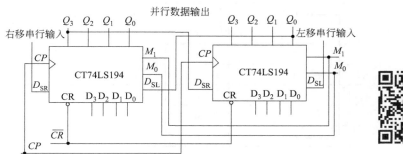

(a) 电路原理图   (b) 电路运行

图 8.21　用两片 CT74LS194 构成 8 位双向移位寄存器

只需将其中一片 CT74LS194 的 Q_3 接至另一片的 D_{SR} 端，而将另一片的 Q_0 接至另一片的 D_{SL} 端，同时把两片的 M_1、M_0、CP 分别并联即可。

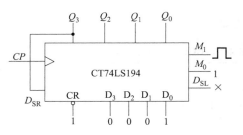

图 8.22　用 CT74LS194 构成
4 位环形计数器

（b）利用 CT74LS194 构成寄存器型环形计数器。图 8.22 为用 CT74LS194 构成的 4 位环形计数器，它本质上是一个循环右移的移位寄存器。其中，各触发器的状态方程为：

$$Q_3^{n+1}=Q_2^n \qquad Q_2^{n+1}=Q_1^n$$
$$Q_1^{n+1}=Q_0^n \qquad Q_0^{n+1}=Q_3^n$$

（c）利用 CT74LS194 构成寄存器型扭环计数器。图 8.23 中只有当 Q_3 和 Q_2 同时为 1 时，$D_{SR}=0$，这是 D_{SR} 输入串行数据的根据。设双向移位寄存器 CT74LS194 的初始状态为 $Q_3Q_2Q_1Q_0=$ 0001，置 0 端为高电平 1。由于 $M_1M_0=01$，因此电路在计数脉冲 CP 作用下，执行右移操作。

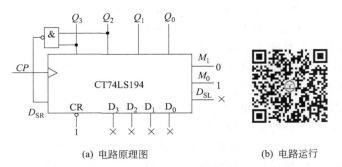

(a) 电路原理图   (b) 电路运行

图 8.23　由 CT74LS194 构成寄存器型扭环计数器

数据锁存器
74HC573 及应用

由表 8.3 可看出，图 8.23 所示电路输入 7 个计数脉冲时电路返回初始状态 $Q_3Q_2Q_1Q_0 = 0001$，所以为七进制扭环计数器，也是一个七分频电路。

表 8.3　七进制扭环计数器状态表

计数脉冲顺序	Q_0	Q_1	Q_2	Q_3
0	1	0	0	0
1	1	1	0	0
2	1	1	1	0
3	1	1	1	1
4	0	1	1	1
5	0	0	1	1
6	0	0	0	1

8.2.3　数据锁存器

数据锁存器就是把当前的状态锁存起来，输出端保持一段时间锁存后状态不再发生变化，直到解除锁定。

（1）数据锁存器 74HC573

图 8.24 为 74HC573 的芯片引脚图，其逻辑功能如表 8.4 所示。

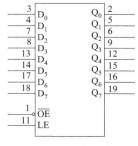

图 8.24　芯片引脚图

表 8-4　74HC573 逻辑功能表

输入		输出
$\overline{OE}$	LE	Q
1	×	高阻
0	0	保持
0	1	D

其逻辑功能描述如下。

① 输入端口 $\overline{OE}$ 为输出使能端，当它为高电平时，输出端口为高阻态。

② 输入端口 LE 为锁存控制端。当 $\overline{OE}$ 为低电平，LE 为低电平时，输出数据将锁存在前一状态的数据上，不受输入数据的影响。

③ 当输入端口 $\overline{OE}$ 为低电平，LE 为高电平时，输出数据即为输入数据。

（2）延时触发电路的设计

利用 74HC573（74HC373）和 555 定时器产生的延时信号，可以构成一个延时触发电路，当需要转换市电互补控制器的工作模式时，利用开关产生两路信号，其中一路脉冲信号通过时序逻辑控制电路进行模式选择操作，并将模式控制信号接入到 74HC573 的两位输入端，将其对应的两位输出端接入后续继电器控制电路，另一路信号经过 555 定时器组成的延时电路产生一个 2s 的高电平延时信号，将此信号经过反相器变成低电平信号后接入到 74HC573 控制端 LE，如此一来，当进行模式选择时，在 2s 的延时时间里，因为 LE 是低电平，所以74HC573输出端是保持状态，切换过程中的无效状态不会输出到后续继电器控制电路中，直到切换到了正确的控制状态停止开关动作2s后，74HC573才输出最终的控制状态。

图8.25是包含RS触发防抖动电路、触发器计数电路、单稳态触发电路和锁存电路组成的模式状态锁存触发电路。

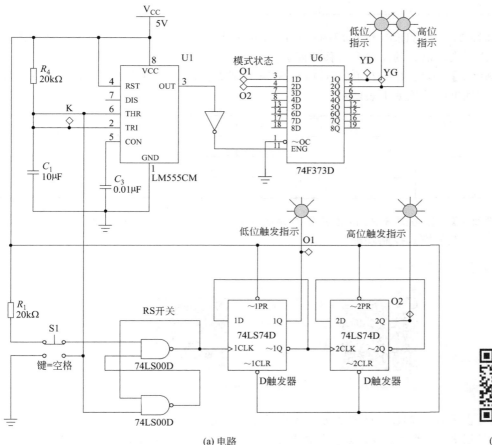

(a) 电路

(b) 电路运行

图8.25 模式状态锁存触发电路

【课堂训练】

【课堂训练1】参考图8.19的由D触发器构成右移移位寄存器，利用仿真软件搭建电路，分析电路工作状态，并记录于下表。

触发器	驱动方程	CP 顺序	Q_3	Q_2	Q_1	Q_0
FF0		1				
		2				
FF1		3				
		4				

续表

触发器	驱动方程	CP 顺序	Q_3	Q_2	Q_1	Q_0
FF2		5				
		6				
FF3		7				
		8				

【课堂训练 2】　参考图 8.21 的用两片 CT74LS194 构成 8 位双向移位寄存器，利用仿真软件搭建电路，实现电路的左移和右移功能。

【课堂训练 3】　参考图 8.23 的由 CT74LS194 构成寄存器型扭环计数器，利用仿真软件搭建电路，实现电路功能如下表所示。

功能	M_1	M_0	D_{SR}	D_{SL}	D_3	D_2	D_1	D_0
右移 7 进制								
左移 7 进制								
左移 6 进制								

【课堂训练 4】　参考图 8.25 的模式锁存触发电路，利用仿真软件搭建电路，实现市电互补控制器 4 状态的模式控制功能。

【课后练习】

习题自测

模式锁存触发电路设计
习题解答

（1）试画出用 2 片 74LS194 组成 8 位双向移位寄存器的逻辑图。

（2）分析图 8.26 所示电路，画出状态转换图和时序图，并说明 CP 和 Q_2 是几分频。

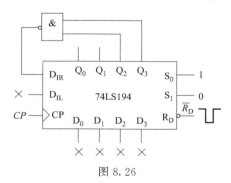

图 8.26

附录

稳压二极管	⫤	⫤
集成运放	u_- ○ — ▷∞ + +○ u_O u_+ ○ +	+ —
与运算	A & B F	A B F
或运算	A ≥1 B F	A B F
非运算	A 1 F	A F
与非运算	A & B F	A B F
或非运算	A ≥1 B F	A B F
异或门	A =1 B F	A B F
同或门	A =1 B F	A B F

续表

74LS138	S_1 S_3 S_2 A_2 A_1 A_0 6 5 4 3 2 1 GND 8 V_{CC} 16 +5V Y_7 Y_6 Y_5 Y_4 Y_3 Y_2 Y_1 Y_0 7 9 10 11 12 13 14 15	~G2B 5 ~G2A 4 G1 6 C 3 B 2 A 1 Y7 Y6 Y5 Y4 Y3 Y2 Y1 Y0 7 9 10 11 12 13 14 15
74LS139	V_{CC} 2G 2A 2B $2Y_0$ $2Y_1$ $2Y_2$ $2Y_3$ 16 15 14 13 12 11 10 9 **74LS139** 1 2 3 4 5 6 7 8 1G 1A 1B $1Y_0$ $1Y_1$ $1Y_2$ $1Y_3$ GND	VCC 16 ~2G 15 2A 14 2B 13 2Y0 12 2Y1 11 2Y2 10 2Y3 9 ~1G 1 1A 2 1B 3 1Y0 4 1Y1 5 1Y2 6 1Y3 7 GND 8
74LS153	16 15 14 13 12 11 10 9 V_{CC} $2\overline{S}(2\overline{E})$ A_0 $2D_3$ $2D_2$ $2D_1$ $2D_0$ 2Y **CT54LS153** $1\overline{S}(1\overline{E})$ A_1 $1D_3$ $1D_2$ $1D_1$ $1D_0$ 1Y GND 1 2 3 4 5 6 7 8	GND 8 ~2G 15 ~1G 1 B 2 A 14 2C3 13 2C2 12 2C1 11 2C0 10 1C3 3 1C2 4 1C1 5 1C0 6 2Y 9 1Y 7 V_{CC} 16
74LS151	16 15 14 13 12 11 10 9 V_{CC} D_4 D_5 D_6 D_7 A_0 A_1 A_2 **74LS151** D_3 D_2 D_1 D_0 Q $\overline{Q}$ $\overline{S}$ GND 1 2 3 4 5 6 7 8	GND 8 ~G 7 C 9 B 10 A 11 D7 12 D6 13 D5 14 D4 15 D3 1 D2 2 D1 3 D0 4 ~W 6 Y 5 V_{CC} 16
74LS160	16 15 14 13 12 11 10 9 V_{CC} CO Q_0 Q_1 Q_2 Q_3 CT_T $\overline{LD}$ **74LS160** $\overline{CR}$ CP D_0 D_1 D_2 D_3 CT_P GND 1 2 3 4 5 6 7 8	GND 8 CLK 2 ~CLR 1 ~LOAD 9 ENT 10 ENP 7 D 6 C 5 B 4 A 3 RCO 15 QD 11 QC 12 QB 13 QA 14 V_{CC} 16
74LS161	16 15 14 13 12 11 10 9 V_{CC} CO Q_0 Q_1 Q_2 Q_3 CT_T $\overline{LD}$ **74LS161** $\overline{CR}$ CP D_0 D_1 D_2 D_3 CT_P GND 1 2 3 4 5 6 7 8	GND 8 CLK 2 $\overline{CLR}$ 1 $\overline{LOAD}$ 9 ENT 10 ENP 7 D 6 C 5 B 4 A 3 RCO 15 QD 11 QC 12 QB 13 QA 14 V_{CC} 16
74LS290	Q_0 Q_1 Q_2 Q_3 9 5 4 8 CP_0 → 10 CP_1 → 11 12 13 1 3 $R_{0(1)}$ $R_{0(2)}$ $S_{9(1)}$ $S_{9(2)}$	GND 7 R92 3 R91 1 R02 13 R01 12 INB 11 INA 10 QD 8 QC 4 QB 5 QA 9 V_{CC} 14

续表

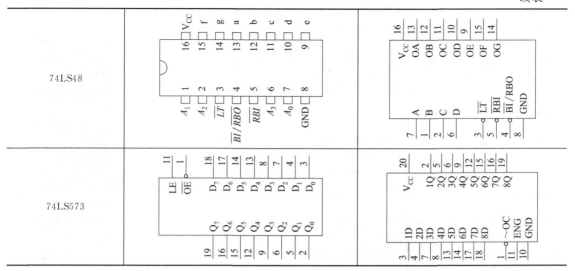

附录2 教学动画多媒体资源下载地址

教材配套的教学动画多媒体资源位于"新能源类教学资源库"核心课程中，下载资源请先实名注册。

名称	网址	二维码
任务1.1　万用表的使用项目互动动画资源	http://qgzyk.36ve.com/zyk/sites/default/files/mat_resource/1541364078_ren_wu_1.1mo_yong_biao_de_shi_yong_.rar	
任务1.2　常用电阻元器件认识项目互动动画资源	http://qgzyk.36ve.com/zyk/sites/default/files/mat_resource/1541364359_ren_wu_1.2chang_yong_dian_zu_yuan_qi_jian_ren_shi_.rar	
任务1.3　常用电容、电感器件认识项目互动动画资源	http://qgzyk.36ve.com/zyk/sites/default/files/mat_resource/1541364401_ren_wu_1.3chang_yong_dian_rong_dian_gan_qi_jian_ren_shi_.rar	
任务2.1　二极管整流电路分析项目互动动画资源	http://qgzyk.36ve.com/zyk/sites/default/files/mat_resource/1541364477_ren_wu_2.1_er_ji_guan_zheng_liu_dian_lu_fen_xi_.rar	

续表

名称	网址	二维码
任务2.2　稳压二极管稳压电路设计项目互动动画资源	http://qgzyk.36ve.com/zyk/sites/default/files/mat_resource/1541364570_ren_wu_2.2_wen_ya_er_ji_guan_wen_ya_dian_lu_dian_lu_she_ji_.rar	
任务2.3　三端直流稳压电压电路设计项目互动动画资源	http://qgzyk.36ve.com/zyk/sites/default/files/mat_resource/1541364624_ren_wu_2.3_san_duan_zhi_liu_wen_ya_dian_ya_dian_lu_she_ji_.rar	
任务2.4　LM317连续可调稳压电路设计项目互动动画资源	http://qgzyk.36ve.com/zyk/sites/default/files/mat_resource/1541364699_ren_wu_2.4_lm317lian_xu_ke_diao_wen_ya_dian_lu_she_ji_.rar	
任务3.1　三极管直流开关电路设计项目互动动画资源	http://qgzyk.36ve.com/zyk/sites/default/files/mat_resource/1541364770_ren_wu_3.1san_ji_guan_zhi_liu_kai_guan_dian_lu_she_ji_.rar	
任务3.2　电源接入开关电路设计项目互动动画资源	http://qgzyk.36ve.com/zyk/sites/default/files/mat_resource/1541364821_ren_wu_3.2_dian_yuan_jie_ru_kai_guan_dian_lu_she_ji_.rar	
任务3.3　太阳能草坪灯电路设计项目互动动画资源	http://qgzyk.36ve.com/zyk/sites/default/files/mat_resource/1541364891_ren_wu_3.3_tai_yang_neng_cao_ping_deng_dian_lu_she_ji_.rar	
任务3.4　自激升压草坪灯电路设计项目互动动画资源	http://qgzyk.36ve.com/zyk/sites/default/files/mat_resource/1541364975_ren_wu_3.4_zi_ji_sheng_ya_cao_ping_deng_dian_lu_she_ji_.rar	
任务4.1　共发射极放大电路分析项目互动动画资源	http://qgzyk.36ve.com/zyk/sites/default/files/mat_resource/1541365047_ren_wu_4.1gong_fa_she_ji_fang_da_dian_lu_fen_xi_.rar	
任务4.2　共集电极放大电路分析项目互动动画资源	http://qgzyk.36ve.com/zyk/sites/default/files/mat_resource/1541365076_ren_wu_4.2gong_ji_dian_ji_fang_da_dian_lu_fen_xi_.rar	

续表

名称	网址	二维码
任务 4.3 共基极放大电路分析项目互动动画资源	http://qgzyk.36ve.com/zyk/sites/default/files/mat_resource/1541365140_ren_wu_4.3_gong_ji_ji_fang_da_dian_lu_fen_xi_.rar	
任务 4.4 多级放大电路与反馈电路项目互动动画资源	http://qgzyk.36ve.com/zyk/sites/default/files/mat_resource/1541365192_ren_wu_4.4_duo_ji_fang_da_dian_lu_yu_fan_kui_dian_lu_.rar	
任务 5.1 集成运算放大器电路设计项目互动动画资源	http://qgzyk.36ve.com/zyk/sites/default/files/mat_resource/1541365235_ren_wu_5.1ji_cheng_yun_suan_fang_da_qi_dian_lu_she_ji_.rar	
任务 5.2 蓄电池电压比较电路设计项目互动动画资源	http://qgzyk.36ve.com/zyk/sites/default/files/mat_resource/1541365280_ren_wu_5.2_xu_dian_chi_dian_ya_bi_jiao_dian_lu_she_ji_.rar	
任务 5.3 蓄电池迟滞比较器充放电电路设计项目互动动画资源	http://qgzyk.36ve.com/zyk/sites/default/files/mat_resource/1541365361_ren_wu_5.3_xu_dian_chi_chi_zhi_bi_jiao_qi_chong_fang_dian_dian_lu_she_ji_.rar	
任务 6.1 互补接入组合逻辑门电路设计项目互动动画资源	http://qgzyk.36ve.com/zyk/sites/default/files/mat_resource/1541365464_ren_wu_6.1_hu_bu_jie_ru_zu_he_luo_ji_men_dian_lu_she_ji_.rar	
任务 6.2 互补接入译码器组合逻辑电路设计项目互动动画资源	http://qgzyk.36ve.com/zyk/sites/default/files/mat_resource/1541365506_ren_wu_6.2_hu_bu_jie_ru_yi_ma_qi_zu_he_luo_ji_dian_lu_she_ji_.rar	
任务 6.3 互补接入数据选择器组合逻辑电路设计项目互动动画资源	http://qgzyk.36ve.com/zyk/sites/default/files/mat_resource/1541365561_ren_wu_6.3_hu_bu_jie_ru_shu_ju_xuan_ze_qi_zu_he_luo_ji_dian_lu_she_ji_.rar	
任务 7.1 防抖动 RS 触发开关电路设计项目互动动画资源	http://qgzyk.36ve.com/zyk/sites/default/files/mat_resource/1541365606_ren_wu_7.1fang_dou_dong_rs-hong_fa_kai_guan_dian_lu_she_ji_.rar	

续表

名称	网址	二维码
任务7.2 触发器模式控制电路设计项目互动动画资源	http://qgzyk.36ve.com/zyk/sites/default/files/mat_resource/1541365678_ren_wu_7.2_hong_fa_qi_mo_shi_kong_zhi_dian_lu_she_ji_.rar	
任务7.3 计数器模式控制电路设计项目互动动画资源	http://qgzyk.36ve.com/zyk/sites/default/files/mat_resource/1541365729_ren_wu_7.3_ji_shu_qi_mo_shi_kong_zhi_dian_lu_she_ji_.rar	
任务7.4 模式状态显示电路设计项目互动动画资源	http://qgzyk.36ve.com/zyk/sites/default/files/mat_resource/1541365797_ren_wu_7.4mo_shi_zhuang_tai_xian_shi_dian_lu_she_ji_.rar	
任务8.1 定时器555单稳态触发电路设计项目互动动画资源	http://qgzyk.36ve.com/zyk/sites/default/files/mat_resource/1541365841_ren_wu_8.1ding_shi_qi_555dan_wen_tai_hong_fa_dian_lu_she_ji_.rar	
任务8.2 模式锁存触发电路设计项目互动动画资源	http://qgzyk.36ve.com/zyk/sites/default/files/mat_resource/1541365899_ren_wu_8.2_mo_shi_suo_cun_hong_fa_dian_lu_she_ji_.rar	

附录3 multisim 仿真资源下载地址

multisim 仿真资源位于"新能源类教学资源库"核心课程中，下载资源请先实名注册。建议使用 multisim14.0 版本。

名称	网址	二维码
任务1.1 万用表的使用项目 multisim 仿真资源	http://qgzyk.36ve.com/zyk/sites/default/files/mat_resource/1541368475_16nr11080601_ren_wu_1.1mo_yong_biao_de_shi_yong_multisimfang_zhen_zi_yuan_.rar	
任务1.2 常用电阻元器件认识项目 multisim 仿真资源	http://qgzyk.36ve.com/zyk/sites/default/files/mat_resource/1541368607_16nr11080602ren_wu_1.2chang_yong_dian_zu_yuan_qi_jian_ren_shi_multisimfang_zhen_zi_yuan_.rar	

名称	网址	二维码
任务 1.3　常用电容、电感器件认识项目 multisim 仿真资源	http://qgzyk. 36ve. com/zyk/sites/default/files/mat _ resource/1541368660_16nr11080603ren_wu_1. 3chang_ yong_dian_rong_dian_gan_qi_jian_ren_shi_multisimfang _zhen_zi_yuan_. rar	
任务 2.1　二极管整流电路分析项目 multisim 仿真资源	http://qgzyk. 36ve. com/zyk/sites/default/files/mat _ resource/1541368715_16nr11080604ren_wu_2. 1_er_ji_ guan_zheng_liu_dian_lu_fen_xi_multisimfang_zhen_zi_ yuan_. rar	
任务 2.2　稳压二极管稳压电路设计项目 multisim 仿真资源	http://qgzyk. 36ve. com/zyk/sites/default/files/mat _ resource/1541368766_16nr11080605ren_wu_2. 2_wen_ ya_er_ji_guan_wen_ya_dian_lu_dian_lu_she_ji_multi- simfang_zhen_zi_yuan_. rar	
任务 2.3　三端直流稳压电压电路设计项目互 multisim 仿真资源	http://qgzyk. 36ve. com/zyk/sites/default/files/mat _ resource/1541368817_16nr11080606ren_wu_2. 3_san_ duan_zhi_liu_wen_ya_dian_ya_dian_lu_she_ji_multisim- fang_zhen_zi_yuan_. rar	
任务 2.4　LM317 连续可调稳压电路设计项目 multisim 仿真资源	http://qgzyk. 36ve. com/zyk/sites/default/files/mat _ resource/1541368881 _ 16nr11080607ren _ wu _ 2. 4 _ lm317lian_xu_ke_diao_wen_ya_dian_lu_she_ji_multi- simfang_zhen_zi_yuan_. rar	
任务 3.1　三极管直流开关电路设计项目 multisim 仿真资源	http://qgzyk. 36ve. com/zyk/sites/default/files/mat _ resource/1541368928_16nr11080608ren_wu_3. 1san_ji_ guan_zhi_liu_kai_guan_dian_lu_she_ji_multisimfang_ zhen_zi_yuan_. rar	
任务 3.2　电源接入开关电路设计项目互动动画资源	http://qgzyk. 36ve. com/zyk/sites/default/files/mat _ resource/1541368974_16nr11080609ren_wu_3. 2_dian_ yuan_jie_ru_kai_guan_dian_lu_she_ji_multisimfang_ zhen_zi_yuan_. rar	
任务 3.3　太阳能草坪灯电路设计项目 multisim 仿真资源	http://qgzyk. 36ve. com/zyk/sites/default/files/mat _ resource/1541369019_16nr11080610ren_wu_3. 3_tai_ yang_neng_cao_ping_deng_dian_lu_she_ji_multisimfang _zhen_zi_yuan_. rar	
任务 3.4　自激升压草坪灯电路设计项目 multisim 仿真资源	http://qgzyk. 36ve. com/zyk/sites/default/files/mat _ resource/1541369068_16nr11080611ren_wu_3. 4_zi_ji_ sheng_ya_cao_ping_deng_dian_lu_she_ji_multisimfang_ zhen_zi_yuan_. rar	

名称	网址	二维码
任务4.1 共发射极放大电路分析项目 multisim 仿真资源	http://qgzyk. 36ve. com/zyk/sites/default/files/mat _ resource/1541369118_16nr11080612ren_wu_4. 1gong_ fa_she_ji_fang_da_dian_lu_fen_xi_multisimfang_zhen_zi _yuan_. rar	
任务4.2 共集电极放大电路分析项目 multisim 仿真资源	http://qgzyk. 36ve. com/zyk/sites/default/files/mat _ resource/1541369165_16nr11080613ren_wu_4. 2gong_ji _dian_ji_fang_da_dian_lu_fen_xi_multisimfang_zhen_zi_ yuan. rar	
任务4.3 共基极放大电路分析项目 multisim 仿真资源	http://qgzyk. 36ve. com/zyk/sites/default/files/mat _ resource/1541369212_16nr11080614ren_wu_4. 3_gong_ ji_ji_fang_da_dian_lu_fen_xi_multisimfang_zhen_zi_ yuan_. rar	
任务4.4 多级放大电路与反馈电路项目 multisim 仿真资源	http://qgzyk. 36ve. com/zyk/sites/default/files/mat _ resource/1541369262_16nr11080615ren_wu_4. 4_duo_ji _fang_da_dian_lu_yu_fan_kui_dian_lu_multisimfang_ zhen_zi_yuan_. rar	
任务5.1 集成运算放大器电路设计项目 multisim 仿真资源	http://qgzyk. 36ve. com/zyk/sites/default/files/mat _ resource/1541369307 _ 16nr11080616ren _ wu _ 5. 1ji _ cheng_yun_suan_fang_da_qi_dian_lu_she_ji_multisim- fang_zhen_zi_yuan_. rar	
任务5.2 蓄电池电压比较电路设计项目 multisim 仿真资源	http://qgzyk. 36ve. com/zyk/sites/default/files/mat _ resource/1541369355_16nr11080617ren _ wu _ 5. 2 _ xu_ dian_chi_dian_ya_bi_jiao_dian_lu_she_ji_multisimfang_ zhen_zi_yuan_. rar	
任务5.3 蓄电池迟滞比较器充放电电路设计项目互动动画资源	http://qgzyk. 36ve. com/zyk/sites/default/files/mat _ resource/1541369399_16nr11080618ren_wu_5. 3_xu_ dian_chi_chi_zhi_bi_jiao_qi_chong_fang_dian_dian_lu_ she_ji_multisimfang_zhen_zi_yuan_. rar	
任务6.1 互补接入组合逻辑门电路设计项目 multisim 仿真资源	http://qgzyk. 36ve. com/zyk/sites/default/files/mat _ resource/1541369442_16nr11080619ren_wu_6. 1_hu_bu _jie_ru_zu_he_luo_ji_men_dian_lu_she_ji_multisimfang _zhen_zi_yuan_. rar	
任务6.2 互补接入译码器组合逻辑电路设计项目 multisim 仿真资源	http://qgzyk. 36ve. com/zyk/sites/default/files/mat _ resource/1541369528_16nr11080620ren_wu_6. 2_hu_bu _jie_ru_yi_ma_qi_zu_he_luo_ji_dian_lu_she_ji_multi- simfang_zhen_zi_yuan_. rar	

续表

名称	网址	二维码
任务 6.3 互补接入数据选择器组合逻辑电路设计项目 multisim 仿真资源	http://qgzyk.36ve.com/zyk/sites/default/files/mat_resource/1541369578_16nr11080621ren_wu_6.3_hu_bu_jie_ru_shu_ju_xuan_ze_qi_zu_he_luo_ji_dian_lu_she_ji_multisimfang_zhen_zi_yuan_.rar	
任务 7.1 防抖动 RS 触发开关电路设计项目 multisim 仿真资源	http://qgzyk.36ve.com/zyk/sites/default/files/mat_resource/1541369655_16nr11080622ren_wu_7.1fang_dou_dong_rshong_fa_kai_guan_dian_lu_she_ji_multisimfang_zhen_zi_yuan_.rar	
任务 7.2 触发器模式控制电路设计项目 multisim 仿真资源	http://qgzyk.36ve.com/zyk/sites/default/files/mat_resource/1541369695_16nr11080623ren_wu_7.2_hong_fa_qi_mo_shi_kong_zhi_dian_lu_she_ji_multisimfang_zhen_zi_yuan_.rar	
任务 7.3 计数器模式控制电路设计项目 multisim 仿真资源	http://qgzyk.36ve.com/zyk/sites/default/files/mat_resource/1541369735_16nr11080624ren_wu_7.3_ji_shu_qi_mo_shi_kong_zhi_dian_lu_she_ji_multisimfang_zhen_zi_yuan_.rar	
任务 7.4 模式状态显示电路设计项目 multisim 仿真资源	http://qgzyk.36ve.com/zyk/sites/default/files/mat_resource/1541369787_16nr11080625ren_wu_7.4mo_shi_zhuang_tai_xian_shi_dian_lu_she_ji_multisimfang_zhen_zi_yuan_.rar	
任务 8.1 定时器 555 单稳态触发电路设计项目 multisim 仿真资源	http://qgzyk.36ve.com/zyk/sites/default/files/mat_resource/1541369846_16nr11080626ren_wu_8.1ding_shi_qi_555dan_wen_tai_hong_fa_dian_lu_she_ji_multisimfang_zhen_zi_yuan_.rar	
任务 8.2 模式锁存触发电路设计项目 multisim 仿真资源	http://qgzyk.36ve.com/zyk/sites/default/files/mat_resource/1541369886_16nr11080627ren_wu_8.2_mo_shi_suo_cun_hong_fa_dian_lu_she_ji_multisimfang_zhen_zi_yuan_.rar	

附录 4 习题自测、动画、仿真资源使用说明

本教材配套的习题自测、动画、仿真资源使用需要采用"微知库"学习平台,使用方法如下所示。

步骤 1:下载移动终端,下载地址如图 1 所示。

步骤 2:实名注册。

点击平台左上角菜单,选择登录,进行实名注册,如图 2 所示。

图 1　移动终端下载

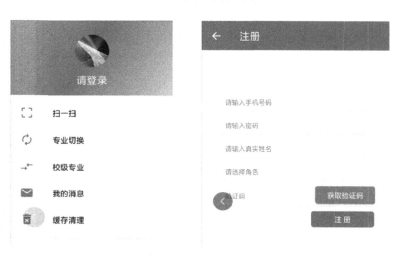

图 2　实名注册

步骤 3：登录平台，点击课程中心，选择光伏应用电子产品设计与制作课程。如图 3 所示。
步骤 4：点击左上角"扫一扫"功能，进入习题自测。如图 4 所示。

图 3　课程选择

图 4 习题自测

步骤 5：动画、仿真资源下载使用方法。

动画、仿真资源通过"微知库"学习平台，只能提供下载服务；需要在线使用，请在计算机中登录课程网站再使用。

如果在教材使用上存在其他问题，请参考如下帮助。

教材使用帮助

参考文献

［1］ 周良权.模拟电子技术基础［M］.北京：高等教育出版社，2002.

［2］ 康华光.电子技术基础［M］.北京：高等教育出版社，2008.

［3］ 梅开乡.数字电子技术［M］.北京：电子工业出版社，2011.

［4］ 余孟尝.数字电子技术基础简明教程［M］.北京：高等教育出版社，2006.

［5］ 阎石.数字电子技术基础［M］.北京：高等教育出版社，2011.

［6］ 付植桐.电子技术［M］.北京：高等教育出版社，2014.